兰州财经大学教授副教授专项科研经费资助

学文
术库

社会转型与环境治理
——以M县荒漠化治理实践为例

Social Transformation and Environmental Governance:
A Case Study of Desertification Control Practice in M County

梁　健◎著

中国财经出版传媒集团

经济科学出版社
Economic Science Press

·北京·

图书在版编目（CIP）数据

社会转型与环境治理：以 M 县荒漠化治理实践为例 /
梁健著 . -- 北京：经济科学出版社，2024.8. -- （兰
州财经大学学术文库）. -- ISBN 978 - 7 - 5218 - 6293 - 5

Ⅰ. S156.5

中国国家版本馆 CIP 数据核字第 2024ZY3894 号

责任编辑：杜　鹏　武献杰　常家凤
责任校对：刘　昕
责任印制：邱　天

社会转型与环境治理
——以 M 县荒漠化治理实践为例

SHEHUI ZHUANXING YU HUANJING ZHILI
——YI M XIAN HUANGMOHUA ZHILI SHIJIAN WEILI

梁　健◎著

经济科学出版社出版、发行　新华书店经销
社址：北京市海淀区阜成路甲 28 号　邮编：100142
编辑部电话：010 - 88191441　发行部电话：010 - 88191522
网址：www. esp. com. cn
电子邮箱：esp_bj@ 163. com
天猫网店：经济科学出版社旗舰店
网址：http://jjkxcbs. tmall. com
固安华明印业有限公司印装
710 × 1000　16 开　17.25 印张　290000 字
2024 年 8 月第 1 版　2024 年 8 月第 1 次印刷
ISBN 978 - 7 - 5218 - 6293 - 5　定价：118.00 元

序 一

兰州财经大学公共管理学院梁健副教授拟对其博士学位论文进行修改，公开出版专著，邀请我作序。思虑再三，我还是答应简单写几句，既介绍一下作者，也说说这本书的背景和意义，同时纪念一下我的教学经历。

梁健副教授曾经是我在中国人民大学社会学系指导的博士研究生。在尝试报考两次未中之后，他依然坚持，终于在2018年被录取。他在9月入学时，我却已经奉调到国家机关工作，离开了任职25年多的教师岗位。所以，对于他的学习和研究，我是兼职进行指导的。随着行政工作压力不断加大，我从2020年起主动停止招收学生，只想努力挤出时间把已经录取进来的几个学生培养好。按照学制，梁健应该在2022年夏天毕业，那样的话，他就是我迄今为止全程指导的最后一位博士毕业生。但是，因为疫情等因素对于科研的影响，拖到2023年5月他才得以完成学位论文答辩。彼时，我已经不是他的指导教师了，因为根据有关规定，我从2022年底不再兼职指导学生，包括梁健在内的几个尚未毕业的学生都更换了指导教师，梁健的指导教师变成了陆益龙教授。

梁健副教授虽然在硕士阶段学习过社会学，但是社会学的基础训练相对来讲还是有点缺憾的。好在他工作经历丰富，社会感比较强，奋斗精神可嘉，吃得下苦，耐得住性子，终究勤能补拙，进步明显，顺利完成了学业。考虑到我要求他的毕业论文基于实地调查，而他学习期间又赶上了新冠疫情，能够克服困难完成调查、写出论文并顺利通过答辩实属不易。当初在他考虑学位论文选题时，我提醒他根据甘肃当地生态环境保护的实际情况，结合研究现场进入的方便性确立田野调查点，全面深入地考察一个特定区域生态环境与社会体系的互构共进过程，从中概括出一些社会学的规律性认识，对环境与社会之间关系的既有研究作些回应和对话。我认为，这样的研究是接地气、连天线的，既是基础研究，也可以有前沿突破，兼具学术价值与应用价值，尤其是这种研究比较适合梁健本人的实际情况。对于学生科研而言，我觉得只要在一个正确的方向上做最适合的研究，就有可能是最好的研究。

我之所以希望梁健副教授围绕上述选题开展研究，也是想实证、发展一些自己的学术构想。我对环境与社会之间的关系有一种持久的兴趣，围绕这个领域开展过一些研究。特别是我在早期建立了中国社会转型与环境问题之间关系的一个辩证分析框架，后来较多地聚焦公众认知这个切入点分析环境与社会之间的互动，大多采用的是大样本问卷调查搜集资料。我一直有个愿望，想把既有的研究更加落地，选择若干区域，将历史视角的纵深、社会学思维的综合和田野研究的深妙结合起来，更加动态、更加立体、更加丰富地揭示环境与社会之间互动的鲜活过程。为此，我从 2014 年起，先后协商建立了福建长汀、浙江安吉、河北定州三个田野点，指导学生开展系列研究，也取得了一定的成果。在此意义上，梁健选择甘肃某地的荒漠化治理实践进行研究，也是我和团队整体研究构想的一个部分。

梁健副教授的田野调查点是甘肃省内的一个全国荒漠化防治重点县。该县生态环境脆弱，自然灾害频繁，社会经济发展缓慢，区域发展史伴随着治沙史，同时不断取得进展的治沙实践也影响着区域发展形态。梁健试图以该县 1950~2019 年荒漠化治理为主要线索，综合运用参与观察、结构化访谈、口述史和文献分析等方法采集资料，对荒漠化治理实践过程进行多维度、长时段的梳理，剖析该县荒漠化治理的社会动力变化、社会影响及其理论启示。这种研究对于荒漠化治理研究的传统而言，无疑是具有创新意义的。同时，更重要的是，我看到了其对中国环境社会学界"社会转型范式"的理解和应用，对于深化和拓展"社会转型范式"具有方向性意义。尽管梁健在实地研究时间、访谈范围、访谈深度、资料分析、理论思考和观点呈现等方面，都还有不尽完善之处，在一定程度上影响了预期中的成果深度，但是我们依然可以从中体会到研究的不易、精神的坚持和思想的火花，相信会对读者有所启示和助益。我也衷心期望梁健在与读者、学者的交流中不断深化后续的研究议程，不断产出新的成果，更好贡献于西部地区环境社会学发展和生态文明建设实践。

党的十八大以来，习近平总书记高度重视加强生态文明建设，党中央作出了很多具有开创性、前瞻性、全局性、战略性的决策部署，推动我国生态文明建设取得前所未有的新进展，向世界展现了我们推进人与自然和谐共生的中国式现代化的决心与方案。我国生态文明建设的宏大实践是与社会生产生活的深刻变革密切相连的，这为环境社会学者研究环境与社会的互动提供了绝好的案例和时代机会，值得欢呼，值得珍惜。近年来，中国环境社会学顺势而为、乘势而上，学科建设不断深化，从事相关研究的学者遍布四方并不断增加，研究成果的数量与质量都在不断进步，在中国社会学社区和国际环境社会学界的影响都在逐步扩大。随着新生力量的不断补充，我相信中国环境社会学会有更加美好的发展前景。我虽难以亲自参与，但会持续关注进展。

中共中央宣传部副部长、
全国哲学社会科学工作办公室主任

2024 年 4 月 25 日于北京

序　二

"宝剑锋从磨砺出，梅花香自苦寒来"。经过开题论证、预答辩、匿名外审和正式答辩多个环节后的打磨完善，梁健博士的新书《社会转型与环境治理——以 M 县荒漠化治理实践为例》得以出版发行，此刻我为之感到高兴，并致以祝贺！作者请我为此书写个序，我欣然答应。尽管为书作序我的资历或许还不够，但可以写段文字，向读者推介这本新书。

梁健博士的新作是环境社会学领域一项很有分量的研究成果。作为社会学的新兴分支学科，环境社会学受关注程度有限。而从社会现实来看，环境问题日益凸显。中国在快速工业化、现代化转型进程中，环境代价和环境风险显著提高。面对环境问题，人们更多地将目光指向工业生产和现代生活带来的环境污染，在环境治理上，则有技术偏重之倾向，即更多地依赖于治污技术或各种环境工程新技术。随着环境社会学的兴起，人们对环境问题和环境治理的研究和思考，不再局限在环境和技术本身，而是更加注重对环境与社会关系的探讨，或是从社会系统及其变迁的视角来审视和思考环境问题。梁健博士所选择的研究进路正是环境社会学的主流路线，从社会转型的角度回溯、总结了甘肃省 M 县所遭遇的环境问题和环境治理的历程，为我们理解环境问题的社会背景以及环境治理的社会基础，提供了具体而鲜活的事实。

将"社会转型范式"运用到环境社会学分析中，是这部新作的一大亮点，也可以说抓住了问题的本质。尽管西方环境社会学领域曾流行生态现代化、绿色转型等理论，关注和思考现代化进程与生态环境保护的兼顾并行问题，这些理论观点和政策倡议多基于工业化国家的经验。中国式现代化既遵循现代化的共性规律，又在不同且独特的历史条件下推进的有着诸多中国特色要素的现代化进程。很显然，无论是生态现代化理论还是绿色转型论，都未能涵盖中国式现代化的特色经验。创建社会转型范式，分析环境治理的中国经验，某种意义上既拓展了社会学的社会转型论领域，也丰富和补充了生态现代化理论的经验类型。作者将改革开放后中国社会转型分为四个阶段，认为第一阶段的典型特征是政府力量全面渗透治理，社会治理可视为政府全面渗透型的；第二阶段是调整阶段，政府力量逐步撤出社会事务；第三阶段是市场转型期的治理弱化；第四阶段则以国家深度干预为显著特征，属治理重构时期。这一划分和概括紧扣中国社会转型和现代化发展的实际经验，并结合在此过程中环境问题和环境政策的演变经验，体现了作者对中国社会转型和环境治理转型的独到理解，有创建性和新意。

将环境问题与现代化转型关联起来，把握了问题的命脉或本质。诚然，前现代社会也存在环境问题，但环境议题则是在现代化社会出现的。事实上，越来越受关注的环境问题是现代性后果之一，即环境问题的根源在于现代性的生产方式和生活方式。环境与现代化的张力是结构性的、深层次的，思考环境问题、致力环境治理，如仅停留在治污、荒漠化治理的具体问题上，而不考虑社会转型的大背景，则任何治理努力可能陷入治标不治本的困境之中。从现代性困境来思考和探讨环境治理之道，既非宿命论地看待现代社会的环境问题，亦非主张"急功近利"地解决琐碎问题的治理模式，而是寻求社会现代化与生态环境协调发展、人类与自然共生之道。

社会是庞大且复杂的系统，把握和认识错综复杂的社会，选择从微观经验出发是一条有效的路径。微观社会学的研究便是以社会系统的微观结构为考察对象，透过微观单位或微观经验来理解社会意义，探索社会运行规律。县域社会是中国社会的基本构成，也是承载社会运行的重要载体。认识县域社会，是我们研究中国社会的有效视角。县域社会既有地域空间的内涵，也是生活形态的重要展现，又是行政管理的重要单元。作者选择西北地区的一个县域社会来考察环境治理的变迁历程，以揭示社会转型与环境治理的关系，研究策略恰当、有效。

甘肃省M县是一个典型的生态脆弱性区域，荒漠化问题突出且明显，是沙尘暴的策源地之一，也是防沙治沙工作的重点区域。我曾参与水利部的一个水资源管理项目研究，关注石羊河流域水资源需求管理问题，常到M县实地考察，在调查中时常听到当地百姓谈及"沙逼人退"问题，真切感受到荒漠化问题造成的严重社会影响。梁健博士在此项研究中，以荒漠化治理为切入点，考察县域社会的环境治理问题，抓住了重点问题以及问题的重点。

荒漠化问题虽是生态系统出现的问题，但应对和治理荒漠化则是社会问题，其社会性特征蕴含在治理过程中主体关系和行动策略的演变之上。治理荒漠化既要依靠科学有效的新技术，也必须夯实环境治理的社会基础，需要在社会中构筑起健全、合理的环境治理体制机制。作者从治理理念、治理主体和治理机制三个维度，回顾、考察和分析了 M 县荒漠化治理的历程，并探讨了政府角色、市场主体、社会分化、技术进步和居民生计等多种因素对荒漠化治理及环境治理模式演变所产生的影响。在对县域社会荒漠化治理具体实践的梳理和分析基础上，力图构建起基于中国经验的环境治理理论。该理论将环境治理视为实践发展的动态过程，具有鲜明的历史性、连续性、治理主体的创造性和治理成效的辩证性特征，提出环境治理实践与特定历史条件下的主体发育、行动能力、关系模式和资源配置机制密切相关。这一理论总结和阐释，充分体现了作者在研究中有着明确的理论创新意识，也有构建中国环境社会学自主知识体系的努力。

对处在快速转型的中国社会环境治理问题的理论探讨，不仅理论意义重大，而且有重大实践价值。就理论而言，我们迫切需要积累和拓展基于中国经验的环境治理理论认识；在环境治理实践中，亟须丰富的实践经验参照和指引。或许，对一个县域社会环境治理实践和历史过程的研究，不一定能形成对环境治理普遍性规律的全面认识，但能够为增进环境治理的理论认识提供具体实践经验支撑，而具体的实践经验又能给治理实践提供参照系，以及实践反思的素材。

当然，学术研究不仅要有实践指向和应用导向，更要有学科关怀和理论关怀。研究环境治理问题，是为了更好地、更有效地治理环境问题，但同时要注重对学科建设和理论建设的贡献。梁健博士在书中提出，环境治理理论要突破西方新自由主义环境治理理论的窠臼，立足于中国社会转型事实，历史地、辩证地看待西方式的生态现代化，以及自然过渡到环境友好型社会的幻象。提出这一观点，反映了作者在研究中有推进环境社会学学科和理论本土化的尝试与实践。

中国环境社会学是一门新兴学科，在学科发展进程中，不宜将学科自我想象、自我矮化为"舶来品"，因为这一学科的兴起顺应了中国社会转型和中国式现代化的现实需要。因此，推进中国环境社会学的发展，不宜以所谓"国际化"的标准，误导研究方向和研究路径，把介绍和转译西方理论当作所谓学术前沿，而应立足于中国经验，讲好中国故事，坚持学科自觉、理论自觉原则，在构建自主话语体系的基础上主动对话西方理论。某种意义上，梁健博士在此书的研究中，就践行了这一学术理念。

展望未来，我相信中国环境治理理论和实践模式会受到越来越广泛的关注，也会有越来越多的人加入到中国环境治理理论研究之中，不断丰富和拓展该理论的内容和视野。在环境社会学领域，这本书提供了一个很好的范例和研究启示。

梁健博士的此项研究是在洪大用教授悉心指导下完成的，他所取得的研究成果和进步，与洪大用教授的教导和精心培养密不可分。在梁健顺利通过博士论文预答辩后，由于工作安排的需要，由我接任其导师，这样我就"坐享其成"了。在梁健的博士阶段尾声，我与他的交流合作也比较愉快，他顺利通过博士学位论文答辩，获得了中国人民大学的博士学位，并在认真听取审阅意见和答辩委员会意见建议基础上，很好地推进了论文的打磨完善工作，为广大读者奉献了一部较成熟的环境社会学新著，我深感欣慰，并再次表示祝贺！期待梁健博士在治学之道上，继续发扬"长跑"精神，不断锤炼自己的学术意志和耐力，为中国环境社会学贡献更多高质量的成果。

中国人民大学教授、博士生导师

2024 年 1 月 23 日

于时雨园

前　　言

　　荒漠化是制约区域经济社会发展的关键因素，遏制其发展是谋求人与自然和谐共生的重要方面。既有荒漠化治理研究多以自然科学为主，从社会科学展开的研究多聚焦于宏观制度和政策在荒漠化治理中所发挥的作用、如何构建区域荒漠化治理模式及治理对策的讨论上，缺少对西部某一整体县域较长时段深入、具体的分析，也未系统探究荒漠化治理中环境与社会间的互动演化关系，从社会学视角分析县域荒漠化治理问题的经验研究尚付阙如。

　　M 县为我国四大沙尘暴策源地之一，历来是全国防沙治沙重点县。对其具有长周期、复杂性、典型性特征治理实践的社会学研究，在理论上可为进行社会学领域与其他学科的对话、拓展环境社会学的研究领域奠定基础，在实践上，可为其他荒漠化地区提供治理经验的借鉴。

　　本书以甘肃省 M 县荒漠化治理实践为案例，采取实地研究（field re-search）方式，通过参与观察法、访谈法、文献法和口述史方法收集资料，以 1950 ~ 2019 年荒漠化治理实践演变为主要线索，采用社会转型范式和环境史视角对其治理实践进行多维度、长时段的梳理，剖析荒漠化治理模式演变的社会动力机制，并探究未来中国社会转型中环境治理可能的发展方向。

　　本书研究的核心问题是：社会转型如何影响了环境治理的历史发展？社会转型与环境治理的互动对于环境治理理论建设具有什么样的启示？

　　洪大用提出的环境问题研究的"社会转型范式"分析了社会转型加速期中国环境变迁的致因问题，特别是侧重从社会转型所带来的社会失序这一角度，讨论了当代中国社会结构转型、社会体制转轨以及价值观念变化对环境的影响。本书中的"社会转型"是指在中国社会整体转型背景下，1950 ~ 2019 年 M 县涉及其荒漠化治理实践的经济产业结构、政府—社会互动结构、辖区居民组织动员结构及当地居民价值观念等带有明显节点性特征的变迁与震荡过程。具体包括了政府自身转变等八个方面对环境治理模式演化的影响。

本书依据 M 县社会发展阶段及制度、政策演化过程，将其环境治理转型过程划分为四个阶段（第 4 章）。第一阶段是政府主导、群众运动式治理阶段（1950～1977 年）；第二阶段是民办国助、任务分担治理阶段（1978～1992 年）；第三阶段是利益分离的多主体治理阶段（1993～2006 年）；第四阶段是结构转型的耦合性治理阶段（2007～2019 年）。

在分析层次上，笔者将环境治理模式区分为治理理念、治理主体和治理机制三个维度。根据调研材料，M 县荒漠化治理理念、治理主体、治理机制经历了四个阶段的变化。第一阶段（1950～1977 年），治理理念呈现为征服沙漠、向沙漠要粮、做大自然的主人；治理主体为政府、民众二元参与；治理机制表现为政府主导＋群众运动式参与。第二阶段（1978～1992 年），治理理念呈现为行政命令式治理实践中环境保护意识萌芽与普遍重视经济增长的纠结；治理主体为政府、群众二元主体分担式治理；治理机制表现为民办＋国助＋社会参与。第三阶段（1993～2006 年），治理理念呈现为市场力量促动下逐利与治理的角逐；治理主体为政府、民众、企业、环境社会组织主体利益分离式参与；治理机制表现为市场机制＋利益博弈。第四阶段（2007～2019 年），治理理念呈现为国家深度干预下从经济理性到生态理性意识的跃迁；治理主体为政府、民众、企业、环境社会组织多元主体协同参与；治理机制表现为政府引导＋多元主体耦合性参与（第 5～7 章）。

历史地看，M 县环境治理模式变化与其社会转型的进程是密切相关的（第 8 章）。第一，政府自身转变对环境治理产生了正向影响。第二，经济体制转变（市场化发展）对环境治理产生了双重影响。以超采地下水、高耗水经济作物种植为表征的市场化发展，导致了生态环境的加速恶化，同时，市场化发展为其他治理主体进入治理场域奠定了制度基础。第三，市场主体发育对环境治理产生了双重影响。市场主体对资源开发造成环境衰退的同时，市场化环境治理机制的运行调动了市场主体参与生态建设的积极性。第四，社会分化对环境治理产生了负向影响。区域分化与阶层分化的差距感导致强烈的发展冲动和无序开发，使 M 县陷入不利的经济地位，不利于环境的保护。第五，技术进步对环境治理产生了双重影响。打井技术进步在促进农业生产发展的同时，也造成地下水位持续下降和荒漠化的加速扩展。第六，居民生计演变促进了生计与生态的逐步融合发展和环境治理绩效的显著提升。第七，环境价值的传播与嬗递促进了环境治理理念的更替，新旧理念的更替决定了荒漠化治理模式变迁的大致走向与环境选择。第八，国家干预变化对荒漠化治理产生了关键作用。国家干预（石羊河流域重点治理规划实施）使得自上而下的政治压力和政治问责力度以及自下而上的治理资源获取、环境问题构建、环境价值传播力度显著增强，对环境治理进程产生了深远的影响。在以上因素的共同作用下，M 县荒漠化治理呈现出从环境衰退到环境改善演化的总趋势。

研究表明，环境治理是一个实践发展的过程，具有鲜明的历史性、连续性、治理主体的创造性和治理成效的辩证性特征，它总是与特定历史条件下的主体发育、行动能力、关系模式和资源配置机制密切相关。环境治理受制于特定的社会条件、环境状况和治理手段，其中，社会自身的变化影响着环境治理模式的变化，行动者意识和行为的改变也导致了社会的变化。社会主体总是在对环境的不同认知中去塑造和改变环境，而环境的变化也在不停地改变着各类治理主体对于环境的认知和行动策略的选择。国家、市场与社会多元参与是中国社会转型进程中环境治理模式优化的必然要求（第 9 章）。

从环境治理理论建设的角度看，现有的环境治理理论普遍忽略了环境治理是一个随着时间变化而变化的历史进程。西方现代意义上提出的"环境治理"理论不仅模糊了人们对于西方式现代化负面影响的认识，也没有清晰地阐述环境治理不同历史阶段所面临的社会条件的差异性以及这些条件发展演进逻辑的复杂性。从这个意义上讲，环境治理理论建设要重视对环境治理具体历史条件的分析和把握，细致考察不同时空条件下环境治理实践的多样性和创造性，把握其动态变化的特点，而不是用抽象的所谓理论裁剪和限制环境治理实践。

本书中对环境治理的社会转型诸影响因素作了操作化，使得环境问题研究的"社会转型范式"在分析环境治理实践演变时有了一个具体的分析框架，充实了这一范式对社会转型过程孕育化解环境问题机制的展望性论述，弥补了其对环境治理实践过程关注的不足，基本上立体、动态地阐释了 M 县环境治理的阶段性特征及其治理模式演化的社会动力机制，在一定程度上拓展了"社会转型范式"的研究范围，这对于我们看待既有环境治理理论的各种分析、解决各种理论之间的分歧提供了一种比较清晰的思路。

本书的研究成果是团队共同努力的结晶，在此对团队成员的付出表示感谢。本书的出版得到了兰州财经大学学术文库、兰州财经大学教授副教授专项科研经费的资助，在此表示衷心感谢！感谢经济科学出版社为本书出版所付出的努力，也向所有在本书的写作过程中给予我支持和帮助的老师及同学表达深深的谢意。对于书中出现的纰漏和不足之处，敬请各位同行专家及读者批评指正，以便今后进一步修订和完善。

梁　健

2024 年 1 月于兰州财经大学

目　　录

第 1 章　导论 ……………………………………………………… 1

　1.1　问题的提出 ………………………………………………… 3

　1.2　研究意义 …………………………………………………… 14

第 2 章　文献综述与分析框架 ………………………………… 17

　2.1　既有研究述评 ……………………………………………… 17

　2.2　核心概念、理论视角与分析框架 ………………………… 36

第 3 章　案例与研究方法 ……………………………………… 48

　3.1　案例地概况 ………………………………………………… 48

　3.2　研究方法 …………………………………………………… 57

第 4 章　荒漠化治理模式变化的阶段性特征 ……………… 65

　4.1　政府主导、群众运动式治理阶段（1950～1977 年） …… 66

　4.2　民办国助、任务分担治理阶段（1978～1992 年） ……… 69

　4.3　利益分离的多主体治理阶段（1993～2006 年） ………… 73

　4.4　结构转型的耦合性治理阶段（2007～2019 年） ………… 78

　4.5　小结：荒漠化治理在时空限制下的社会性建构

　　　　及其动态演化 …………………………………………… 84

第 5 章　荒漠化治理理念的变化 …………………………… 86

　5.1　征服沙漠、向沙漠要粮、做大自然的主人

　　　　（1950～1977 年） ………………………………………… 86

　5.2　行政命令式治理实践中的环境保护意识（1978～1992 年）… 94

　5.3　"压缩型现代化"：逐利与治理的角逐（1993～2006 年）…… 96

　5.4　理性的跃迁：从经济理性到生态理性（2007～2019 年）… 109

　5.5　小结：荒漠化治理理念嬗变及其与经济、社会发展的关系…… 111

第 6 章　荒漠化治理主体的变化 …………………………… 113

　6.1　荒漠化治理中的民众 ……………………………………… 114

　　6.2　荒漠化治理中的政府 ……………………………… 123

　　6.3　荒漠化治理中的企业与社会组织 ………………… 148

　　6.4　小结：荒漠化治理中的主体、主体行为及其相互关系 ……… 164

第7章　荒漠化治理机制的变化 …………………………… 166

　　7.1　政府主导、社会参与的权威治理机制（1950～1992 年）…… 168

　　7.2　逐鹿沙场：市场经济中利益分离的多主体治理机制
　　　　（1993～2006 年）……………………………… 169

　　7.3　聚力治沙：结构转型的耦合性治理机制
　　　　（2007～2019 年）……………………………… 171

　　7.4　小结：荒漠化治理机制的变迁过程及其特征 ……… 175

第8章　社会转型因素对荒漠化治理模式转变的作用 …… 176

　　8.1　政府自身转变对环境治理的影响 ………………… 177

　　8.2　经济体制转变（市场化发展）对环境治理的影响 ……… 178

　　8.3　市场主体发育对环境治理的影响 ………………… 179

　　8.4　社会分化对环境治理的影响 ……………………… 181

　　8.5　技术进步对环境治理的影响 ……………………… 183

　　8.6　居民生计演变对环境治理的影响 ………………… 185

　　8.7　环境价值传播对环境治理的影响 ………………… 186

　　8.8　国家干预变化对环境治理的影响 ………………… 187

　　8.9　小结：环境治理模式演化中的社会转型影响诸因素 ……… 189

第9章　结论与讨论 ………………………………………… 191

　　9.1　主要结论 …………………………………………… 191

　　9.2　政策启示 …………………………………………… 195

　　9.3　理论启示 …………………………………………… 198

　　9.4　创新与不足 ………………………………………… 202

参考文献 …………………………………………………… 205

附　　录 …………………………………………………… 226

　　附录一：访谈提纲 …………………………………… 226

　　附录二：访谈对象一览表 …………………………… 230

　　附录三：21 世纪以来国家有关部门出台的防沙治沙
　　　　　　政策法规和措施 …………………………… 232

附录四：M 县防沙治沙大事记及制度建设情况 ……………… 236

附录五：M 县沙漠承包治理管理办法 ……………………… 242

附录六：M 县人民政府关于沙区及治沙生态林承包治理经营
　　　　的实施意见 ……………………………………… 244

附录七：治沙生态林承包经营合同 ………………………… 250

附录八：M 县人民政府关于印发《M 县水价改革实施方案》
　　　　的通知 ………………………………………… 253

后　　记 ……………………………………………………… 258

第1章 导 论

　　对自然的征服，始于对土壤及其产出的控制，随后向其矿藏推进，现在则延伸至地表之上、之下和空中的水。在实现彻底水控制之前，这一征服将不会完成。

———W. J. 麦吉：《作为一种资源的水》

　　荒漠化（desertification）是指包括气候变异和人类活动在内的种种因素造成的干旱半干旱和干燥的亚湿润（arid, semi-arid and dry sub-humid areas）区域的土地退化过程，理论上可以出现在陆地表面上任何一处。但是，由于土地退化首先且主要发生在生态脆弱区域，尤其是干旱和半干旱地区，所以旱地生产力的下降是许多地区饥饿和贫困的根源。全球 1/3 的干旱区处于荒漠化边缘，100 多个国家的 9 亿多人口受荒漠化侵扰，荒漠化每年造成的经济损失高达 420 亿美元①，据估计全球有 1 亿多人被迫背井离乡或生活处于贫困线以下，荒漠化同时也影响着全球生态环境、经济以及人类社会的可持续发展（哈斯和盖志毅，2021）。

　　40 多年来，联合国在防治荒漠化的组织工作、提供科学技术支持和融资方面做了大量工作。1977 年的联合国荒漠化大会（United Nations Conference on Desertification, UNCOD）统一了全球科学家对荒漠化危害的认识，初步提出了"荒漠化"概念和全球治理荒漠化的方向，并制订了全球荒漠化防治行动计划（Plan of Action to Combat Desertification, PACD）。1992 年在里约热内卢召开的"联合国环境与发展大会"，将防治荒漠化作为国际社会优先采取行动的领域列入《21 世纪议程》②，同时，对全球荒漠化问题进行定义和评

---

① 荒漠化：全球状况与国际防治实践［EB/OL］.［2018 - 06 - 22］. https://www.mnr.gov.cn/dt/ywbb/201810/t20181030_2223522.html.

② 1992 年联合国环境与发展大会通过了《21 世纪议程》。1994 年 3 月 25 日，《中国 21 世纪议程》经国务院第十六次常务会议审议通过。《中国 21 世纪议程》共 20 章，78 个方案领域，主要内容分为四大部分：可持续发展总体战略与政策、社会可持续发展、经济可持续发展、资源的合理利用与环境保护。

估。1994 年 6 月 17 日联合国通过了《联合国防治荒漠化公约》文本（以下简称《公约》），并于同年 10 月 14 ~ 15 日在巴黎由 100 多个国家签署。以此《公约》签署为标志，世界范围内展开了一场规模浩大的治理荒漠化的统一行动。

作为《公约》的缔约国，中国积极地活跃在世界舞台上，组织和协助联合国防治荒漠化公约秘书处在北京召开了防治荒漠化"亚洲部长级会议""亚非论坛""荒漠化指标体系研讨"等一系列活动，并率先向秘书处提交了按《公约》要求的《中国荒漠化生物气候区划》《中国荒漠化履约方案》《中国荒漠化图》《中国政府荒漠化报告》等，同时应秘书处邀请派专家到有关国家介绍经验。作为最早履行《公约》并制订国家防治荒漠化行动计划的国家之一，中国政府和人民已充分认识到荒漠化问题的严重性和防治荒漠化的紧迫性，中国防治荒漠化的经验与技术无疑对全球受荒漠化危害的国家具有极高的借鉴意义，《公约》秘书处十分重视中国的经验。1997 年中国代表在联合国防治荒漠化谈判大会上发言后，大会主席说："中国防治荒漠化的经验不仅适用于中国也适用于世界其他荒漠化的国家"。中国荒漠化的防治工作已逐渐和国际社会接轨，进入了国际合作轨道。

我国是受荒漠①化危害严重的国家之一。从 20 世纪 90 年代后期开始，荒漠化②引发的沙尘暴天气愈演愈烈，不仅使北方脆弱的生态环境雪上加霜，也对当地及周边区域的可持续发展构成严重威胁，特别严重时，我国北方的沙尘暴还向东波及东亚邻国和其他地区，使我国的国际形象受损。因此，治理荒漠化及沙尘暴不仅是一项重大的生态任务，同时也是我国应承担的国际责任。

---

① 所谓荒漠（desert）就是指空旷寂寥的贫瘠土地，即地表不生长植物，土石裸露，或为其他非生物质所覆盖的大片土地。按照地表物质成分，荒漠有石质、砾质、砂质、盐质、冰雪质之分。石质荒漠是指石山（山体表面没有土、沙等碎屑堆积物，更不会有草木），砾质荒漠就是戈壁，砂质荒漠即为沙漠（sandy desert），盐质荒漠则称盐漠或盐碛，冰雪质荒漠即是冰（雪）漠或冰（雪）原。在自然界里，典型的荒漠就是沙漠和戈壁，尤以沙漠最为典型。一般所说的荒漠，是一个总体概念，是对贫瘠土地的统称。事实上，荒漠有典型与非典型之分。只有大范围（面积在 1 万平方千米以上）严重贫瘠土地（地表上见不到任何草木，景观单一），才称得上荒漠（即典型荒漠）。而小于这一规模的贫瘠土地，或虽然面积很大但贫瘠程度较轻的土地（草木稀少或仅局部可见到草木），可称为半荒漠（即非典型荒漠）。规模很小的贫瘠土地（面积小于 125 平方千米），通常称为荒地。

② 所谓荒漠化，就是指荒漠的形成和演进过程。其中，沙漠的形成和演进过程则称为沙漠化（sandy desertification）。

1.1 问题的提出

1.1.1 研究背景

荒漠化：一个严峻的环境问题

荒漠化总体上是由区域自然环境条件（气候干旱、降水稀少、多风、蒸发量大等）所决定的，因而我国荒漠化主要发生在北方和西部广大地区。中华人民共和国成立后，由于推行大规模的工业化，再加上人口增长过快，人口压力骤然上升，对土地的开发与索取规模显著增大，导致北方地区生态环境快速恶化，荒漠化形势越来越严峻，特别是农牧交错区域，土地沙化形势非常严重，成为制约这些区域经济和社会发展的关键因素，也是重大的民生问题（刘治彦等，2019）。位于河西走廊石羊河流域下游的 M 县，就是一处典型的长期与风沙抗争的绿洲—荒漠交错地带。

1993 年 5 月 5 日，中国西北部发生罕见的严重沙尘暴（又名黑风暴）（见图 1-1）。沙尘暴从新疆北部开始，在宁夏东部逐渐消失；覆盖区域为新疆、甘肃、宁夏、内蒙古四省（自治区）18 市 72 县；波及面积 110 万平方千米，为全国陆地总面积的 11.5%，受灾人口 1200 万（杨根生和拓万全，2002）。

图 1-1　1993 年 5 月 5 日 M 县特大沙尘暴

资料来源：M 县档案馆。

甘肃省 M 县政府报给 W 地委、行署的《中共 M 县委、县政府关于遭受特大风灾情况的报告》① 将这一历史罕见的特大风沙灾害过程记录如下：

1993 年 5 月 5 日下午，M 县境内发生了有气象记录以来罕见的特大狂风尘暴袭击，大风从下午 4：40 开始持续到晚上 10：00 左右，瞬间最大风力 10 级，风速 25 米/秒。狂风挟卷沙石尘埃，整个天空顷刻变为紫黑色，一米之外不能分辨物体，室内漆黑一团，伸手不见五指，能见度为零。约半小时之后（下午 5：10 左右），天空由紫黑色逐渐变为红黄色，约 50 米之外仍不能分辨清楼房等大型建筑物。下午 5：40 能见度在 200 米左右。大风虐过，从城市到农村一片惨境，使人目不忍睹。灾害直接经济损失 2965.3 万元。

种植业： 受灾面积 57 万亩，重灾面积 31 万亩，其中粮食作物和经济作物共计 29 万亩，其他作物 2 万亩。近 10 万亩玉米、高粱（带种）幼苗，4 万亩甜菜、茴香幼苗和 1 万亩黄河蜜瓜幼苗的 90% 被风沙打死或冻死，7 万多亩铺膜（计 35 万公斤）被大风吹裂或卷走，农作物直接经济损失达 2620 万元。

林业： 被大风吹折（倒）大小树木 15380 株，埋压规模营造的防风固沙林 16000 多亩，3000 多亩成片经济林（苹果、梨、杏等）遭受严重损失，减产 30% 以上，直接经济损失达 50 多万元。

畜牧业： 因大风丢失羊 2 万多只，死亡 5000 多只，死亡、丢失骆驼等大牲畜 120 多峰（头），损失达 82.8 万元。

农电线路： 损失 101 万元。

广播通信： 直接损失 7.5 万元。

因大风碰伤撞伤人员 9 人，倒塌房屋、门楼、圈棚 580 多间，有 13 户农家因灾起火，烧毁草房、圈棚 100 间，损失 104 万元。

从全国来看，20 世纪 90 年代后期开始，荒漠化引发的沙尘暴天气愈演愈烈。截至 2014 年底，全国共有 261.16 万平方千米荒漠化土地，占国土面积的 27.20%，分布在 18 个省（自治区、直辖市）的 528 个县（市、区、旗），其中，内蒙古、甘肃、宁夏、青海、西藏、新疆这 6 个省区是我国荒漠化分布的集中区域（见表 1 - 1）。

---

① 1993 年 5 月 9 日发布的《中共 M 县委、M 县人民政府关于遭受特大风灾情况的报告》。

表 1-1   北方六省区荒漠化土地分布情况（2014 年）

	内蒙古	宁夏	甘肃	青海	新疆	西藏	合计
荒漠化土地面积/万平方千米	60.92	2.78	19.50	19.04	107.06	43.26	252.56
占本省区土地面积比例/%	51.49	41.87	42.91	26.36	64.49	35.23	47.53（六省区平均）
占全国荒漠化土地面积比例/%	23.33	1.06	7.47	7.29	40.99	16.56	96.70

资料来源：第五次《中国荒漠化和沙化状况公报》（国家林业局 2015 年 12 月 29 日发布）。

　　根据朱震达、王涛等学者的调查研究，我国荒漠化土地扩张的速度，在 20 世纪 50 年代后期至 70 年代中期平均每年扩展 1560 平方千米，1975～1987 年平均每年扩展 2100 平方千米，1988～2000 年平均每年扩展 3595 平方千米，呈逐步加快的趋势（朱震达和王涛，1990；王涛、吴薇、薛娴等，2003）。我国北方地区沙尘天气发生频率非常高，20 世纪 50～90 年代，平均每年出现沙尘天气 16 天以上（见表 1-2）。自 20 世纪 80 年代以来，虽然沙尘天气发生频率总体上有了明显的下降，但强沙尘暴却呈上升态势。2000 年 2～5 月，我国西北和华北地区连续出现 12 次沙尘天气，沙尘波及我国东部沿海地区甚至台湾地区及韩国和日本，引起国际社会的广泛关注。

表 1-2   20 世纪 50～90 年代我国沙尘天气发生频率的年际变化   单位：天/年

项目	20 世纪50 年代	20 世纪60 年代	20 世纪70 年代	20 世纪80 年代	20 世纪90 年代	平均
扬沙	15.72	13.78	17.64	11.37	6.78	13.06
沙尘暴	6.27	3.86	4.07	3.00	1.48	3.74

资料来源：丁瑞强，等. 近 45a 我国沙尘暴和扬沙天气变化趋势和突变分析 [J]. 中国沙漠，2003（3）：306-310.

　　有学者认为，荒漠化的形成是自然力与人类开发两者共同作用的结果（王涛，2009）。大部分学者认为，气候变化与人类无序开发行动是导致荒漠化形成的两大驱动力，继而引发了土地退化与荒漠化的加剧（哈斯和盖志毅，2021）。

　　自然环境是人类赖以生存的物质基础。自中华人民共和国成立以来，尤其自改革开放以来，在经济增长促使千万人脱贫的同时，包括荒漠化在内的生态环境问题对经济社会发展和民众的身心健康等造成了严重的影响，成为制约我国现代化的主要因素之一。

21 世纪以来，中国的环境治理与保护力度空前加大。党的十八大报告提出"五位一体"总体布局。习近平总书记多次强调"绿水青山就是金山银山"①"既要绿水青山又要金山银山，宁可要绿水青山不要金山银山，因为绿水青山就是金山银山"② 的保护和发展理念。党的十九大报告提出"建设人与自然和谐共生"的现代化发展目标。这些理念以及与之配套的相关举措为当下中国的环境治理指引了方向。习近平总书记于 2013 年在甘肃视察时着重强调"特别要实施好石羊河流域综合治理和防沙治沙及生态恢复项目，确保 M 县不成为第二个罗布泊"。③ 因此，探索人们如何更好地实现环境保护，如何更有效地推进生态文明建设，是一个非常值得研究的议题。

包括防沙治沙在内的生态文明建设离不开人（群）的参与，在这一过程中，环境与社会将形成紧密且复杂的互动机制。"环境—社会"互动是环境社会学研究的出发点，其主要任务是具体分析环境问题产生的社会过程与社会原因（洪大用，1999）。当代中国的社会转型意味着社会的结构性变迁，这一变迁过程中，环境与社会系统二者之间相互作用的关系更为突出和复杂化，深入剖析阐明二者之间相互影响的过程及关系，是非常有必要的。

二律背反：生态脆弱区的经济发展与环境保护

干旱、半干旱区面临着发展经济和生态环境建设的双重问题。一方面，这些区域经济发展水平低，居民收入远远低于全国平均水平；另一方面，风沙灾害、生态环境恶化等已经不仅局限在区域内部，不仅威胁到该地区自身，也对东部地区以及全国经济社会可持续发展造成了严重的影响。干旱、半干旱区的生态建设对于国家经济社会可持续发展具有至关重要的意义，这是干旱、半干旱地区一个颇为无奈的"选择"。

1955 年美国经济学家西蒙·史密斯·库兹涅茨（Simon Smith Kuznets）在研究收入不均和经济增长之间的关系时，提出了倒 U 形"库兹涅茨曲线"假说。1991 年，美国环境经济学家格罗斯曼（Grossman）和克鲁格（Krueger）将库兹涅茨曲线引入生态环境领域，对经济发展和环境污染之间的内在

---

① 2005 年 8 月 15 日，在浙江安吉余村，时任浙江省委书记的习近平同志创造性地提出"绿水青山就是金山银山"的重要理念。

② 2013 年 9 月，习近平在哈萨克斯坦纳扎尔巴耶夫大学发表演讲时提出这一重要论断。

③ 中国水利网. 涅槃新生—石羊河流域重点治理观察［EB/OL］.（2015 – 10 – 08）. http：// www. chinawater. com. cn/newscenter/kx/201510/t20151008_382171. html.

关系进行研究，提出了倒 U 形"环境库兹涅茨曲线"（Environmental Kuznets Curve，EKC）假说。EKC 假说认为，环境污染随着人均收入水平的提高呈现先升后降的倒 U 形曲线关系。当一个国家处于经济起飞阶段时，环境污染程度较轻，但是随着人均 GDP 的上升，环境污染程度也由低趋高，环境恶化的程度会随着经济的增长而加剧；当经济发展到一定水平时，即到达某个临界点（或称"拐点"）后，随着人均 GDP 的进一步提升，环境污染又会由高趋低，环境污染的程度会逐渐减缓，环境质量也会获得改善和提升（见图 1 - 2）。

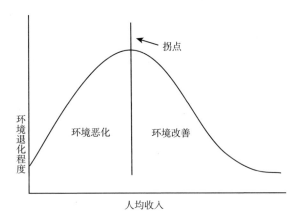

图 1 - 2　环境库兹涅茨曲线（EKC）

　　按照 EKC 假说[①]的描述，污染程度和经济发展水平之间之所以会形成倒 U 形曲线关系，主要原因在于随着经济水平的不断提高，政府和企业的环境治理能力会不断提升，人们的环保意识也会逐渐增强。EKC 假说一经提出便引起广泛关注，国内外学术界对其进行了大量的研究和阐释，但目前尚未形成一致结论。EKC 假说所描述的倒 U 形曲线只是一条趋势性的规律，而非精确的黄金定律，其延伸的"先污染后治理"的经济发展模式并不可靠（陈改君和吕培亮，2022）。

　　EKC 假说一定程度上表明，生态脆弱区域在特定历史阶段如果要发展经济，生态环境就必然遭到破坏；反过来，如果要保护生态与环境，客观上，经济活动就必须限制在一定范围内，这是一种痛苦的选择。发展经济、

_____

　　① 洪大用认为，该理论在研究指标的选择上具有简单化的倾向，难以揭示倒 U 形曲线关系的形成机理，对于经济之外的社会、政治、文化因素关注不够［参见：洪大用. 经济增长、环境保护与生态现代化⸺以环境社会学为视角［J］. 中国社会科学，2012（9）］。本书中更加注重环境因素引发的社会变革以及导致环境改善的社会过程分析。

增加收入、尽快地富裕起来，是当地人民的迫切愿望，但发展经济所造成的结果，又在一定程度上破坏了生态与环境。不仅如此，这二者之间还存在着"循环积累"的关系：为了尽快地增加收入，就必须更多地利用现有资源；在资源量日益减少的情况下，为了维持原来的收入，就只能是竭泽而渔了。

干旱和半干旱地区既要进行经济建设，提高人民收入水平，又要加强生态建设，鱼与熊掌都是必需的，过去被认为矛盾的东西现在则应该也必须要统一起来。为此，有研究者提出了"经济建设和生态建设并重"的思路，无疑这和过去只重视经济建设而忽视生态建设的理念和实践相比有了巨大的进步，但这一思路依然将经济建设和生态建设视为两种不同的东西。如果生态建设和经济建设之间存在冲突，就存在以经济建设为代价或以生态和环境为代价的权衡与取舍问题，这一两难抉择对于生态脆弱区域和我国的整体经济社会发展来说是不能接受的。也就是说，这种"并重论"仍然把经济建设和生态建设割裂开来看待，而为了解决生态脆弱区域这一"双重任务"困境问题，就要探索如何把这一区域的经济建设和生态建设结合起来，把生态建设融入经济建设和产业发展中，在开展生态建设的同时增加人民收入，达到"治沙"与"治穷"的统一。因此，如何将生态建设与产业发展、经济建设相融合，实现"生态建设产业化、产业发展生态化"是生态脆弱区实现经济发展和生态环境建设协调发展和良性运行的一个重要理论与现实问题。

环境改善：M县荒漠化治理的可观察实践

20世纪50年代以来，随着河西走廊石羊河流域①上中游经济发展过程中对水资源的截流引灌使用，本来的"自然水系"利用进入"人工水系"时代，处于这一人工水系末端的M县域所能支配的地表水随之快速减少，伴随着开发进程的加快（有组织打井垦荒），当地地下水位下降速度明显加快，生态严重退化，沙尘肆虐，其中M县北部区域，部分群众生存危机显现，他们开始撂荒土地，远走他乡，踏上艰辛的迁徙之路。自20世纪70年代开始，M县盆地机井数量迅速增加，大量开采地下水进行农田灌溉，到2007年最高开采量达5.85亿立方米。2017年地下水开采量逐步控制在0.86亿立方米，

---

① 石羊河流域位于甘肃省河西走廊东部，总面积4.16万平方千米，流域涉及4市9县，绿洲承载人口为300人/平方千米，从事种植业生产的人口约占总人口的70%以上。

基本实现了采补平衡。但1970~2017年持续超采近50年，累计地下水开采量达144.44亿立方米，累计超采32.5亿立方米（见图1-3、图1-4）。

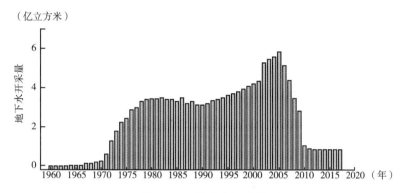

图1-3 地下水开采量

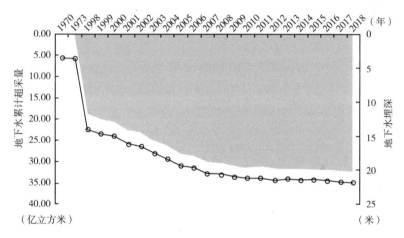

图1-4 地下水累计超采量

资料来源：根据M县统计局编历年《M县国民经济和社会发展统计资料汇编》相关数据整理所得。

M县荒漠化导致的生态危机与民众生计维系问题引起了政府和社会各界的高度关注。21世纪初期，时任国务院总理温家宝就M县生态环境极度恶化问题多次作出批示，要求"决不能让M县成为第二个罗布泊"①。在中央和

---

① 2018年发布的《确保M不成为第二个罗布泊——M县生态建设纪实》。2006年3月6日，时任国务院总理温家宝参加甘肃代表团审议政府工作报告时指出："决不能让M县成为第二个罗布泊，这不仅是个决心，而且是一定要实现的目标。这也不仅是一个地区的问题，而且是关系国家发展和民族生存的长远大计。""简单说就是一句话，决不能让M县成为第二个'罗布泊'，在我们这一代人要看到M县的变化。"

地方各级政府、媒体、社会等行动主体的共同努力下，2007年国家批复实施了《石羊河流域重点治理规划》（以下简称《规划》），取得了显著成效，流域综合治理目标提前实现。中游蔡旗断面下泄水量达到预期；青土湖水域面积超过20平方千米，地下水位上升至2.92米，形成旱区湿地面积超100平方千米；林草覆盖率由10%提升到17.91%；沙尘暴天气逐年减少；人工造林和工程压沙面积逐年增加；总需水量和地下水开采量快速下降；出库水量稳步增加；农村居民人均可支配收入显著增长；"沙进人退"的演化态势得到有效遏制（见图1-5~图1-9）。

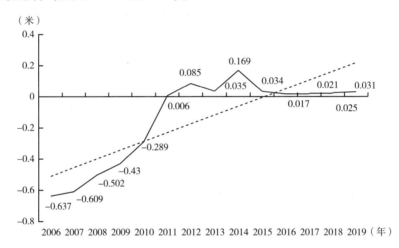

图1-5　2006~2019年地下水位变化

资料来源：根据M县统计局编历年《M县国民经济和社会发展统计资料汇编》相关数据整理所得。

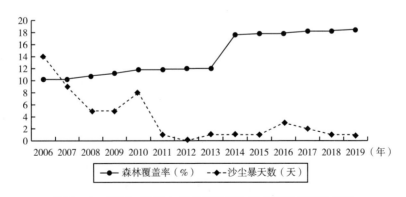

图1-6　2006~2019年森林覆盖率与沙尘暴天气变化情况

资料来源：根据M县统计局编历年《M县国民经济和社会发展统计资料汇编》相关数据整理所得。

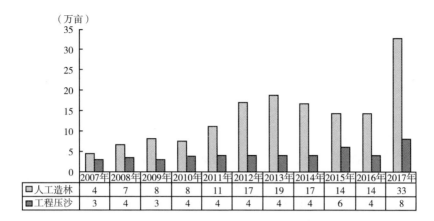

图1-7　2007~2017年人工造林与工程压沙面积

资料来源：根据 M 县统计局编历年《M 县国民经济和社会发展统计资料汇编》相关数据整理
所得。

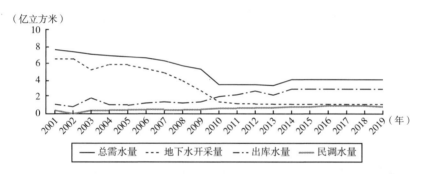

图1-8　上游来水量及地下水资源开采量

资料来源：根据 M 县统计局编历年《M 县国民经济和社会发展统计资料汇编》相关数据整理
所得。

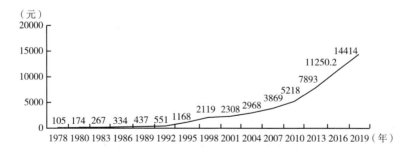

图1-9　1978~2019年农村居民人均可支配收入变化情况

资料来源：根据 M 县统计局编历年《M 县国民经济和社会发展统计资料汇编》相关数据整理
所得。

尽管石羊河流域综合治理取得了显著的阶段性成效，但受制于其所处地理位置的特殊性、水资源总量的匮乏、社会发展特定阶段等因素的影响，当前 M 县域仍然面临着继续加强生态环境治理的严峻挑战，主要表现为这一区域生态系统结构不稳、质量不高的问题依然突出，环境保护与经济发展协同双赢的路径及生态保护的良性机制依然在探索之中。M 县荒漠化治理实践过程是一场深刻、系统、史无前例的绿色转型，涵盖了生态环境治理、经济发展以及社会文化的全方位升级（刘蔚，2020）。其治理实践变迁的长周期和复杂性为研究环境与社会的互动机制提供了非常好的契机。

环境与社会互动：M 县荒漠化治理的主线

环境因素一直难以进入西方传统社会学研究的中心。1978 年，邓拉普和卡顿（Dunlap & Catton）将忽略环境因素的传统社会学理论称为"人类例外范式"①，提出了"新环境范式"。这一范式有三个假设：其一，社会生活由互相依存的生物群落所构成，人类并不特殊；其二，复杂的因果关系及自然之网中的复杂反馈，常常使有目的的社会行动产生非期然后果；其三，经济增长、社会进步及各种社会现象，均存在自然、生物学上的潜在限制。诸如邓拉普等学者一直尝试将环境因素引入社会学理论分析的中心，但"人类例外范式"迄今为止仍主导着西方主流社会学家的思考（童志锋，2017）。

郑杭生对生态环境因素与社会运行论关系做了系统的阐述，明确反对西方社会学理论发展中的两种极端倾向：一是忽视环境因素对社会现象的影响；二是过度强调环境因素对社会的影响。他认为，此两种倾向对正确理解环境和社会之间的关系均不利，也无助于对社会运行及其发展规律的正确理解（郑杭生，2007）。郑杭生从两个角度阐述了生态环境和社会运行二者之间的关系：其一是生态环境对社会运行的影响（生态环境是社会运行的基础；生态环境对社会运行的功能主要为供应站、居住地和废物库以及人类审美）；其二是社会运行对生态环境的影响。他认为，价值观、社会组织与制度安排、人类的行为模式等，都会对环境这一系统产生重要的影响，这种影响是双重的，既可以加剧环境退化，也会对环境治理产生促进作用，关键在于人类如

---

① 人类例外范式（human exceptionalism paradigm，HEP）假设：第一，人类不同于其他动物，他是独一无二的，因为他有文化；第二，文化的发展与变迁是无限的，文化的变迁相对于生物特征的变化更为迅速；第三，因此，人群的差异是由有文化的社会引起的，并非从来就有，而且这种差异可以通过社会加以改变，甚至被消除；第四，文化的积累意味着进步可以无限制继续下去，并使所有的社会问题最终可以得到解决。

何对自己的社会行动进行调整（郑杭生，2007）。任勇认为，环境治理尤为重要的是要对环境与经济、环境与社会、环境与技术、环境与国际治理体制之间的关系进行实质性的调整和优化，环境治理要密切关注环境与社会二者之间直接的、相互影响的关系（任勇，2019）。

　　M 县域生态环境问题与政治、经济、社会发展一直形影不离，是与当代中国社会结构转型进程紧密相关的。20 世纪 50 年代以来，历史上长期处于相对自治、封闭状态的西部地区，被彻底纳入中央政府强有力的权力控制网络。在社会转型这一巨变中，生态环境随着国家政治、经济、社会状况的变化也发生剧烈的变迁。一系列农业开发政策和运动，如农垦进驻、农业学大寨、大炼钢铁、家庭联产承包责任制的实行、市场经济体制的建立等对当地生态环境都产生了重要影响。在这一历史巨变中，M 县域社会经济发展成效显著，农业成就巨大，耕地面积与粮食产量持续增加，但生态衰退亦表现得特别明显，在一定时期内造成了森林覆盖率降低、水资源短缺、荒漠化加剧下民众生计难以为继等严重后果。20 世纪 90 年代初期开始，市场作为一个重要的力量开始重塑当地的生态和社会，各种主体参与到资源开发中，当地荒漠化程度明显加剧。21 世纪初期以来，在《规划》的促动和国家、政府、市场、社会的聚力治理下，当地生态环境发生了明显的改善。因此，深入探究 M 县环境与社会互动中荒漠化治理实践的历史演化过程，对于揭示环境与社会演化的社会机制是非常重要的。

1.1.2　研究问题

　　M 县历来是全国荒漠化防治重点县，一部 M 县史，半部治沙史。M 县的历史就是一部治沙兴水的历史。本书以 M 县域 1950～2019 年荒漠化治理实践演变为主要线索，对案例地的荒漠化治理进行多维度、长时段的梳理，剖析 M 县荒漠化治理演变的社会动力机制及其理论逻辑。

　　本书研究的核心问题是：社会转型如何影响了环境治理的历史发展，社会转型与环境治理的互动对于环境治理理论建设具有什么样的启示。具体而言，聚焦四个方面的分析：①1950～2019 年，M 县荒漠化治理的核心主体、治理理念、治理机制有哪些变化，这几者之间相互关系又是如何演化的，治理手段、资源、理念等要素是如何促成不同时期治理绩效的不同表现的。②M 县荒漠化治理实践在不同历史阶段相互区别的本质特征是什么。③M 县荒漠化治理中环境与社会相互作用的状态如何，社会转型的哪些具体因素影响了环境治理，治理主体的能动作用表现在哪些方面。④M 县荒漠化治理实践与社会互动的历史变化如何丰富环境社会学研究的社会转型范式，并启示环境治理理论的建构。

1.2　研究意义

1.2.1　理论意义

社会学的学术研究一方面通过实证研究对现有理论进行检验或修正，另一方面以揭示实证事实发生的逻辑为己任，通过对理论的构建和补充来指导实践（袁方和王汉生，1997）。本书希望通过对 1950～2019 年 M 县荒漠化治理实践过程的梳理，探究 M 县域环境治理中环境与社会互动的过程与机制及其对环境治理理论建构的启示，揭示不同历史阶段环境治理中治理理念、治理主体、治理机制的演化过程及其与当代中国社会转型之间的逻辑关系。

1950 年以来是 M 县社会变化最为剧烈的时期，也是该地区环境变迁的关键时期，同时，又是环境治理、社会转型急遽推进且相互嬗递的时期。廓清环境与社会二者之间的基本互动关系，无疑是环境社会学研究的一个重要课题。但从历史维度、从环境问题角度利用社会转型范式系统研究 70 年来西部县域社会结构转型与生态环境治理流变（荒漠化治理的研究）尚付阙如，而这样的研究对认识 M 县域乃至西部环境问题的发育、演变、恶化、改善过程及其作用机制，追溯和根究环境与社会相互作用、相互改变的轨迹和其社会动因，以及对于看待既有环境治理理论的各种分析、解决各种理论之间的分歧来说显然是十分重要的。

（1）洪大用认为，环境和社会治理体系有五个核心要素，包括技术、组织、人员、制度、文化，环境问题的解决不仅涉及技术问题，还涉及制度、文化、人类行为等社会因素的适当调整（赵婧等，2021）。联合国环境规划署也敦促迅速调查荒漠化的社会方面，以便更好地了解荒漠化的社会和人类层面，以及环境实际退化与社会后果之间的相互作用。荒漠化及其治理的解释必须植根于更广泛的社会、政治和经济层面。因此，在荒漠化问题依然是制约荒漠化地区经济社会发展的情况下，社会学研究者理应介入其中，贡献其学科力量。

（2）近年来，社会学，特别是以环境与社会关系为主题的环境社会学，以河流、海洋污染、草原生态为研究对象做了大量研究，但从环境社会学学科视角对西部县域荒漠化治理还没有直接的研究，关于西部地区生态环境问题的研究成果匮乏，研究规模也非常有限。西部地区生态环境治理具有自身的特殊性和复杂性，与东部地区差异很大。因此，要培养西部地区的本土环境学者，促进该区域环境问题的研究，这是中国环境社会学界长期的重要责任和义务（李文珍，2017）。本书尝试使用环境问题研究的"社会转型范式"，兼采用环境史视角，阐释生态脆弱区——甘肃省 M 县荒漠化治理实践转型的路径，在理论上为社会学与其他学科的对话以及拓展环境社会学的研究范围奠定基础。

1.2.2　现实意义

（1）第六次荒漠化和沙化监测结果显示，截至 2019 年，全国沙区生态状况呈现"整体好转、改善加速"态势，荒漠生态系统呈现"功能增强、稳中向好"态势①。虽然我国荒漠化防治取得了重大成效，但是由于荒漠化土地面积总量大，尤其是北方地区面临的防治形势和压力依然严峻②。因此，治理荒漠化不仅是一项重大的生态任务，也是我国应承担的国际责任，社会学学者理应参与到荒漠化治理的研究中来，为促进荒漠化区域治理的良性运行和环境与社会的协调发展提供自身学科智力支持。

（2）环境社会学这一学科从环境问题的社会成因、社会影响和社会应对方面展开环境问题阐释，探索环境治理的对策。不同国家根据自己的环境治理实践，形成了如生态现代化、日本的生活环境主义等治理模式。由于这些国家的制度、文化、社会结构等方面和我国存在本质差异，因此不能简单地移植西方的理论和实践，中国的环境社会学研究要密切结合中国的实际情况，对解决环境问题的过程进行深入具体的调查研究，以使所获得的理论和经验可以更好地指导我国的环境治理实践。

---

① 中国荒漠化沙化土地面积持续减少［EB/OL］．（2023 - 01 - 10）．https：//www. forestry. gov. cn/main/4170/20230111/155612459265204. html.

② 中国荒漠化和沙化状况公报［EB/OL］．https：//www. forestry. gov. cn/uploadfile/main/2011 - 1/file/2011 - 1 - 5 - 59315b03587b4d7793d5d9c3aae7ca86. pdf.

（3）本书中对甘肃省 M 县荒漠化治理模式演变的研究，从社会结构转型对环境治理的主要影响因素、环境治理演化的推动主体及其相互关系模式演变方面进行，所得到的 M 县不同历史阶段治理实践的经验教训可以为我国类似地区摆脱经济发展和环境保护矛盾困境提供有益启示，也可为国家应对生态环境危机、推进环境治理体系和治理能力现代化提供政策借鉴。

第2章　文献综述与分析框架

2.1　既有研究述评

针对研究的核心问题，本书的文献综述主要聚焦于荒漠化治理、环境治理、环境社会学环境治理、环境问题研究的社会转型范式及环境史相关研究的梳理。

2.1.1　荒漠化与荒漠化治理研究回顾

1977 年召开的联合国荒漠化大会，正式提出荒漠化的概念并逐渐明确了其含义（包慧娟，2004），即荒漠化是由于气候变化及人类活动诸因素共同造成的干旱、半干旱与亚湿润干旱地区的土地退化过程。我国于 1994 年组建了"中国防治荒漠化协调小组"，之后于 1997 年成立了"防治荒漠化管理中心"，这一中心是我国首个专门履行荒漠化防治事务的国家级单位。2001 年，全国人大通过了《中华人民共和国防沙治沙法》，21 世纪初期开始至今，我国先后实施了 10 多项治理荒漠化的国家工程，这些国家生态治理工程的实施，对荒漠化区域的环境改善起到了重要的作用。

荒漠化研究以自然科学为主，研究者对荒漠化治理的研究着眼于生态环境的物理、化学和生物变化过程，围绕土地荒漠化的自然和人为驱动力因素，聚焦于荒漠景观特征（王新军等，2015）、遥感监测与评价指标（赵媛媛等，2019；刘玉贞等，2017）、荒漠化时空分异（王新军等，2015）、极端土地退化动态变化（马文瑛等，2015）、植被特征信息（马中刚和孙华等，2016）、植物选择和验证（柳平增等，2020）、荒漠化动态变化（胡静霞和杨新兵，2017）、生态修复技术（吴祥云，2000）进行了诸多研究，这些研究为荒漠化治理积累了许多基础性知识（哈斯和盖志毅，2021）。

2.1.1.1 荒漠化成因及其驱动因素研究

总体上，荒漠化成因可归结为自然成因、人为成因与综合成因三类观点（王涛等，1999）。自然成因论者认为荒漠化主要源自气候干旱，其产生与发展主要受制于降水量的变化（方修琦，1987）；人为成因论者认为荒漠化呈现为"环境退化过程"，引致荒漠化的主要原因是人为的作用（朱震达和陈广庭，1994）；综合成因论者认为，荒漠化的演化过程是自然与人为两种因素共同作用的结果（王涛，2003）。虽然对于荒漠化的成因学术界还存在诸多争论和分歧，但大部分研究者认为近几十年来荒漠化加速扩展的主要原因在于不适当的经济开发（樊胜岳和张卉，2007）。

分析因素的确定与选择是辨识荒漠化过程驱动因素的关键，学者们大都选取尽可能多的荒漠化影响因素进行定量分析，以期探求现代荒漠化过程中的主导性驱动因素。自然因素指标主要选取了年均降水量、温度、风速、大风日数；人为因素指标选取人均耕地面积、畜均草地面积、人口数量、牲畜数量（韦环伟，2010）。但这些定量研究的结果无法解释20世纪80年代以来至今我国典型荒漠化地区如科尔沁、毛乌素沙地，在降水、风速、温度等因素均对沙漠化起促进作用，人均耕地与畜均草地显著减少以及人均土地压力增大的状况下，荒漠化大幅度逆转的现实（乌日嘎，2013；韦环伟，2010），也无法解释我国21世纪初期开始荒漠化全面逆转的现象。

樊胜岳等研究者认为，人为因素对于荒漠化具有双重作用：一是"滥垦、滥牧、滥樵"等活动造成荒漠化扩展的负向效应；二是通过"退耕还林还草、森林保护、禁牧"等一系列措施的实施，促使荒漠化停滞和逆转的正面效果（樊胜岳等，2014）。改革开放以来，我国农地制度的变革以及土地产权的明晰，促使农户可独立决策自身的生产、经营行为，随着商品生产与交换的扩展，封闭与半封闭的小农经济逐步被打破，农村劳动力开始脱离"生于斯、长于斯"的土地去从事非农产业，这为他们增加了农业生产收益外的其他大量收益。荒漠化治理与农村经济密切结合的程度，决定了商品经济和市场经济下荒漠化治理的深入程度。从国际上来看，学者们也高度重视荒漠化治理中农户参与所发挥的重要作用（Sara B，2002；Lindskog P & Tengberg A，1994）。一系列生态治理政策作用的发挥主要受制于农户的可接受度（樊胜岳、聂莹、陈玉玲，2015）。

2.1.1.2　制度与政策在荒漠化治理中的作用

历史上，北方农牧交错地带，荒漠化的扩展主要是农耕范围扩大引致的。农耕范围的扩大主要是基于巩固边疆稳定、充实国家财力、缓解人口快速增长压力的现实需求（史念海，1980）。19 世纪中期，东北部草原区域进入滥垦、滥牧、滥樵采的"三滥"时期，整个中国也进入现代荒漠化时期（王涛等，2006）。1949～1978 年，这一历史时期"以粮为纲"是我国农业发展的主导思路，草地被视为"宜农荒地"。西北广大区域在国家政策导向下组建了诸多国营农场，大规模开垦天然林、草地，造成该区域的土地发生荒漠化。其中三次极大规模的开发荒地（1955～1956 年、1958～1962 年和 1970～1973 年），导致大面积草场变为裸露沙地（韦环伟，2010）。

1978 年改革开放后，我国先后实施了"三北"防护林、退耕还林（草）、天然林保护、京津风沙源治理等大型生态建设工程。许多学者开始探析政策在荒漠化治理的作用（张殿发和张样华，2002；张宝慧和张瑞麟，2001；包慧娟等，2008；马骅等，2006）。既有研究从土地政策或生态政策要素投入的角度看荒漠化的变化结果，并没有阐释清楚制度和荒漠化治理相互作用的内在机制，更难以解释一种新制度在实施过程中的变异对荒漠化的影响程度。制度对人类荒漠化行为产生怎样的影响，并最终导致荒漠化面积的扩大或者缩小？有研究者分析了天然林、草原保护制度（李周等，2004）、生态补偿政策设计等（李小云等，2007）在荒漠化演进中的作用。社会学与生态人类学的研究者从家庭结构、社区组织、生产方式、生态意识演化等方面，探究了非正式制度在荒漠化演进中的作用（张雯，2008；王晓毅，2006；陶传进，2005）。这些研究侧重于荒漠化治理制度的实施绩效，对比了退耕还林还草和禁牧、生态移民政策实施绩效之间的差异，但对于这些生态治理政策实施绩效差异的原因缺少深入的社会转型方面的分析。

樊胜岳等认为，中国近百年来荒漠化加速发展，根源是人口对土地过重的压力。农业集体化时期由于农民退出权的缺失，导致了激励水平和生产率水平的大幅度下降，使得增加的农业人口长期保留在农业系统内部，大规模地开垦草原，致使荒漠化快速发展。改革开放以后，特别是 2000 年以后，农村劳动力大规模地转移到第二产业和第三产业，农业内部人口迅速下降，土地压力减少。同时，国家和地方政府利用生态补偿方式，大规模地开展生态建设，治理荒漠化土地，这些因素造成荒漠化面积逐年减少。因此，从根本上消除土地荒漠化的根源，就要立足于化解荒漠化区域过重的人口压力，突破治沙技术层面的限制，构建荒漠化治理的生态经济模式（樊胜岳、聂莹和陈玉玲，2015）。

哈斯等学者认为，政府政策工具的运用和选择是荒漠化治理最为根本的因素（哈斯和盖志毅，2021）。郭婷和周建华将我国荒漠化治理政策演化过程区分为起步（1949～1978 年）、重点整治（1978～2000 年）、全面治理（2001 年至今）三个阶段。他们认为，中华人民共和国成立初期的荒漠化治理只是规模很小的试点，以 1958 年举办的全国治沙会议为标志，正式开启了全国范围的荒漠化治理工作。1978 年后，荒漠化治理政策正式纳入政府政策议程设置的视野（郭婷和周建华，2010）。周颖等学者认为，国家防沙治沙政策是一个理念和实践相互作用和辩证发展的螺旋式上升过程。政策的实施实现了产业发展由外力推动到内力驱动、区域经济由数量增加到质量提升、社会主体由被动参与到主动投入的三大转变，并呈现出"防与治""保育用""建与产""内与外"相结合四个方面的基本特征（周颖等，2020）。

立足于环境保护角度，有学者把我国的荒漠化治理政策工具区分为"自愿性政策"与"经济性政策"以及"市场激励型政策"和"命令控制型政策"（李伟伟，2014）。研究认为，"命令控制型政策"在引发技术创新方面有重要的作用，"市场激励型政策"对于企业绩效的提升有正向的影响。沙、草产业的出现和发展将企业带到荒漠化治理过程中，这些治沙企业技术创新的发展与绩效的提升在一定程度上促进了荒漠化治理水平的提高和治理进程的加速。从工具主体性和工具强弱性的角度，有学者将荒漠化治理政策工具划分为"直接管制政策""经济手段政策"和"软政策"（余伟、陈强和陈华，2016）。

2.1.1.3　荒漠化治理模式与发展过程

周颖等学者将我国北部荒漠化治理模式划分为五大类型，阐明了不同模式的技术要点、基本特征、产业结构及实施效果（周颖等，2020）。郭彩赟等以库布齐荒漠化治理为例，将库布齐沙漠治理模式区分为沙产业模式、光伏产业模式、恩格贝模式、川路切割分区治理模式和风水梁等模式，并分析了几种模式技术层面的特点（郭彩赟等，2017）。樊胜岳提出了荒漠化治理的生态经济模式，这一模式主要涵盖三个方面的内容。第一，资源高效利用的技术创新与传播；第二，沙漠生态恢复；第三，主要内容为农业工业化的荒漠化区域产业与经济发展。他认为，荒漠化治理模式在实施过程中应该有层次、有时序地推进（樊胜岳，2001），要形成国家、企业、农户三者协同投资的荒漠化治理制度，并构建起有效的激励机制；要根据水资源是荒漠化地区维护生态平衡和经济发展的关键因素的特点，改革水价体系等水资源管理制度（樊胜岳，2005）。

王涛认为，已有的防沙治沙技术大多聚焦于荒漠化治理的生态效益，对社会与经济效益重视不足，这在一定程度上造成防沙治沙政策实施中出现参与困境，影响了防沙治沙政策实施的效果。因此，探索生态—经济—社会效益三者兼顾的防沙治沙技术，促进生态—经济—社会的相互协调是荒漠化治理绩效提升的关键。在理念上，要转变传统以固沙为单一目标的治理理念，把沙化区域荒漠化治理和沙区生物质材料、沙区新能源、生态医药的产业化统筹起来实施，逐步构建环境友好、具有可持续特征的综合治理措施及产业化的体系，实现显著的生态、经济和社会综合效益（王涛，2016）。贾举杰等认为，在生态脆弱的荒漠化地区，荒漠化治理不仅要在资金上加大投入力度，更重要的是要转换"为保护而保护"的单一保护模式，要切合当地实际，大力激发和培育本地居民的内生动力，构建以当地居民为主体的治理机制，强化社区在荒漠化治理中的主动性和参与性，使荒漠化治理由输血模式向造血模式转变（贾举杰和李锋，2020）。有学者总结了中国在荒漠化治理实践过程中的经验、成果和教训（Lyu et al.，2020）。王岳等对当前荒漠化治理中沙产业的开发进程中存在的问题进行了分析（王岳等，2019）。郭秀丽等肯定了企业在荒漠化治理中的重要作用，并分析了荒漠化治理与企业如何盈利二者之间的耦合问题（郭秀丽和周立华，2018）。有学者针对民间组织、非政府组织、企业这几类行动者参与中国荒漠化防治问题进行了探讨（Bao Y et al.，2017）。孙佳艺等构建微分博弈模型研究了政府如何引导社会资本参与治理荒漠化的问题（孙佳艺和谭德庆，2021）。

2.1.2 环境治理理论研究回顾

20 世纪 90 年代初期，学界探析环境治理问题主要以"管理视角"为主，"管理"视角或思维主导这一时期对环境治理问题的研究，发表的论文大多以"环境管理"为主。21 世纪初期开始，学者逐步转变了视角，开始从"管理视角"转向"治理视角",大量的论文也以"治理"为主。环境治理理论源自一般治理理论。主要的代表学者有詹姆斯·罗西瑙、格里·斯托克、德·阿尔坎塔拉、德·塞纳克伦斯、罗伯特·罗茨、埃莉诺·奥斯特罗姆、迈克尔·麦金克斯等。这些学者分别阐释了治理的理念、含义、特征、分类及其内容，这些学者的研究对推进环境治理理论的进一步发展发挥了重要的作用（陈海秋，2011）。

2.1.2.1　环境治理的含义与基本内容

环境治理含义的确定是环境治理工作的重要内容。但对于什么是环境治理这一问题，侧重不同方面的研究者对其的理解是有差异的，至今也没有达成一致的认识。联合国发展署（United Nations Development Programme，UNDP）和联合国环境署（United Nations Environment Programme，UNEP）提出，环境治理是一个过程，这一过程主要是在环境治理中决策权的分配和方式选择问题，即环境治理是一种面向自然资源及环境所使用的权力，也就是权力在实践中的具体运作和展开过程。环境治理内容涵盖了治理内涵、治理结构、治理机制、治理原则、治理目标、环境劣治、环境善治、环境优治、民主治理、环境善治与反贫困等（朱留财，2006）。从地域层次上，环境治理包括全球环境治理、区际环境治理、国家环境治理、地区环境治理和社区环境治理等，从资源环境要素层次上治理可分为森林与草原治理、海洋治理、水环境治理等（朱留财和陈兰，2008）。在此基础上，一些国际组织和学者对联合国发展署和联合国环境署提出的环境治理的含义进行了补充、修改与拓展。

2.1.2.2　环境治理的主体与政府作用

环境治理主体构成及其历史演变是环境治理历史变迁中的核心要素。随着经济社会的发展，环境治理的主体构成也在不断变化。在市场化深入推进的过程中，许多研究者开始重视政府之外的其他行动者，如企业、市民、非政府组织在环境治理中的重要作用。不同学者对环境治理主体构成的表述虽然各不相同，但总体来看其差异较小，可归结为三种观点：第一，环境治理主体由政府、市场、市民社会组成；第二，环境治理主体由政府、企业、非政府组织（NGO）、市民（居民）构成；第三，环境治理主体由政府、企业、非政府组织、公众组成。这三类观点的共同点是他们都认同在环境治理的主

体构成中，企业、非政府组织、市民具有重要的作用，环境治理的良性运行
需要这几类治理主体的积极参与和作用的充分发挥。斯宾斯·戴卫（Spence
David）特别强调了企业在环境治理中的重要作用。企业在环境治理中的角色
是"理性的污染者"，要对其进行规制和引导其进行技术创新，促使其扮演
积极的、应该扮演的角色（Spence，David B，2001）。

西方环境治理理论对环境治理主体构成中的政府这一核心主体所扮演的
角色进行了重新定位，认为政府只有在革除全能型政府存在的诸多弊病的基
础上成为"有效政府"，才能更好地推进环境治理的发展。例如，赛文·贝
斯（Savan Beth）等认为，政府要明确自己的角色定位，为其他治理主体提
供必要的支持条件（Savan Beth，Christopher Gore，Alexis J. Morgan，2004）。
戴维·奥斯本等指出，政府在公共事务管理中主要有两种角色：催化剂与促
进者。政府的主要作用是扮演好"掌舵者"的角色，集中于必须由政府力量
才能解决的事务上，把可以由社会解决的问题交由社会办理（戴维·奥斯本
和特德·盖布勒，1996）。罗伯特认为，环境治理中政府的角色要由以控制
为主要特征转变为综合协调。治理是一个综合系统，政府在这一系统中应扮
演好自己的角色。在履行确定法律和政治规则、界定和区分各个部门间边界
的基础上，确保一些部门不凌驾于其他部门之上；并且政府要对网络之间的
互动关系进行监控，保持和维护具体网络内部及各自网络之间运行的民主与
公平原则（罗伯特·B. 登哈特，2006）。

另外，有学者提出了"元治理"概念，其意在突出政府在治理中的重要
地位。这是为了寻求解决治理失灵所使用的一个概念，是治理理论重视社会
公共管理网络系统中政府这一核心主体重要功能的一种表述。其认为政府所
承担的主要任务是确立引导社会组织等行动者如何行动的基本准则，以及稳
定主要行动者运行方向和为其提供一系列的行为准则。

2.1.2.3　环境治理中的合作与参与

环境治理需要合作与参与，实施环境治理有多种方式，环境治理复杂性
的不断发展已经成为环境治理必须实行合作多元化的驱动因素。同时，要重
视和坚持参与合作原则。实践中，公众参与和非政府组织参与是环境治理的
两种主要形式。有学者通过洛杉矶"丝绸路"公司垃圾处理技术转移案例，
研究并阐述了合作与参与之间的关系。该技术使用可回收能源，具有环保功
效，不仅可以清除当地牧场牛猪产生的垃圾，还可以用于处理污水，成本低

廉，并可获得电力，其成功是地方政府与妇女非政府组织（居民组织）之间的合作引致的。非政府组织负责收集废弃物，这项协议得到了投资者的认可，成功地进行了垃圾技术处理转移，有效地实现了清洁环境的目的（蒂姆·佛西，2004）。

环境学者们对多边合作的必要性和好处也进行了探讨，认为决策过程需要更多的利益相关者参与。环境法和政策的制订需要公众、私营部门、国际之间的沟通和通力合作（Arentsen & Maarten，2008）以向政府施加压力。有学者研究了影响环境政策的多层次参与的实质性影响，认为参与者的环境偏好会影响决策的环境绩效，面对面的交流与沟通能对决策的环境效果产生更有效的影响（Newig，Jens & Oliver Fritsch，2009）。有学者指出，环境治理合作模式可以促进公众更广泛地参与环境政策和技术选择，使政策的可接受度提高（Forsyth Tim，2006）。

合作不是一劳永逸的，还有很多后续问题需要关注。公众、政府机构以及具有相同目标的非政府组织合作的新环境治理模式比任何单一主体治理都有效，但参与式对话机制、灵活性、包容性是建立透明和制度化协议机制的前提（Gunningham Nell，2009）。

2.1.2.4 环境治理的模式与发展趋势

环境治理模式又称环境治理范式，是指包括治理主体结构、治理机制、治理原则、治理目标、治理绩效等在内的分析框架（朱留财，2006）。研究者从不同社会制度和角度对环境治理模式进行了分类，主要分为参与式、多中心、专项治理、政府直控型、市场化、自愿性等环境治理模式。蒂姆·佛西归纳了参与式治理模式的内涵：第一，地方政府在环境治理中能主动参与且积极执行环境治理政策；第二，环境治理的投资主体与居民之间通过充分的协调和沟通所形成的合作型伙伴关系是一个重要的政策工具，在这一政策工具的作用下，可化解环境治理资金来源匮乏的困境（蒂姆·佛西，2004）。维夫克·拉姆库玛等研究者提出了"透明式环境治理范式"。这一范式没有限制污染气体排放，但要求排放企业报告其排放水平，通过授权公民参与环境治理决策和实施来监督这些污染企业，这一方式被称为"披露式规制"（维夫克·拉姆库玛和艾丽娜·皮特科娃，2009）。埃莉诺·奥斯特罗姆的多中心治理模式具有四个特点：一是多中心治理结构，意味着地方社会生活中存在着自治治理的秩序和权力；二是多中心治理尤其注重社区自治与公民参与；三是通过对话、协商、妥协的运作来平衡独立决策者们的利益和彼此间的冲突；四是通过多种制度选择，可以提供多种性质的多中心公共产品和服务（埃莉诺·奥斯特罗姆，1999）。这一模式的最重要贡献是为推进环境治理实践提供了另一条思路，即治理并非单一中心，可以是多元化和多中心的。格瑞特、古彼普、海奈特、赖特和佩特曼等学者针对参与式治理作了大量的研究（陈海秋，2011）。

在研究基础理论的过程中，西方学者也研究了环境治理的变化和发展趋势。他们将环境治理的革命性变化概括为三个方面：一是开始更加关注环境政策与其他政策（如产业、技术）间的良性耦合；二是更加注重企业、公众等多元主体的自发参与；三是环境治理的方式与手段在不断创新，新的政策工具得以不断使用。研究者将环境治理的发展趋势概括为四个方面的表现：第一，环境治理的重点从末端治理转向源头治理；第二，治理手段由一元化手段向多元化手段转变；第三，环境治理体制由"政府直接控制"向"社会制衡"转变；第四，环境治理目标由单一的环境效益向综合的经济、环境和社会效益转变（任志宏和赵细康，2006）。

2.1.3　环境社会学环境治理相关研究回顾

2.1.3.1　环境治理的理论取向

环境社会学围绕环境治理议题主要有三种理论取向。

第一种为关系主义取向。国外研究较早提出人与自然相互依存的"新生态范式"（new ecological paradigm）（Dunlap & Catton，1978）。这一范式不同于传统的社会学范式。因为它强调环境因素在社会事实变化中的作用，主要假设如下：①人类是众多文化和技术上独一无二但相互依存的生态共同体之一。②人类社会受制于复杂因果关系及自然环境反馈的诸多影响，因此，人类有目的的行为往往会导致意想不到的后果。③人类生活在有限的生态系统中，人类的活动受到生态系统的制约。④如果超过了生态容忍的限度，人类的创造力是暂时的，生态规律不可违反。加洛潘等学者认为，环境社会学主要应该研究影响自然生态系统的一系列活动和影响社会系统的一系列自然生态效应，详细阐述了环境与社会关系研究的具体策略和过程，不再片面强调技术的主导作用。饭岛伸子以日本、美国、法国等国家工业化、城市化过程中出现的环境公害问题为实例，探讨了环境问题的历史和现状及治理环境的迫切性，分析了环境问题与科学技术、组织、群体、个人的关系，阐释了环境运动的变迁及意义，论述了城市生活方式的变化与生活者的致害者化（饭岛伸子，1999）。国内也有研究深入剖析了城镇化、牧民主体性以及草原生态治理之间的内在关联（包智明和石腾飞，2020）。还有一种关系视角下的研究关注政府、企业、公众等治理主体在环境治理中的冲突、制约和博弈关系（Emerson，2012；周晓虹，2008；洪大用，2016）。

第二种为结构主义取向。生产跑步机理论（treadmill of production theory）提出改变资本主义政治经济制度是解决环境问题的途径（Schnaiberg & Gould，1994）。施奈伯格的理论是在综合马克思主义、新马克思主义、新韦伯主义政治经济学相关观点和资料的基础上发展起来的。这一理论认为，"生产跑步机"是现代资本主义社会促进经济增长的复杂的自我强化机制，这在很大程度上是资本集中和权力集中趋势日益加剧的结果，也是资本主义国家和垄断经济部门关系变化的结果，有时虽会对环境问题给予必要的关注，然而环境状况不断恶化是无法避免的（洪大用，1999）。张玉林运用"政经一体化"视角解释中国情境下农村所产生的环境问题。他认为，在以经济绩效作为官员任期内考核的体制中，追求 GDP 和税收等财政资源的增长自然成为地方官员的首选，导致了重增长而非环保的趋势。因此，受到影响的农民很难获得补偿权，由此引发的污染纠纷就会不断升级。在"政经一体化"中，政府和企业实现了双赢，但是环境却成为牺牲品（张玉林，2006）。有学者强调了文化和价值观在治理中的作用，提出了"文本规范和实践规范的分离"这一概念，认为现代社会人工系统的运转需要其成员按照规范行动，但事实上当前依然在依照情景行动，而不是依照各种规范行动（陈阿江，2008）。此外，陈阿江用"次生焦虑"概念分析了 20 世纪 90 年代以来太湖流域水域迅速污染的原因和产生机制，指出其原因源于一种怕落后而焦虑、以求速成的心理。这种心理具备三个特点：其一，落后的困扰；其二，目标的急迫性；其三，冲动的动力源与组织结构的特殊性（陈阿江，2009）。地方性知识与生活智慧（孟和乌力吉，2017；罗亚娟，2020）等在环境治理中也有重要的作用。

第三种为行动主义取向。生态现代化理论（ecological modernization theory）（Mol et al.，2010；洪大用，2014）和社会实践论（social practice approach）（Spaargaren，2016）认为环境治理中需要研究人的实践行为。更多的研究关注环境知识、环境意识与环境行为之间的关系（洪大用等，2014；

彭远春，2020），以及社会个体的环境抗争行为（张玉林，2017）。

2.1.3.2　环境治理的制度创新研究

环境治理需要处理"外部性问题"和"公地悲剧"问题，而制度建设是实现环境、资源与经济共生的关键途径（王芳，2009；林兵，2017）。当前环境治理存在"碎片化"（张玉林，2016）和机构之间的协同失灵困境（刘彩云和易承志，2020），为此地方政府积极推动制度创新（Gunningham，2009；陈涛，2019）。现有研究从多个维度剖析了不同类型的生态环境治理制度创新：有从地方实践出发的制度创新，如"河长制"（王书明等，2011）、"五水共治"（张鹏和郭金云，2017）；有的关注强制性制度，如"生态补偿制度"（耿言虎，2018；廖华，2020）、"生态恢复与治理保证金制度"（王广成和曹飞飞，2017）等；还有的着重强调碳排放权、排污权、水权等市场激励型制度创新（商波等，2021）。

2.1.3.3　环境治理的社会参与机制研究

制度的功效需要通过机制发挥作用。环境治理长期以来呈现出政府行政主导的特征（荀丽丽和包智明，2007），荀丽丽分析了草原生态区现代民族国家权力形态的构建和成长过程及其带来的生态、社会后果及道德含义（荀丽丽，2009）。王晓毅以草场承包的环保政策为例，分析了牧区草原环境保护政策的"一刀切"和简单化状况以及决策过程的再集中。20 世纪 90 年代开启的草原承包制度，消解了牧区的地方性规范、加剧了草原使用的冲突。草原环境保护从原来依靠牧民理性演化为依赖国家权威，这反而削弱了环境政策的效力（王晓毅，2009）。此类治理机制有其治理优势，但也存在单一化、简单化的问题，同时市场激励机制也常常出现失效的状况（张慧鹏，2020）。环境治理作为一个社会问题（王晓毅，2014），离不开自下而上的民间实践（陈涛，2014），尤其是对治理问题的利益表达与监督（钟兴菊和罗世兴，2021）。环境参与式治理（Newig et al.，2018）、第三方治理（张锋，2020）等理念的提出，为提升公众参与提供了机遇。已有研究从参与渠道（楚晨，2019）、社会资本（王芳和李宁，2018）、知识的生产与呈现（张劼颖和李雪石，2019）、日常消费实践（范叶超和刘梦薇，2020）等方面谈到了完善公众参与机制的建议。

2.1.4 社会转型理论与环境问题研究的"社会转型范式"

2.1.4.1 社会转型理论

20世纪80年代开始，学术界针对当代中国社会转型议题展开了多角度的研究。郑杭生先生较早从中国社会学的角度，提出了"转型中的中国社会"概念。在此后的一系列著作中，郑杭生及其学术群体对社会转型进行了较为深入的研究。郑杭生提出的"社会转型"论，包含的主要内容如下：

第一，社会转型是指社会结构和社会运行机制从一种形态向另一种形态转变的过程，与此同时，社会转型还包括价值观和行为模式的转变。

第二，中国社会转型可区分为三个阶段：第一阶段为1840~1949年；第二阶段为1950~1977年；第三阶段为1978年至今，这一阶段为中国社会转型加速的阶段（郑杭生和冯仕政，2000）。

第三，用以说明、评价这三个不同阶段的社会转型的特征有五个重要的维度，即速度、广度、深度、难度和向度（见表2-1）。

表2-1　　　　　　　　中国社会转型度在不同转型时期的表现

转型度	阶段		
	第一阶段 （1840~1949年）	第二阶段 （1950~1977年）	第三阶段 （1978年至今）
速度	慢速	中速	快速
广度	片面	相对片面	全面
深度	表层	较深层	深层
难度	军事上的难度	建设上的难度	利益大调整的难度 + 建设上的难度
向度	寻求资本主义现代化 道路和模式	接受苏联式社会主义 道路和模式	探索中国特色社会主义 道路和模式

资料来源：郑杭生. 社会运行学派轨迹：郑杭生自选集［M］. 北京：首都师范大学出版社，2014.

第四，中国社会转型研究的重点在利益格局转型、社会控制转型、文化模式转型、社会支持系统转型四个方面的问题上。

第五，中国社会转型的实质和重点是社会结构转型。社会结构转型的主要内涵包括：身份体系弱化；结构弹性增强；资源配置方式转变；体制外力量增强；国家与社会分离（郑杭生等，1997）。

第六，社会结构转型和经济体制转轨（从计划经济体制到市场经济体制）二者齐头并进，相互推动又相互制约，是现阶段中国社会发展的重要特征。但是，社会结构转型不能简单地等同于经济体制转轨。

第七，从传统向现代转型、从现代向传统转变、从传统到传统转变、从现代到现代转变同时在场，是中国社会快速转型的显著特征之一（郑杭生，2007）。

此外，陆学艺、李培林等一批学者对中国社会转型议题从不同角度进行了深入的阐释（洪大用，2001）。

社会转型既是一种整体性的发展，也是一种特殊的结构性变化，其具体内容是结构和机制转型、利益调整和观念转变。在社会转型时期，人们的行为、生活方式和价值体系将发生重大变化。当前，中国社会结构转型的特点是结构转换与制度转型同步进行，政府与市场同步启动，城市化进程双向运动，转型过程中发展不平衡。除了国家干预和市场调控之外，社会结构的转变是影响资源配置和经济发展的另一只无形之手。这不仅是经济增长的结果，也是社会变革的推动力（李培林，1992）。

渠敬东、周飞舟、应星将中国改革开放以来的历史进程划分为三个阶段：第一阶段，以双轨制为核心机制的二元社会结构（1978～1989 年）；第二阶段，全面市场化及分税制改革确立的市场与权力、中央与地方及社会分配的新格局（1990～2000 年）；第三阶段，行政科层化的治理改革得以实行并成为推动社会建设的根本机制（2001～2008 年）。由此，改革前的总体性支配权力为一种技术化的治理权力所替代，同时，中国社会转型也面临新的机遇和挑战（渠敬东、周飞舟和应星，2009）。

黄仁宇的大历史观为观察中国当代的社会变迁和社会转型提供了另一种思路。他认为中国社会的转变是一个整体性翻转的过程，包括高层机构、低层机构到中间的法制性关系，也包括社会生活的各个方面，一切推倒重来。这是旷古未有的艰巨工作，使中国重建成为一个能够"以数字管理"的现代社会，这是一场中国现代的"长期革命"，这个工作至今仍在继续。以罗荣渠为代表的"现代化范式"也对中国社会转型进行了深入的分析。

以上研究成果为观察中国社会转型提供了学术的参照。中国的社会转型事实上是一个仍在持续进行的过程，新的因素和变化仍在出现，远未达到终点；与已经步入现代社会的其他国家相比，其体量之大，惯性之强，罕能与匹。而这又对观察者不断提出新的问题和挑战，需要对这些问题作出自己的阐释。

2.1.4.2　环境问题阐释的社会转型范式

社会学对环境问题有限的研究缺乏系统性，缺乏明确的分析范式，洪大用是第一个用社会转型理论解释中国环境问题的学者（张斐男，2017）。他的学术贡献体现在两个方面：首先，明确提出环境社会学研究的主题应是"环境问题的社会原因和社会影响"；其次，提出了环境问题研究的具体范式——社会转型范式。"这一范式为环境社会学与其他社会科学、中国环境社会学、世界环境社会学就环境问题进行对话创造了良好的条件"（张超，2003）。

洪大用从社会学角度审视了中国社会转型加速期的环境问题和环境保护战略转型，深入阐释了社会转型和环境问题二者间的关系，并讨论了社会转型为环境保护所带来的新机遇和条件。其研究建基于两个基本的预设：其一是环境与社会之间是相互作用的；其二是当代中国社会正处于社会转型加速期。具体假设如下：①社会转型期的环境问题有其自身的独特性。②转型社会有一个独特的具体机制来制造环境问题。③在某种程度上，中国当前的环境问题是特定环境条件和特定社会过程相互作用的产物。④解决环境问题的战略应考虑到中国社会的特点。⑤社会变革加剧的环境问题只能通过随后的社会变革来解决（张超，2003）。

社会转型与环境问题的关联

洪大用认为，中国社会转型影响环境状况主要表现在以下三个方面。

（1）以工业化、城市化和地区分化为特征的社会结构转型。一方面，工业加速发展加重了环境负担。其中，乡镇企业由于规模小、稳定性差、随利转移、技术起点低、能源和原材料消耗多、布局不合理且不易集中管理、片面追求产值且污染防控投入有限等，造成了极大的环境污染和破坏。另一方面，高速城市化过程中较低的市民环境意识和土地利用率、落后的城市规划和管理、无序开发以及区域分化形成的污染转嫁均加剧了环境问题。

（2）从计划经济到市场经济、从集权管理到分权治理的改革，以及城乡二元控制体系形成等社会变迁均潜藏着负面环境影响的致因。

（3）以道德滑坡、消费主义兴起、行为短期化以及社会流动加速为表征的价值观念变化，比如，社会公德败坏，缺乏社会关怀，只顾眼前、没有长远眼光，消费急剧增长，社会流动成为常态等，导致环境关心缺失，环境污染加剧，环境负担加重（张斐男，2017）。

当代中国社会结构转型、体制转轨、价值观念变化都对环境造成了深远的负面影响，当代中国环境状况的日益恶化与中国特定的社会转型过程是直接相关的（洪大用，2001）。

转型期环境保护对策的适用性和环境治理的新可能

（1）当代中国社会转型凸显了环境问题，意识形态禁区的破除、环境信息的传播和对外开放等，均使越来越多的人意识到了环境问题，也使中国不得不认真对待环境问题并采取应对措施，这表明转型社会中社会成员环境意识的提升为环境问题的解决增加了便利。

（2）在加速转型阶段，经济发展与环境保护难以协调，加之社会分化加速进行，这使得该阶段环境问题具有特殊性。也就是说，由于转型社会的环境问题具有特殊性，因此，需要采取具有针对性的治理对策。

（3）当代中国社会转型加剧了环境管理的难度，即转型期的"形式主义"特征和社会控制体系的弱化，使得环境管理的效果大为弱化。从计划到市场的社会体制过渡存在市场机制和环境政策双重失灵，放权让利的改革使得地方保护主义成为污染的保护伞，诸如此类转型期的特殊因素阻碍了环境治理目标的达成。

（4）中国的社会转型也为改善和加强环境保护提供了新的机会。洪大用认为，环境与社会的关系既有一般性，也有特殊性。特定的环境与社会之间的关系总是具体的、历史的，在社会运行的不同历史时期，环境与社会的关系呈现出的特点是不同的。他从国际社会、中国政府、大众媒体及民间环境运动角度，分别阐释了这些因素在中国环境问题影响和建构中的作用。

解决环境问题必须通过社会变革与重建。发展战略转变意味着可能更有利于环境保护，同时，也为环保组织的创新开辟了空间并提供了有利的条件，为增强社会公众环保意识和环境参与的行动力，为更好地解决转型期的环境问题提供了新的方向（洪大用，2001）。

2.1.5　环境史研究回顾

环境史研究历史上人类与自然之间的关系，它试图理解自然如何为人类的行为提供选择和障碍，人们如何改变他们生活的生态系统，以及非人类世界的不同文化概念如何深入形成信仰、价值观、经济、政治和文化，属于跨学科研究（王利华，2008），它从自然科学和许多其他学科中获得见解（高国荣，2005）。卡罗琳·默茜特将环境史称为"通过地球的眼睛观察过去，阐释不同历史时期人类与自然环境之间的互动方式"（Carolyn Merchant，2011）。唐纳德·沃斯特认为，环境史主要涵盖三方面内容：一是发现和探索历史上自然环境的发展变化；二是研究人类科技进步如何改变人与环境之间的关系；三是考察人类认识与对待自然的观念、态度、价值的演化过程。

环境史主要起源为法国的"年鉴"学派和美国西部环境史研究。自 20 世纪 60 年代开始，考察人类历史发展过程中的自然环境及长期发挥作用的因素，逐步开始成为国际史学研究的方向和趋势，也产生了大批重要的环境史学术成果。如唐纳德·沃斯特所著《沙暴》《帝国的河流：水、干旱和美国西部的成长》等作品聚焦于美国西部水利、牧场等的历史演化过程；而其《自然的经济体系：生态思想史》《自然的财富》则放眼全球，追溯了生态主义思想的变迁和人类文化与自然之间的互动关系。威廉·克朗农（William Cronon）的《自然的城市：芝加哥和大西部》，分析了芝加哥和美国西部之间的关系以及该地区生态和经济之间演化的关系。卡罗琳·默茜特以独特的女性主义视角，阐述了人类历史上环境与社会的关系，其思想集中体现在著作《自然之死：妇女、生态和科学革命》《生态革命：新英格兰的自然、性别和科学》中。安德鲁·伊森伯格（Andrew Isenburg）所著《野牛的绝灭：1750—1920 年环境史》深入分析了西部开发中北美野牛的宿命；杜安·史密斯（Duane Smith）所著《美国采矿业与环境 1800—1980》，深入探讨了矿业开采对边疆社会及其环境产生的影响。

除了在各自的研究领域里利用环境史的方法探讨美国西部史的不同问题外，还有不少学者重点研究美国和西方人环境观念和意识的变迁。1967 年，林恩·怀特（Lynn White Jr.）的《我们生态危机的历史根源》，追溯了自中世纪以来西方人环境观念的变迁。1975 年，唐纳德·休斯（Donald Hughes）在《古代文明的生态学》一书中指出，影响人类与环境关系的因素有：①共同体成员对自然的态度；②他们对生态平衡及其结构的了解程度；③他们对技术的运用以及对个体成员对待自然行动的约束程度。西方人对自然的态度受到古代万物有灵论、犹太—基督教观点、希腊和罗马哲学的影响（J. Donald Hughe，1975）。古代由于科技发展缓慢，文明还能对自然保持克制态度，可后来工业化国家在控制人们破坏自然方面却举步维艰。

在国内，侯文蕙的《征服的挽歌：美国环境意识的变迁》是首部关于美国环境史研究的著作。此外，她还翻译了名著《沙乡年鉴》和唐纳德·沃斯特的《自然的经济体系：生态思想史》及《沙暴》等。中国环境史的研究，现阶段呈现出极其开放的态势，这一态势表现在研究的内容、多学科的交叉、所采用理论方法诸多方面的灵活性和丰富性上。一批学者如伊懋可（Mark Elvin）、淮德培（Peter C. Purdue）、马立博（Robert B. Marks）、穆盛博（Micah Muscolino）、谢健（Jonathan Schlesigner）等发表了大量的环境史作品。如伊懋可的《大象的退却：一部中国环境史》、马立博的《中国环境史：从史前到现代》，两位学者的研究规避了环境衰退是由经济发展导致的单一化、线性解释。如马立博认为，推动中国历史上环境变化的主要因素包括新石器时代向农业社会的转变、中国农业系统与政府权力、市场与商业发展之间的有趣互动、技术变革、文化信仰与实践、人口变化。他认为，中国环境史上最重要的趋势是自然生态系统简化为特定的农业生态系统，至少在 2500年前就开始自我复制。在总结环境变化的原因时，他认为是汉族人农业耕作与政府战略利益二者之间的成功结合使环境得以发生改变（马立博，2015）。

我国历史沙漠地理研究的开创者侯仁之自 20 世纪 60 年代开始领衔发表的一系列研究成果，加深了对沙漠化自然和人为原因以及人类不合理的土地利用与土地沙漠化之间关系的理解（侯仁之，1964）。赵永复、朱士光、王尚义、韩昭庆等学者也围绕相关问题展开了深入的讨论和争论。王尚义研究了历史时期鄂尔多斯高原地区农业、牧业的交替演化和自然环境之间的关系；陈育宁考察了鄂尔多斯及宁夏地区沙漠化的形成和演进过程；冯季昌、景爱等学者探讨了科尔沁荒漠化的变迁过程和木兰围场的历史演化进程；李并成专门研究了历史时期甘肃河西走廊绿洲的沙漠化；朱震达等对我国草原与荒漠草原地带一些沙漠形成、演化及荒漠化危机的成因进行了阐述。大部分学者认为，荒漠化是自然和人为因素共同作用的产物，其中最关键的人为因素为过度耕种、森林的滥伐，这导致了荒漠化危机的出现。在效率追逐与日益强大的技术控制作用下，人类施于自然的影响越来越大，成为环境变迁的日益强大的驱动因子（徐波，2014）。

一些研究者提出，环境史研究不仅应该关注历史上的环境变迁，还应确立基本人文取向，着力关注历史上人类社会的发展和人与人之间的关系，分析历史上人类系统和环境系统之间的相互作用。部分研究者主张要把生态史与社会史相结合，将环境史与经济史相结合，以拓展学术研究的视野，推动学科的新发展（王利华，2006）。还有一批研究者对生态环境与人类经济活动、技术嬗递、社会结构变动、文化习俗变迁等之间的互动关系，作了具体的探讨（徐波，2014）。

2.1.6 总体文献评价

综上所述，学者们从多个学科视角和层面对荒漠化治理、环境治理展开了广泛的研究，既有研究为本书的分析提供了重要的理论资源，但以上文献也存在各自的不足。

（1）荒漠化治理相关研究多采用单一的方法从自然科学的角度对荒漠化的物理、化学成因等方面展开分析，社会科学的研究也未深入探究荒漠化治理中环境与社会之间的互动演化关系及荒漠化治理模式变迁的社会机制。现有研究多停留在对荒漠化成因、宏观政策在荒漠化治理中的作用、荒漠化治理对策的讨论上，缺少对西部某一县域较长时段荒漠化治理深入、具体的分析。另外，现有关于荒漠化治理的定性或定量研究大多是单方面探讨区域环境治理及其效率的演化问题，鲜有研究考察环境治理及其治理绩效演化的动力机制。区域环境治理理应涵盖环境与社会两个系统的内容，将二者剥离开来进行研究显然无法对区域环境治理形成全面的整体性认知，也就难以为区域环境治理实践提供有力的决策支持和实践指导。

（2）西方现代意义上的环境治理研究成果丰富。这些研究在揭示环境治理的流变、改进环境治理的策略、提出各自治理模式方面都有其积极意义，但是普遍忽略了环境治理是一个随着时间变化而变化的历史进程，总体上这些理论的实质是在新自由主义基础上宣称西方式现代化的合理性及其可以自然进化到环境友好的逻辑。在新自由主义意识形态下，人们认为政府应该退出尽可能多的领域，减轻政府的负担。这可以被称为"新自由主义治理"，比如西方学者提出的"社会自理""网络治理""制衡式治理""分权式治理""多层治理"等。从新自由主义的角度来看，其假设了一个零和博弈，其普遍认为，为了促进治理，必须削弱政府（王绍光，2018）。

西方现代意义上提出的"环境治理"理论不仅模糊了人们对于西方式现代化的负面影响的认识，也没有清晰地阐述环境治理在不同历史阶段所面临的社会条件的差异性以及这些条件发展演进逻辑的复杂性。这些研究对于 M 县荒漠化治理的最新阶段来说具有一定的借鉴价值，但其价值仅在于在 M 县几十年荒漠化治理历史发展中政府在环境治理过程中发挥作用的方式和手段产生了变化。伴随着经济社会的发展，市场机制在荒漠化治理中开始发挥更重要的作用，公众的环境参与意识、组织化程度在不断提高。因此，只有当一个社会发育到特定的阶段后，西方社会现代意义上所形成的"环境治理"理论才有可能成为借鉴的资源。

（3）环境社会学对环境治理的已有研究也存在着不足。首先，缺少对西部县域荒漠化治理的实证研究。当前环境社会学的研究对象主要偏重于草原、水、海洋（包智明，2020；陈阿江，2020；崔凤和王伟君，2017）等。其次，对环境治理困境的归因过于单一化或者宏大。荒漠化治理中存在着经济、环境、社会诸多问题，这些问题交织在一起，已有研究没有厘清各种问题之间的逻辑关系，缺乏对治理困境形成机制的理论分析。再次，对治理的制度创新与社会参与机制关注不够。已有研究过于关注强制性制度以及市场交易制度，忽视了参与性制度建设的重要性。当前环境治理关联主体之间的互动逻辑发生了深刻变化，社会参与机制的构建及制度创新在荒漠化治理中的作用理应受到重视。最后，缺少有深度的荒漠化治理经验研究，并在此基础上加强本土理论归纳。

（4）环境问题研究的"社会转型范式"侧重于从社会转型所带来的社会失序这一角度，深入阐释了当代中国社会结构转型、社会体制转轨、价值观念变化等对中国环境所产生的影响，并提出了社会转型过程孕育了缓解环境问题机制的观点。但总体上来说，"社会转型范式"对环境治理具体实践过程的关注不足，尤其缺少立体、动态地反映西部生态脆弱县域环境治理实践案例的支持，也没有对中国社会转型过程对环境治理的影响进行操作化。

（5）环境史现有研究已经取得了多方面的成绩，从宏观层次探讨长时段自然环境发展变迁以及科学技术的发展如何改变人与环境之间的关系和人类的价值观，考察了观念和对自然态度的变化。猛烈抨击以"进步"和"增长"为标准的现代世界惯性思维，深切担忧追求二者的意外后果，从根本上质疑征服自然的合法性，让生活在其中的人们思考自己在自然世界中的作用，他们对社会发展与环境保护之间的不平衡进行了科学而现实的研究和评价，其最终目标是如何消除社会对各种增长的迷信，从而恢复包括人类在内的生态系统的平衡（侯深，2022）。

就中国西部地区生态环境变迁研究而言，国内环境史研究仍然存在着相当的空白和不足。从整体意义上对中华人民共和国成立以来相对微观层次上，聚焦西部县域社会变迁与生态环境互动关系的专题研究付之阙如，已有研究

缺少对环境演化背后的"社会"的细致解读。1950~2019 年的 70 年间，是
M 县社会和生态环境变迁最为剧烈、最为关键的一个时期，尤其改革开放 40
多年以来，更是该区域环境问题愈加严重和治理行动介入的时期，以及一次
次社会变迁、社会转型急遽推进且相互嬗递的时期，要廓清环境与社会之间
基本的互动关系，环境史是可资借鉴的一个视角。

2.2　核心概念、 理论视角与分析框架

以下对本书中所使用的几个核心概念作一界定、说明，这些概念包括社
会转型、环境治理、治理模式、治理主体、治理理念、治理机制。

2.2.1　核心概念

2.2.1.1　社会转型

"社会转型"（social transformation）一词最早由社会学家大卫·哈里森所
使用，主要用于讨论现代化和社会发展，此后这一概念被广泛用于社会学理
论和现代化理论。社会转型（社会结构转型）是社会历史发展过程中的飞
跃，它意味着社会系统内部结构的变化和人们生活方式、生产方式、心理结
构和价值观全面深刻的革命性变化（陈海秋，2011）。

对社会转型这一概念的界定学者们从不同的角度有着多种理解：①社会
转型指中国社会从传统社会向现代社会、从农业社会向工业社会、从封闭性
社会向开放性社会的社会变迁和发展（陆学艺和景天魁，1994；郑杭生和李
强，1997）。②社会转型是社会发展的特定过程，涵盖从传统向现代及传统
要素向现代要素演化的历程及整个社会的发展过程（刘祖云，1997）。③社
会转型指社会结构和社会运行机制的转型，包括价值观和行为模式从一种形
式向另一种形式转变的过程，中国社会结构转型和经济体制转轨（从计划经
济体制到市场经济体制）齐头并进，既相互推动又相互制约，是现阶段中国
社会发展的重要特征。中国社会转型是一个十分复杂的过程（杨敏，2006）。
④李培林认为，社会转型是一种特殊的结构变化，其特点是结构转型和体制
转轨同时推进、政府和市场双重启动、城市化过程中的双向运动、转型过程
具有不均衡性（洪大用，2001）。

　　中国社会转型的特点是"多重转型"，最显著的社会变革是改革开放所开启的当代中国社会结构的变革。主要表现为：①中国社会转型是工业化、城市化、市场化、法治化的动态演进过程。②改革与发展已经成为社会转型的最大动力，中国的社会转型是在改革开放进程中推进的，改革促进了经济发展，为社会转型奠定了经济、政治和文化基础。③社会阶层结构逐步开始分化，经济体制改革催生了社会资源的再分配、市场化配置资源及劳动产品分配的变革，导致利益结构的变化，也形成了新的利益主体和利益冲突。④利益结构多种多样。在社会结构中，单一利益（个人和国家）的模式是多重利益（个人和个人、个人和团体、个人和国家）。利益模式的多样性要求不同的个体在面对选择时扮演不同的角色，具有不同的价值观和取向，从而导致个体间价值观的多样性（陈海秋，2011）。

　　本书对"社会转型"概念的使用，综合了上述学者的研究成果，主要采用郑杭生提出的"社会转型论"的主要观点和对"社会转型"的界定。本书致力于严谨、质化的分析，着重解析 1950～2019 年 M 县荒漠化治理实践与社会转型互动的过程、相互作用的表现及其理论启示，在社会转型这一视角下考察 M 县关涉其荒漠化治理实践的经济产业结构、政府—社会互动结构、辖区居民组织动员结构以及当地居民价值观念等带有明显节点性特征的变迁与震荡过程，对其社会转型与环境治理之间的复杂关系从治理理念、治理主体、治理机制三个维度进行细致、深入的阐释。

2.2.1.2　环境治理

　　与环境管理相比，环境治理这一概念并未形成一致的定义。狭义上，环境管理指各级政府环境管理部门依据国家政策、法规、制度、标准，对影响环境的一切经济和社会活动加以控制，以实现经济、社会与环境之间的良性运行与协调发展（吴忠标和陈劲，2001）。广义上，环境管理指利用法律、经济、技术、教育和其他手段规制危害环境质量的人类活动，通过全面规划来协调经济发展和环境保护，实现满足人类基本需求的目标。部分学者认为，环境管理无论是狭义的还是广义的，其本质都是制度化的控制形式，对环境破坏事件加以控制，亦即环境治理（崔凤和唐国建，2010）。不同学者对治理的概念及核心思想有不同的理解，在政治学者看来，治理是一种并非必须由政府供给的秩序；在经济学者看来，治理是从外部赋予个体行动者的规制（表现为激励机制与约束机制的运行）；借鉴北美经验的学者认为，治理的核心是政府、市场和公民社会之间的分工与合作；而借鉴欧洲经验的学者则强调治理的核心在于国家与社会二者间的良性互动。

王绍光认为，"治理指的治国理政的方式、方法、途径、能力，而非特定的公共管理（治国理政）的方式、方法与途径，并非指市场化与私有化，不是指'无须政府的治理'，不是指'多一些治理，少一些统治'"。西方的治理理论只是新自由主义的规范性宣示，在实践中不解决任何问题（王绍光，2018；杨光斌，2019）。颜德如等（2021）认为，环境治理是指以政府为核心，多元主体借助一定的理念、资源和权力治理环境问题，实现社会可持续发展的过程。最初的环境治理①研究多侧重于自然科学，而随着对环境问题社会成因、社会影响以及社会应对的关注，环境社会学的影响力逐渐延伸到环境治理领域。社会学研究者对环境治理的绩效评价、理论与实践反思、环境治理的社会机制等问题进行了多层次的研究，环境治理是内嵌在特定的政治、经济、社会系统中的社会行动（陈涛，2020）。环境治理是调节人类与环境关系中的治理，作为引导社会行为的力量，在西方社会科学领域已经成为一个通用的概念。所谓治理，指在解决诸如环境污染和生态破坏的集体行动中，既要达成环境治理的目标，也要在这一行动过程中不过多限制个体对自由的追求（奥兰·杨，2014）。

本书的研究目标是识别出 M 县域社会中已经设计出来的在不同社会情境下解决环境治理问题的一系列机制，并且分析在何种情况下特定的机制可能会奏效，关注不同历史条件下环境治理的条件的差异性以及基于中国国情环境治理的社会主体、主体能力、主体间关系的复杂性，揭示环境治理随时间、空间等条件而变化的理论逻辑，以期积累知识来设计出与生物物理环境和社会经济条件相匹配的环境治理模式和治理体系。

本书中的理解是：环境治理的实质是引导和激励人类行动，规避不受社会欢迎的后果出现的历史实践过程。环境治理总是被情境化的，总是在运动、变化的。本书中把治理系统置于社会—环境系统中，治理成为社会系统的子系统起到了双重作用，即协调作出集体性约束决策的特殊作用，以及在社会和环境之间划分界限的作用，社会对环境的影响在界限区域内得到协调。本

---

① 环境治理在中国语境下有两种含义。第一种对应英文的"environment treatment"，如土壤重金属治理、"三废"治理、草原治理等。第二种对应英文的"environment governance"，主要从社会科学角度，研究如何管理公共环境事务、保护自然生态系统、解决环境纠纷。本书中所研究和讨论的环境治理，均是指第二种含义。

书中把环境治理看作一种发展过程、一种演化过程来进行观察，从其形成过程中去考察和理解，包括两个方面的内容：一是特定历史条件下环境治理的具体方式、方法与途径；二是环境治理的能力及其能力发挥程度的社会影响因素。

2.2.1.3 治理模式

"模式"是指某物的结构特征和存在形式，"模式"用来表示对象之间隐藏的规则性关系，模式是前人经验的抽象和升华。简言之，"模式"是在重复事件中发现和提取的规律性和解决问题的经验总结，是对客观事物内部与外部机制的直观、简洁的描述，可以以简约的理论形式为人们提供客观事物的整体内容。治理模式是指治理过程中所采用的基本思想和方法，它是一个完整的治理体系，该体系包括治理理念、内容、手段、制度和方法。可以表述为：治理模式 = 治理理念 + 治理系统 + 治理方法，即 $MS = f(i) + f(o) + f(s)$（IOS 模型）。其中：MS——Management System；I——Idea/Ideology；O——Operation/Organization；S——Stratagem/Strategy。

治理模式被用来描述一定历史条件下的治理形式时，其含义指特定历史情境下在组织社会的经济、政治文化生活运行时所提倡的价值理念、所组建的制度、体制和所采用的政策等。其基本要素为治理主体结构、基本治理单元、治理主体的职能及相互关系等，用来归纳不同历史阶段治理的基本走向与特征。

任何一种治理模式都是具体的、可实践的，有其适合的情境，一旦脱离其特定的历史条件和具体环境，便不再具有合理性和实用的价值（彭贵才，2008）。在环境治理的实践中，科学合理的治理模式决定着治理的有效性，因此，环境治理模式研究是研究者们所关注的焦点。

环境社会学研究者通过聚焦某一区域如农村地区（胡溢轩和童志锋，2020；鞠昌华和张慧，2019；汪红梅和惠涛，2019；杜焱强，2019；胡中应和胡浩，2016）或某一领域如水流域治理（杜健勋和廖彩舜，2021；顾向一和曾丽渲，2020；郑晓、郑垂勇和冯云飞，2014），或某种治理模式（詹国彬和陈健鹏，2020；夏光，2014；杜辉，2013），分析了我国的环境治理模式，归纳出"命令—控制型""经济—激励型""自治—协调型"三种治理模式（张锋，2018）。一些学者也关注到了环境治理模式的转变。例如，将中国环境治理的变迁过程梳理为从管理到参与式管理再到治理（杨立华和张云，2013）、从管控走向互动治理（谭九生，2012）、由参与治理走向合作治理（俞海山，2017），从"发展经济优先"的功利型走向"兼顾公平"的管制型，再发展为突出市场与社会在治理中重要作用的合作型（郝就笑和孙瑜晨，2019）。学者们的诸多研究反映了各自不同的研究视角和思考。

本书中使用"治理模式"这一概念，将治理模式区分为治理理念、治理主体和治理机制。主要用来描述和分析 M 县域 1950～2019 年 70 年间荒漠化治理中的治理理念，治理主体结构、职能，治理方式，治理机制的演进逻辑，用来总结不同历史阶段荒漠化治理的本质特征和基本走向，揭示 M 县域荒漠化治理模式演化变迁所遵循的逻辑进路，阐释环境治理模式与特定历史条件下政治、经济、社会、文化间的互动关系。

2.2.1.4 治理主体

有学者认为，从环境治理主体关系的角度来看，我国环境治理的特征在于政府主导基础上的多元共治。环境治理问题可归结为政府失灵或市场失灵问题，其本质上的问题在于过于强化单一主体在治理中的作用，而忽视了环境治理主体间关系的协调与整合，没有构建起环境治理多元化协同参与的社会基础。一些学者将企业缺位、社会监督薄弱、地方政府激励不足、治理手段单一等因素归结为影响区域环境治理有效性的主要因素（郑石明和何裕捷，2021）。

学术界对多主体协同治理的研究热点具有一定的中心性，客观地说明了环境治理过程中多主体协同的重要性。大多数学者认为，通过基于多主体的协同治理，解决二元治理带来的各种治理失灵和搭便车问题是可行的。多元治理的优点在于：第一，治理主体参与的普遍性。多主体参与不仅承认治理主体内部构成的多样性和由此产生的差异性，而且在规范、整合这些差异的同时，发挥各主体的核心功能，注重能力建设，为实现环境治理效率最大化搭建平台和开发渠道；第二，治理方式的拓展性。治理方式扩张不仅意味着加强基于传统行政控制的市场竞争与合作、社会沟通与协商手段，还意味着利用现代信息技术和大数据平台扩大市场和社会手段发挥作用的空间，提高环境治理手段的有效性，提高各主体对环境治理参与的积极性；第三，治理途径的融合性。一方面可以借鉴和交叉各种环境治理手段，在保持必要性和刚性的基础上加强治理手段的灵活性；另一方面可以增强多个主体对各种环境治理手段的适应性，促使不同治理主体在环境治理中形成良性互动关系。

总体上，政府、企业、社会组织和公众是我国环境治理的主要参与者（昌敦虎等，2022）。在法律法规和政策规范的框架下，环境治理各主体形成了"交叉"和"立体"的组合关系。《关于构建现代环境治理体系的指导意见》指出，环境治理的关键是强化政府的主导作用和企业的主体作用，调动社会组织和公众共同参与环境治理，实现政府治理、社会调节、企业自治之间的良性互动与协调运行。

本书中所使用的"治理主体"这一概念，指 M 县域 1950～2019 年荒漠化治理中的民众、治沙社会组织、治沙企业、地方政府这几类核心的社会行动者。本书从历史的维度阐释这几类治理主体在特定历史条件下各自所扮演的角色、发挥的功能和阶段性特征，各类主体在治理实践中的演化轨迹以及主体间相互合作与制衡的主体间关系。

2.2.1.5　治理理念

"理念"是新制度主义在解释制度逻辑和制度变迁时使用的一个非常重要的概念，河连燮（2018）将理念分为三种类型：①项目型理念（ideas as programs），指政策精英对政策问题的具体解决方案，以及基于相关政策因果关系的具体政策方向的技术或专业性理念；②范式型理念（ideas as paradigms），指政策精英认识问题、判断解决方案有效性的标准，是提出政策方向的认知与规范框架；③公众情绪型理念（ideas as public sentiments），主要是指群众对解决问题的对策的构想。只有群众认可的政策和制度，才可以保证长期的可持续发展。霍尔运用历史制度主义的分析方法，得出结论：理念不是先入为主的基本假设，而是可以观察到的现实规律，观念的变化是先于制度变革的。政策制定者一般都在一个包含许多理念和规范的框架内展开工作。也就是说，理念是在既有的制度框架内形成的，表现为特定的政策制定模式，这一模式起到了认知滤镜的功能，使政策能够起到示范和反思的作用。话语制度主义研究者认为，正式或非正式制度的创建和变化取决于注入预期成员的一系列价值观，行动者的行为首先受到制度价值观的影响，而不是规则和结构的作用。所以，理念在制度变迁中占据着非常重要的地位。行为者在某种制度环境中受到规范的指导，他们的需求、偏好和动机基本上是观念性的。也就是说，制度是以理念为基础的，具体理念将成为特定制度和政治背景下导致政策变化的主要因素（汤蕤蔓，2020）。

理念与政策或话语体系密切相关。理念是行动的先导，环境治理直接反映了人们如何对待自然、如何看待人与自然的关系、如何看待经济发展与环境保护的关系，以及如何开展生态文明建设。环境治理理念和实践的转变是推动环境治理工作的内生动力，理念的转变和实践的创新也是一个辩证的过程。

本书将"环境治理理念"这一概念置于 M 县荒漠化治理实践的演变之中进行考察，理念的变动反映了环境治理系统中的关键行动者们对荒漠化治理问题的理解与认识，新旧理念的更替也决定了荒漠化治理政策、荒漠化治理模式变迁的大致走向。反言之，作为理念"表型"的治理政策的变化轨迹也能清晰反映荒漠化治理理念的变化路径：一方面，新治理理念主导着新治理实践和政策的进一步发展；另一方面，必须通过治理行为主体之间的博弈以及行动者与制度之间的互动摩擦，来实现理念对实践和政策的指导和形塑。

2.2.1.6 治理机制

"机制"（mechanism）一词起源于希腊语，最初指的是机器的结构和工作原理，它在当今的自然和社会现象中被广泛使用，用于描述组件之间的结构关系和运行模式。机制是一种具有普遍约束力的规范性框架。治理机制的内涵存在较大争议，学者们更多地将治理机制视为治理结构的具体展开或调节不同关系的一种手段。笔者认为，对治理机制的理解需要从"机制的构成"和"机制的运行"两个方面进行分析，如图 2 - 1 所示。

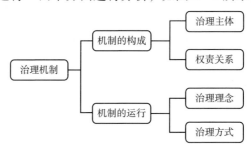

图 2 - 1   环境治理机制构成要素

资料来源：唐静. 民办高等教育领域中政府治理机制研究［D］. 武汉：华中科技大学，2017.

治理主体的存在是机制存在的前提，他们以独特的方式在各自的领域发挥着不可或缺的作用，了解各参与者的功能和作用以及他们相互的权利和责任之间的关系是理解机制运行的前提。治理机制的运行首先体现为一定的价值理念，其次它又涵盖一系列方法。逻辑上，环境治理主体及其关系、环境治理理念、治理模式这三者之间密切相连，缺一不可。治理主体及其关系是实现治理的制度基础；治理理念强调的是环境治理的客观前提和主观前提；治理模式是实现行动过程的方法，是治理理念付诸实践、转化为行动的关键，是具体可操作的解决方案（唐静，2017）。

本书从"机制构成"和"机制运作"两方面考察环境治理机制，对 M 县荒漠化治理实践机制进行系统分析。

2.2.2　理论视角

本书在既有荒漠化治理及环境治理相关研究的基础上，通过对 M 县 1950 ~ 2019 年荒漠化治理的历史演变过程的梳理，从环境与社会互动的角度剖析荒漠化治理转型的社会动力机制，主要采用社会转型视角并结合环境史视角展开分析。

2.2.2.1　社会转型视角

社会学研究需要发挥米尔斯所谓的"社会学的想象力"，将微观、个体层面的社会事实与宏观、社会层面的社会背景联系起来（米尔斯，2016）。具体到环境社会学领域，研究者要揭示环境问题与人类行为、发展理念、发展模式等之间的关系（洪大用，2017）。

本书采用社会转型视角分析甘肃省 M 县荒漠化治理实践过程的原因在于：首先，M 县自 20 世纪 50 年代初期展开的大规模荒漠化治理实践一直延续至今，这一荒漠化治理过程与中国社会转型的发展阶段相一致，且具有自身的转型特点，采用环境问题研究的社会转型范式，能够为本书提供一种洞察西部县域环境治理变迁与社会变迁、社会转型之间关系动态演化的分析思路。其次，社会转型范式注重分析"环境问题产生的社会原因及其社会影响、社会应对"，在分析社会现象时，其注意到环境与社会是密切相关、相互影响的。这一范式重点研究的是环境与社会系统交叉复合的部分，也就是具有社会影响、激起社会反应的环境事实和具有环境影响的社会事实（洪大用，2017）。其所关涉的基本事实包括了社会主体对环境问题的认知和环境相关行为、环境问题对社会主体和社会系统运行所造成的影响、社会主体因应环境问题而作出的技术制度安排（与实践）和文化价值的转变四个大的层次，这与本书的分析进路是比较匹配的。

　　M 县 1950～2019 年的荒漠化治理实践过程演化及其治理实践转型所反映的不仅仅是自然与社会之间的对立，更体现了社会主体之间的社会互动和关系变化、治理理念与治理机制的变化。采用这一视角深入分析 M 县荒漠化演变、荒漠化治理转型发展的社会原因和社会影响及社会应对是契合 M 县荒漠化治理实践历史事实和具有较强解释力的。

2.2.2.2　地方生态环境治理的环境史视角

　　社会学需要关注时序性（temporality）。正如米尔斯所强调的，社会学是真正的"历史社会学"，"社会学的想象力"要求社会学必然是具有历史穿透力的社会科学（米尔斯，2016）。

　　本书将荒漠化治理变迁放置于历史发展的脉络中，借鉴环境史"在自然中发现历史"的视角，对 M 县 70 年来的生态环境变化中的混乱与秩序、平衡与失衡，即自然与文化之间对抗与调整的历史进行梳理，对荒漠化演化、荒漠化治理的各个阶段进行环境史视角的阐释，归纳其阶段性变化特点和主要特征，从相对微观的层次对 M 县 70 年来环境演化的环境史进行梳理，对于阐释 M 县社会转型与环境变迁、环境治理之间的关系，是一个可资利用的重要理论资源。并且，既有国内环境史研究中从整体意义上对中华人民共和国成立以来西部地区生态环境变迁的研究较少，聚焦于西部某一县域展开的社会变迁与环境互动的研究更少，本书可在一定程度上弥补这一不足。

2.2.3　分析框架

　　本书结合横向和纵向研究的优势，主要采用社会转型范式并借鉴环境史视角对 M 县域荒漠化治理实践演变中的治理主体、治理理念、治理机制的变化过程及荒漠化治理中的环境与社会复杂互动问题进行研究。聚焦甘肃 M 县 1950～2019 年荒漠化治理中的社会转型与环境治理之间关系的变化过程，以及荒漠化治理转型的社会动力机制及治理演化的理论逻辑进行深入分析和阐释。

　　本书依据 M 县社会转型过程和环境治理转型的重要时间节点将 M 县荒漠化治理过程划分为四个阶段：第一阶段（1950～1977 年）；第二阶段（1978～1992 年）；第三阶段（1993～2006 年）；第四阶段（2007～2019 年）。从荒漠化治理的历史演化角度考察其变迁历程，在这一演化过程中，环境与社会之间形成紧密的互动关系，社会的变化（社会结构转型），环境治理理念、治理主体、治理机制的改变，个体环境意识等的改变会促使人们的生产、生活方式得以转变，人们生产、生活方式的改变就会影响整个环境的变化。反过来，整体环境比如荒漠化本身的逐渐恶化或者改善，同样会影响人们的生产、生活方式和整个环境及个体环境行为与环境治理模式的变化，这一演化过程是双向互构的。

这一双向演化过程（环境治理与社会转型）是由社会变迁中的社会结构转型力量所推动的。社会转型在推动环境治理，同样，环境治理也在推动社会结构的转型。环境治理实践与创新进程受环境治理的社会影响因素的制约，反过来，环境治理本身也在不断推动环境治理的社会影响因素的变化，由此形成一个循环互动的发展过程，如图 2 - 2 所示。

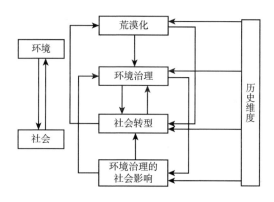

图 2 - 2   本书分析框架

2.2.4   章节安排

如图 2 - 3 所示，全书内容安排如下：

第一部分包括第 1 章、第 2 章、第 3 章。第 1 章主要介绍问题的提出和研究的意义。第 2 章文献综述与分析框架。对荒漠化治理、环境治理理论、环境社会学环境治理、环境问题研究的"社会转型范式"、环境史等既有研究进行述评，对本书中使用的社会转型、环境治理、治理模式、治理理念、治理主体、治理机制几个核心概念进行了界定，在此基础上提出了本书的理论视角与分析框架。第 3 章主要介绍案例地概况、研究方法、资料类型及其收集与分析方法。

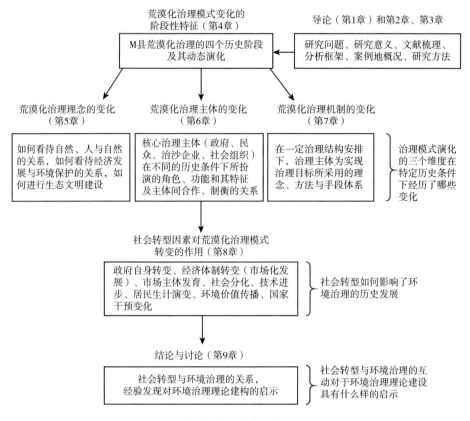

图 2 - 3　本书架构

第二部分是第 4 章。总体上阐述了 M 县荒漠化治理模式变化的阶段性特征。根据 M 县社会发展阶段及制度、政策演化过程，将其社会转型中的荒漠化治理过程划分为四个阶段。第一阶段：政府主导、群众运动式治理阶段（1950～1977 年）；第二阶段：民办国助、任务分担治理阶段（1978～1992 年）；第三阶段：利益分离的多主体治理阶段（1993～2006 年）；第四阶段：结构转型的耦合性治理阶段（2007～2019 年）。在此基础上，对四个治理阶段的特征进行了归纳并将环境治理模式区分为治理理念、治理主体和治理机制。

第三部分包括第 5 章～第 7 章。具体分析了 M 县荒漠化治理中的治理理念、治理主体、治理机制三个维度在四个历史阶段的演化过程。第一阶段（1950～1977 年），治理理念呈现为：征服沙漠、向沙漠要粮、做大自然的主人；治理主体为政府、群众二元参与；治理机制表现为政府主导 + 群众运动式参与。第二阶段（1978～1992 年），治理理念呈现为：行政命令式治理实践中环境保护意识萌芽与普遍重视经济增长的纠结；治理主体为政府、民众二元主体分担式治理；治理机制表现为民办＋国助＋社会参与。第三阶段（1993～2006 年），治理理念呈现为：市场促动下逐利与治理意识的角逐；治理主体为政府、民众、企业、环境社会组织主体利益分离式参与；治理机制表现为市场机制＋利益博弈机制。第四阶段（2007～2019 年），治理理念呈现为：国家干预下从经济理性到生态理性意识的跃迁；治理主体为政府、民众、企业、环境社会组织多元主体协同参与；治理机制表现为政府引导＋多元主体耦合性参与。

第四部分是第 8 章。对 M 县荒漠化治理模式演变中的社会转型影响因素进行了深入分析，具体包括政府自身转变、经济体制转变（市场化发展）、市场主体发育、社会分化、技术进步、居民生计演变、环境价值传播、国家干预变化八个方面对环境治理的影响及其作用机制。

第五部分是第 9 章。基于经验研究总结和陈述了全书的主要内容和观点，在此基础上，进一步思考和探讨了社会转型与环境治理之间的内在逻辑关系，阐述了 M 县荒漠化治理经验发现及其环境治理模式转变对环境治理理论建构的启示、政策启示、环境治理历史视角的意义及环境治理的约束条件和发展可能。笔者认为，环境治理理论建设需要考虑其演化的维度，应该放到具体的环境治理实践中分析，从实践、发展、辩证的视角去看待，重视对环境治理的具体历史条件的分析和把握，细致考察不同时空条件下环境治理实践的多样性和创造性，把握其动态变化的特点，而不是用抽象的所谓理论裁剪和限制环境治理实践。

第3章 案例与研究方法

3.1 案例地概况

3.1.1 总体状况

　　M县位于河西走廊东北部，巴丹吉林和腾格里两大沙漠环绕其东、西、北三面（见图3-1）。总面积1.59万平方千米，辖18镇、248个村，全县户籍人口26.39万人，常住人口为24.14万人，城镇人口9.27万人，农村人口14.87万人，聚居着汉族、藏族、回族、蒙古族等16个民族，常住人口城镇化率为38.4%①。

图3-1　M县生态区位示意

资料来源：M县档案馆。

---

　　① 《2019年M县统计年鉴——M县国民经济和社会发展统计公报》。根据最新的M县人民政府网站公布的数据：M县常住人口17.85万人，其中城镇人口7.16万人，乡村人口10.69万人，常住人口城镇化率为40.12%。

　　M 县沙漠和荒漠化面积占比为 90.34%，绿洲面积占比为 9.66%（见图 3 - 2）。县境内地势南高北低，四周隆起，中部平缓，具有盆地地貌特征，最低海拔 1298 米，最高海拔 1936 米，平均海拔 1400 米；昼夜温差 14.3℃，年均气温 8.8℃，日照时数 3142.2 小时，无霜期 152 天，平均降水量为 113 毫米，蒸发量为 2675 毫米①。

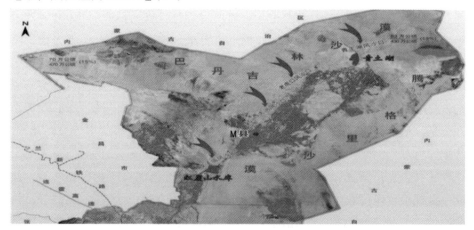

图 3 - 2　M 县风沙口示意

资料来源：M 县档案馆。

　　在 2800 多年前 M 县就有人类生息繁衍。春秋战国时期，月氏、乌孙部落在此游牧；秦汉之际，为匈奴祭天主休屠王领地。公元前 121 年，霍去病收复河西，在此置郡设县。唐置明威府、明威戍、白亭军；五代、北宋时，先后为吐蕃、突厥、回鹘、党项等民族的牧地；明置临河卫、镇番卫；清置镇番县；1928 年，易名 M，是甘肃省有名的"文化之乡"②。

　　M 县境内光、热、水、土资源组合优越，煤、芒硝、石墨等矿藏资源极具开发潜力，属太阳能、风能资源丰富区。1986～2000 年，由于黑瓜子等经济作物效益显著，以粮为纲的格局被打破，开始大量种植黑瓜子等高效经济作物。2001～2005 年，水资源危机凸显，发展节水农业，耐旱高效农作物棉花、大茴香、向日葵等被大量推广，圈舍养殖业发育。在气候变化、社会发展诸多因素影响下，1986～2005 年石羊河上游来水量急剧减少，M 县水资源危机日益严重。

---

①　中共 M 县委党史资料征集办公室等编著的《石羊河志（备考·M 县卷）》（2014 年）。

②　转引自：M 县县志（1986—2005）［M］. 北京：方志出版社，2015.

21 世纪初，各大新闻媒体和国内外专家学者相继考察、采访、报道、呼吁 M 县生态环境危机问题。2001 年，景电二期向 M 县调水工程建成投用，局部缓解了 M 县水资源危机。2005 年，W 市成立石羊河流域综合治理项目办公室。2006 年，成立 W 市石羊河流域综合治理指挥部和 M 县石羊河流域综合治理工程建设管理处。2007 年，成立石羊河流域 M 县属区综合治理指挥部。2008 年，成立石羊河流域重点治理项目 M 县建设管理局。2001～2007 年，温家宝先后 10 余次作出指示和批示，要求"决不能让 M 县成为第二个罗布泊"，2007 年 10 月 1 日，温家宝视察 M 县。同年，国务院批复实施石羊河流域重点治理工程（陈利珍，2017）。《石羊河流域重点治理规划》实施以来，全域生态环境质量显著改善。2019 年，青土湖水域面积扩大到 26.7 平方千米，干旱区湿地面积达到 106 平方千米。森林覆盖率提升至 18.28%，获全国生态范例奖、绿化模范县、高效节水灌溉示范县等荣誉称号。

M 县蜜瓜、茴香、果蔬及肉羊农业"3＋1"特色优势产业布局成型，建成一批规模化现代农业园区和产业基地，注册"民清源"区域公用品牌，认证一批"三品一标"和"甘味"农产品，赢得"中国肉羊之乡""中国蜜瓜之乡""中国茴香之乡""中国人参果之乡"四块招牌；工业转型步伐加快，建成一批风光发电、装备制造、精细化工、精深加工项目，工业税收由"十二五"末的 0.46 亿元提升到 1.7 亿元、增长近 4 倍；文化旅游业方面，建成沙漠雕塑创作基地、摘星小镇等景点，荣膺"甘肃园林县城"称号。

3.1.2　1949 年以来 M 县生态环境演变的特殊性

M 县的生态环境退化演变，按其退化程度大致可分为三个不同的生态景观：西汉以前的自然生态景观（原生生态景观），西汉至民国年间的半自然退化生态景观和中华人民共和国成立以来局部治理、整体退化的人工生态景观。从远古时代至公元前 121 年，M 县为原生生态景观，乃游牧民族活动地区。中下游地区被茂密的草地覆盖，汉武帝时期，该县江湖纵横，到处可以取水灌田。此时，M 县的生态保持为原始的自然平衡景观。西汉武帝元狩二年，汉派遣骠骑将军霍去病西征河西，迫使匈奴右部势力退至走廊北山地区。汉武帝命令士兵屯垦戍边，大批内地人迁入 M 县，带来内地先进的铁制农具和种植技术，农业开发速度和农业生产的发展得以加快。此后漫长的历史时期里，M 县一直是河西农业的重点开垦区，汉族农业技术得到发展，筑坝引水，开辟渠道开荒，在没有天然河流的湖泊平原开辟出众多河道和灌溉沟渠。为解决燃料及饲料问题，在绿洲边缘和沙碛草原区无计划地长期樵采和放牧，固沙植物遭到破坏，流沙移动加速，沙漠扩展。到清朝末期，沙漠化由过去的板块变为连片扩展。到民国时期，"大风一起不见家，弥漫天空尽是沙"。沙漠、戈壁占到全县国土总面积的 90% 以上。青土湖、白亭海不见踪影，沙井子、明长城、烽火台等遗址没于沙海[①]。

中华人民共和国成立以来，国家、各级政府和民众投入大量资金进行防沙治沙，在沙漠边缘营造大片灌木固沙林，在绿洲内部营造防护林带及农田林网，县境内局部地段生态环境得到改善。

20 世纪 50 年代，石羊河进入 M 县境内的地表水为 5.94 亿立方米，70 年代是 3 亿立方米，2001 年是 0.72 亿立方米。2007 年开始，来水量逐步增多，2019 年，上游来水量为 2.97 亿立方米。20 世纪 50~60 年代，M 县地下水位为 1~3 米，2000 年左右，地下水位下降到 13 米左右，2019 年静水位为 19.4 米。20 世纪 60 年代平均每年发生沙尘暴 7 次，90 年代为平均每年 23 次。2000~2011 年，平均大风天数为 12 天，平均发生沙尘暴 10.5 次，2012~2019 年平均发生沙尘暴 3 次，森林覆盖率从 20 世纪 50 年代的 3% 提高到 2019 年的 18.28%[②]。

3.1.2.1　特殊的资源环境

——河流水系。M 县唯一的地表径流是从南部流入该区域的石羊河干流。石羊河发源于祁连山北部，由古浪河等 6 条河流组成，这是石羊河下游的主要径流（韩林，2013）。

——匮乏的水资源。M 县属温带大陆性干旱气候，受石羊河流域大气环境变化、地下水开采等因素影响，上游来水量逐年减少，进入 M 县境内的径流减少趋势更加明显，20 世纪 90 年代入境量只有 50 年代的 1/6，2005 年入境量减少到 0.663 亿立方米，多年年均减少量由 0.1 亿立方米增大到 0.15 亿立方米。从明清到中华人民共和国成立初期，青土湖水域面积从 400 平方千米锐减为 70 平方千米，1959 年，青土湖完全干涸。2004 年，亚洲最大的沙漠水库——红崖山水库干涸。截至 2006 年底，全县机井数量为 9519 口，地

---

① 中共 M 县委党史资料征集办公室等编著的《石羊河志（备考·M 县卷）》（2014 年）。
② 根据《M 县统计年鉴》历年数据整理。

下水开采量达到 6 亿立方米，年超采 3 亿立方米（陈怀录、姚致祥和苏芳，2005），地下水位迅速下降，最深地下水位为 50 米，较浅的区域也在 15 米以下①。大量地下水被过度开采，地下水质急剧恶化。到 2006 年全县水质矿化度平均为 2.45 克/升，其中湖区达到 4.33 克/升。矿化度在 1 克/升以上不适合饮用，3 克以上则不能浇灌庄稼（郝世亮，2010）。由于水资源极度贫缺，湖区农民大量抽取地下水灌溉农田，靠挖 300 米以上的深井供给（见图 3 - 3）。

图 3 - 3　ZY 村 300 口人吃水的井

资料来源：M 县档案馆。

因生态环境恶化，超过 2.6 万公顷耕地撂荒，3 万多人沦为"生态难民"，尤其是沙漠沿线的村庄无淡水可用，只能举家外迁②（见图 3 - 4）。

图 3 - 4　M 县湖区废弃的村庄

资料来源：M 县档案馆。

---

① 根据 M 县统计局编历年《M 县国民经济和社会发展统计资料汇编》相关数据整理所得。
② M 县档案馆编.《确保 M 县不成为第二个罗布泊——M 县生态建设纪实》，2018。

2007 年《石羊河流域重点治理规划》（以下简称《规划》）实施以来，上中下游水权及用水量得以初步合理配置，景电二期调水、西营河调水工程的实施，使蔡旗断面下泄水量有所增长，2007～2017 年平均下泄水量为 2.73 亿立方米。

——严重的荒漠化。20 世纪中叶以来，绿洲生态逐年恶化，绿洲边缘部分区域流沙以平均每年 3～4 米左右的速度推进，湖区北部沙丘移动速度达到 8～10 米。湖区灌耕地半数以上撂荒，每年有 2 万公顷的耕地直接遭受风沙危害。《规划》实施以来，M 县累计完成人工造林 10.16 万公顷，工程压沙 3.18 万公顷，封育天然沙生植被 21.67 万公顷，森林覆盖率由 2009 年的 11.2% 提高到 2016 年底的 17.91%，沙漠及荒漠化面积由峰值的 94.5% 降到 90.3%。甘肃省第五次荒漠化和沙化监测结果显示，截至 2014 年，M 县沙化土地面积占全县总面积的 75.81%（耿国彪，2018）。据甘肃省治沙研究所实地监测，M 县急需治理的面积有 1.66 万公顷，且全县沙生植被中有 1.44 万公顷灌木林处于退化枯萎状态，已治理区域草本稀疏，地表结皮形成较慢，若不及时修复，将需二次治理。

——多发的沙尘暴。以 M 县为中心的河西及内蒙古西部地区是我国强沙尘暴频次在 10 次以上的三个片区之一。1952～1998 年，M 县盆地的沙尘暴年出现日数在 35 天左右，1993 年 5 月 5 日、2010 年 4 月 24 日发生特大沙尘风暴，致使农田受灾面积超过 3.33 万公顷，沙尘暴造成农民种植庄稼所用覆埋的农膜被大风卷起，漫天飞舞，挂满树梢，刚出土的庄稼幼苗被狂风抽打得七零八落，只剩下光秃秃的枝干，水渠被黄沙填满，道路被无情的流沙吞噬，家园面临被填埋的危机，给全县农业生产造成巨大损失，"沙上墙，驴上房"成为当时 M 县生态的真实写照。《石羊河流域重点治理规划》实施以来，W 市定位监测显示，2006～2010 年，M 县监测点沙丘平均移动速度为 6.52 米/年，2011～2017 年为 5.94 米/年，平均递减速率为 0.13 米/年。近三年全县平均发生大风次数为 10 次，沙尘暴次数为 1 次，分别比历年同期减少 15 次和 14 次[1]。

3.1.2.2 特殊的发展阶段

M 县处于工业化初期阶段，农业仍是全县主导产业。全县常住人口城镇

---

[1] 根据历年《M 县统计年鉴》相关数据计算所得。

化率远低于全国平均水平。2019 年全年实现地区生产总值 72.02 亿元，一、二、三产业增加值分别为 32.2 亿元、8.32 亿元、31.5 亿元；人均生产总值（常住人口）为 29835 元，城镇居民和农村居民人均可支配收入分别为 25902 元、14414 元；三次产业结构为 44.7∶11.6∶43.7[①]。

2019 年，总农作物种植面积 87.01 万亩，人均 3 亩，粮食作物播种面积 38.3 万亩，经济作物播种面积 24.8 万亩，其他作物播种面积 23.8 万亩（含蔬菜、瓜类、饲草）。小麦和玉米是 M 县主要大田粮食作物（37.8 万亩），两者播种面积占粮食播种总面积的 98.6%。经济作物方面，以葵花、油料、蔬菜、蜜瓜、茴香为主，播种面积占经济作物播种总面积的 90%。设施农业方面，2019 年底，全县累计建成日光温室 3.48 万亩，暖棚养殖 8.97 万亩，形成 10 大类 100 多种特色优势产品[②]。

3.1.2.3　特殊的治理背景

如前所述，20 世纪 50 年代以来，随着石羊河流域上中游地区用水量的增加，进入 M 县境内的地表水由 5.42 亿立方米减少为 2005 年的 0.61 亿立方米。为应对水资源危机和沙尘暴危害，2007 年国务院批准实施了《规划》，其主要治理成效体现在以下四个方面。

（1）防沙固沙成效明显，沙进人退现象初步遏制。《规划》实施以来，M 县累计完成人工造林 152.4 万亩，工程压沙 47.7 万亩，退耕还林 32.1 万亩，封育天然沙生植被 325 万亩，封育成林 78 万亩，初步遏制住"沙进人退"的状况，区域环境质量持续改善（马顺龙，2015）。

（2）入境水量和尾闾补水显著增加，青土湖湿地得以初步修复。《规划》实施以来，流域向下游下泄的水量显著增加，2012 年以来，M 县蔡旗断面下泄流量平均达到 3.2 亿立方米。2010~2016 年，红崖山水库向青土湖下泄生态用水量由 1290 万立方米增加至 3830 万立方米（见图 3-5）。

随着生态补水的增加，干涸 51 年的青土湖起死回生，2010 年首次出现明水面。截至 2017 年，累计向青土湖补水 2.17 亿立方米，青土湖季节性水域面积也从 3 平方千米扩大到 26.6 平方千米（见图 3-6、图 3-7）。

---

①②　M 县统计局.《2019 年 M 县统计年鉴》，2020.

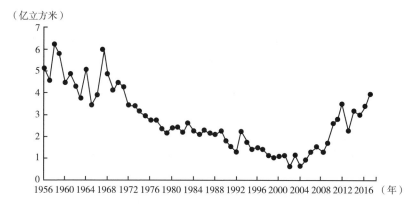

图 3 – 5　蔡旗断面下泄水量情况（1956 ~ 2017 年）

资料来源：根据历年《M 县统计年鉴》相关数据计算所得。

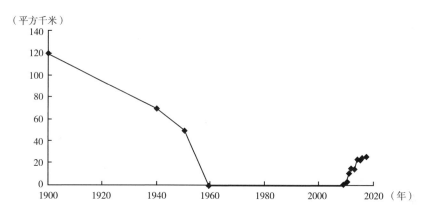

图 3 – 6　近百年来青土湖湿地面积变化

资料来源：根据历年《M 县统计年鉴》相关数据计算所得。

图 3 – 7　青土湖部分水域

注：照片作者拍摄于 2020 年 11 月 30 日。

（3）地下水开采量明显减少，部分地区地下水位开始上升。《规划》实施以来，M县地下水开采量从5.17亿立方米降至0.86亿立方米，地下水位下降速度有所放缓，部分地区地下水位开始上升。2011年后坝区、泉山、环河、南湖灌区地下水位略微下降，湖区灌区地下水位开始回升（见图3-8）。其中青土湖周边地下水位回升最为明显，2017年地下水位较2007年上升了1米，形成地下水位埋深小于3米的旱区湿地约106平方千米（马顺龙，2015）。夹河镇地下水位快速回升，黄案滩关闭的96眼机井中有7眼形成自流泉，芦苇、白刺、梭梭等10万亩植被群落逐步恢复（汤建华，2020）。

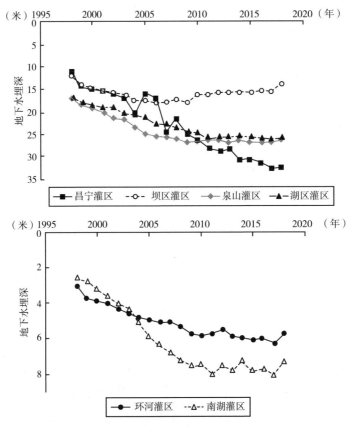

图3-8　M县六大灌区地下水位变化趋势

资料来源：根据历年《M县统计年鉴》相关数据计算所得。

（4）推进种植结构适水调整，严格控制农业用水总量。《规划》实施以来，M县严控用水总量，调整优化农业种植结构，按照"减面积、减耗、增效"的原则，减少小麦、玉米等高耗水作物种植面积，实行洋葱、种子玉米"零种植"，发展高效节水作物，初步构建了适应水资源承载能力和高效节水发展的种植结构。截至 2017 年，M 县境内凡取用水机井全部安装了地下水智能化计量控制设施（见图 3 - 9），大大降低了地下水灌溉用水量。为控制用水总量，推行水权实名制管理制度，以人定地、以地配水、实名管理，形成了县、镇、村、社、户五级水权分配体系（孙桂仁，2020）。

图 3 - 9　村民刷卡取水

资料来源：M 县档案馆。

3.2　研究方法

根据研究目标及研究对象的特点，本书中采取实地研究（field research，也称田野研究）的方式。实地研究即通过参与观察和非结构化访谈收集资料，通过对资料的定性分析来理解和解释社会现象（风笑天，2013）。定性的实地研究使得研究者能够在自然状态下观察社会生活，与其他观察方法相比，可以对所研究的社会现象进行深入和丰富的诠释，特别适合时间跨度较长的社会过程研究（艾尔·巴比，2018）。研究方法可分为资料的收集方法和分析方法。选择收集资料的方法在很大程度上取决于在特定的时空环境下使用这些方法是否可以收集到回答研究问题所需要的资料。

田野研究是质性研究的一种方法，适合于描述或理解某个互动中人群具体情况的一种方法，是实地观察和访谈法的实践和应用。研究者能够通过田野研究的方法收集和记录资料，进而建构新的理论体系。田野研究一般对研究者有较高的要求，如需要调查者花费较多的时间和精力与被调查者共同生活，通过观察、访谈，了解被调查者所处的社会与文化。田野研究与研究者的个人特征相关度较高，如果方法运用不当，其信度和效度也会受到影响（陈向明，2000）。

每项研究根据其具体情况有不同类型的"守门员"。需要了解被研究者所处环境中的权力结构以及他们与调查者的关系。进入研究现场的过程是一个获知的过程。它不仅需要某种方法，还需要各自人员的权力和"文化资本"（Bourdieu，1977）。通过对权力运行机制的了解，我们不仅仅可以将研究的现象放到一个更大的政治、经济和社会背景中加以考量，而且可以根据当地的实际情况确定合适的"守门员"。

笔者先后 5 次在 M 县进行田野调查，访谈 43 人，历时 86 天，分别为 2019 年 7 ~ 8 月调查 20 天；2020 年 1 月调查 16 天；2020 年 11 ~ 12 月调查 20 天；2021 年 1 月调查 10 天；2021 年 8 月调查 20 天。主要采取参与观察法、访谈法、文献法和口述史方法收集相关研究资料。

3.2.1 参与观察法

为了最大限度地增进对调查区域和调查对象的理解，同时与被调查者建立充分的信任关系，调查期间，笔者除了短期住在宾馆对县城居住的调查对象进行访谈外，绝大部分时间都住在受访者所在的村子里。在与访谈对象长期面对面的互动中建立了牢固的信任关系。受访者毫无保留地展现他们生产、生活、治沙的全貌，而研究者也可以发现最真实的情况，并且经常有超出预期的发现。调查期间，笔者深入田间地头和治沙点，随村民一同放羊、喂牛、取水灌溉、压沙植树，在日常生活中体验村民和其生态之间的复杂关系，感受区域生态环境条件在村民生活中所扮演的角色。同时，需要说明的是，虽然本书是以荒漠化治理实践过程为主题，但是笔者一直尝试对研究对象的生产、生活进行"全景式"和"整体性"的理解。因为生态变迁的影响变量是复杂多样且相互交织的,看似无关的事物却有着内在的本质联系。例如,笔者发现随着当代中国社会结构转型的推进,行动者生存理性的自然扩展与膨胀的经济欲望是生态脆弱区资源过度开发和生态退化的一个重要原因。这不仅体现在他们农作物种植结构的演变(经济作物比例的提高)上,也体现在村民的日常生活中。而他们与风沙斗争的社会行动和他们祖祖辈辈传承下来的集体记忆是息息相关的。正如 M 县一位政府官员所说:M 县处处是"八步沙",人人都是"六老汉"[①]!

3.2.2　深度访谈法与半结构访谈法

访谈是获取第一手资料的最主要方法。在访谈中,研究者主要采用了典型抽样和滚雪球抽样的方法,样本量的组成以追求个案的最大化变异组合为原则,以便获得访谈信息量的最大化。样本量的确立是一个逐渐确定的过程,以资料相对饱和作为抽样结束的标准。本书中主要有两类访谈对象。第一类访谈对象为地方精英,如治沙模范、林业和草原局、水务局、治沙站、自然保护区、石羊河流域综合治理管理局、乡镇与村、治沙纪念馆、治沙公益组织、治沙企业等单位与组织的负责人;学校老师、政府部门相关工作人员等,他们都是重要的信息提供者。首先,这些地方精英的文化程度、眼界和认知水平等都较高,对很多问题有自身经验和独到的见解;其次,这一群体的人生经历较为丰富,特别是一些长者,他们是当地荒漠化治理历史事件的亲历者。本书中涉及时间跨度较长,因此,熟悉当地社会生活和组织参与荒漠化治理实践的长者提供了重要的帮助,他们对当地历史和生态变迁了如指掌。地方精英不仅能够提供区域内社会变迁和荒漠化治理的基本事实,还往往可以阐述自己对问题的理解,这为本书提供了重要的参考信息。第二类访谈对象是 M 县域沙漠沿线村民和一线治沙人员。受风沙危害的普通村民无论是作

---

① "八步沙"位于甘肃省武威市古浪县土门镇,是古浪县最大的风沙口,处于河西走廊、腾格里沙漠南缘。1981 年,这里作为荒漠化土地开发试点向社会承包,在土门公社漪泉大队当主任的石满老汉第一个站出来,和郭朝明、贺发林、罗元奎、程海、张润元五个人在合同上按上了红指印,以联户的形式组建了八步沙集体林场,为了保住家园向荒沙发起了挑战。"六老汉"约定,无论多苦多累,每家必须有一个继承人,把八步沙管下去。38 年来,三代人造林及管护封沙育林育草面积达到 21.7 万亩、37.6 万亩,谱写了一曲从"沙进人退"到"人进沙退"的生命赞歌。

为生产者、消费者还是治理者，都与荒漠化及其治理变迁有着重要的关联。对普通村民的访谈主要侧重于获取本人和家庭与其所处生态相关的生产、生活领域中荒漠化治理的基本信息。可将与普通村民访谈获取的信息与地方精英提供的信息进行综合比较，从而可以有效地去伪存真，筛选出真实可靠的信息。

在最开始的访谈中，为了掌握一些基本信息和背景知识，笔者采用的是无结构式的访谈法，主要是"漫无边际"的"聊天"，访谈主题并不固定于"荒漠化治理"议题，而是包括了当地的历史、文化以及村民的生产、生活。此种方法最大的长处就是弹性大，灵活性强，可以收集到大范围的信息，经常有一些意外的发现，可以为进一步的研究寻找新的兴趣点，但缺点是访谈的内容往往只是"蜻蜓点水"，深度和信息量不够。随着调查的深入以及笔者对当地环境治理理解程度的加深，在访谈中，可以更多地采用有针对性的半结构式访谈法（semi-structured interviews）。因为笔者已经建立了研究对象初步的背景性知识（context），从而可以直面主题，就深度的问题进行探讨。还需要说明的是，在自下而上和自上而下相结合的方法中，除了治沙村民以外，部分访谈对象涉及政府相关部门，如 M 县县委、县政府、林业和草原局、统计局、国有林场、连古城国家级自然保护区以及相关的村委会人员等，这部分访谈中常常需要采用结构式或者半结构式的访谈法，拟定初步的访谈提纲，这样可以在有限的时间内获取想要的资料。每次调查结束后，笔者时常通过微信聊天、打电话、发短信等方式与调查地的朋友保持联系和获取信息，在整理资料和写作过程中也随时与当地朋友沟通，在一定程度上弥补了没有长期连续调查的缺憾。

3.2.3 文献法

收集文献是定性研究的重要途径和方式，收集文献资料也是研究的重要前提（陆益龙，2011）。在本书中，文献的重要程度须予以说明。

对笔者来说，仅仅依靠观察和访谈获取资料是不够的，必须借助文献资料。在整个研究过程中，笔者获取的文献资料来自三个方面。第一，背景性资料。M 县属于干旱生态脆弱区，其生态演变历史漫长，涉及其环境演化方方面面的背景性资料。第二，相关部门资料。调查期间，笔者收集了大量 M 县档案馆、水利局、林业和草原局、统计局、乡镇与行政村等机构和部门的资料。M 县档案馆的历史材料为笔者提供了极为重要的研究素材。例如，政府会议纪要、分年度工作报告、政府年终总结和工作计划、各类规划文件及国家层面与地方层面发布的生态环境制度建设的相关资料；档案馆中关于农业、林业、水利等部门的调查材料，特别是关于打井开荒、关井压田、荒漠化治理技术推广、经济作物种植、石羊河流域综合治理等方面的材料；由 M 县编纂的《M 县文史资料》《石羊河志》《M 县水利志》等都成为本书的重要参考资料。第三，市、县统计资料。如《M 县统计历史资料》（1949 ~ 2019 年）及不同年份的《M 县统计年鉴》《中国共产党 M 县历史》《M 县县志》《乡志》等。

在进行深入的田野调查之前，查阅和利用相关的年鉴等资料，是了解案例地的地方性社会基本背景的重要途径。此外，从这些统计资料、年鉴、地方志中，研究者能从中发现需要重点研究的问题。最后，这些资料中的信息与实地调查所获得的资料具有相互检验的功能。这些文献资料的系统收集和分析，为本书的分析奠定了重要的政治、经济、社会演化的背景"窗口"和立足点，有利于更加深入地考察社会转型与 M 县荒漠化治理实践之间的互动过程及其运行机制。

3.2.4　口述史方法

传统的历史研究方法主要以文献、档案资料为主，基本上是一种不会说话，也不需要说话的历史。口述史学方法起源于 20 世纪 40 年代的史学，目前已广泛应用于中国社会史的调查和实践中，社会学中的口述史研究不仅促进了对特定历史事件的广泛而深入的收集，而且促进了对口述史研究理论和方法的深入思考，甚至还推进了中国社会学的本土化进程（刘亚秋，2021）。

现代口述史研究的兴起，对于开展当代中国社会变迁与发展研究具有重要的方法论意义，通过口述历史的方法，真实记录下无论是宏观的还是微观的，政治的和经济、文化的，抑或只是个人的亲身感受，将当时的人和事如实记录下来，对于后人研究今天走过的历史，从中分析提取有益的经验或教训，都是非常有意义的事情（李宝梁，2007）。

本书中的 43 名访谈对象中，其年龄分布为：40 岁以下 1 人，40 ~ 69 岁 30 人，70 岁（含）以上 12 人，其中女性 5 人，涵盖了从 1950 ~ 2019 年各个历史阶段 M 县荒漠化治理实践的当事人和经历者。对他们的访谈，笔者选择在其家中或者他们熟悉的环境中进行，这样的自然场景有利于激发受访者的记忆。笔者遵循"自下而上"的资料收集和分析方法，"自下而上"也是口述史的重要取向。根据研究问题，访谈重点是参与荒漠化治理受访者的详细个人生活、生产故事。通过收集和分析受访者的大量口述历史资料，实现对研究问题的深入分析。此外，在研究中，无论是从荒漠化治理中的典型人物的角度，还是从荒漠化治理事件的角度，不仅考察了受访者的当前生活状况、社会关系和其他空间因素，还密切考察了他们的生活经历，从生命史的角度构建口述历史框架，立足中国社会结构转型这一大的时空观基础上对其进行整体性研究。

3.2.5 资料类型与分析方法

在收集一手材料和文献的基础上，如何利用这些材料，是研究经验问题的关键所在，更是理论思考的结果。在与理论的关系上，笔者并没有先入为主地套用相关社会学理论和环境社会学理论来解释调查地的荒漠化治理变迁过程，而是借鉴扎根理论（Grounded Theory）的方法（陈向明，2000），"扎根于"具体资料来概括社会生活的现实画面，展现 M 县荒漠化治理实践演化的复杂过程和社会结构转型对其的影响。

在定性研究方法中，一般来说，对一个新的、不熟悉的研究领域和地理区域，在对研究对象没有深刻把握和洞察的前提下，先入为主的理论主导的研究不利于发现真实的、鲜活的"问题"。正式开始研究后，笔者尝试不进行前期的理论预设，深入实地进行田野调查，通过多种调查方法尽可能多地收集一手经验材料，充分理解当地环境与社会的关系演变以及荒漠化治理的实践过程。在田野调查的基础上，基于丰富的经验材料，对调查地环境问题的产生和治理机制进行提炼和概括，从案例中得出一般性、可用于对话的知识（罗伯特·基欧汉、悉尼·维巴和加里·金，2014），最后与已有研究对话，补充、完善已有相关理论。

王春光（2020）认为，县域社会是中国特有的社会体系，具有连接基层社会和整个社会的功能。一方面，县域社会可作为方法为观察中国的社会结构和运行机制提供独特的视角；另一方面，其独特性能促进中国社会学研究方法的创新和进步。没有县域社会视角，就不足以深刻地理解和把握中国社会变迁的脉络和规律。

　　本书以 M 县域为分析单位，如前所述，M 县的历史就是一部治沙兴水的历史，M 县的荒漠化及其治理影响到整个县域并由全体民众参与，因此，这一社会行动不仅仅局限于某些个人、群体、社区层次，而是在 M 县整个县域空间内发生的历史性社会行动。

　　本书以 M 县域为分析单位，主要基于三点考虑：①M 县域地理空间范围较为稳定，有利于时间跨度较长的研究工作的开展，特别是便于进行纵向的比较研究，如不同时期人口、耕地面积、森林覆盖率、产业和经济发展、荒漠化治理模式与治理特征等状况的比较；②与乡镇和村庄的资料相比，县域统计资料、文献资料等较为全面、系统，能够最大程度地为本书提供材料支撑；③县域内自然地理、经济发展、产业结构等具有一定的差异性，案例类型的多样性能够进一步丰富相关研究内容。

　　考虑到研究的可操作性、深入性和全面性，本书采取"点面结合"的研究路径。首先是"点"。确定若干较为典型的自然村，进行长时间、多时段的跟踪式田野调查。主要考虑如下三个方面：第一，尽量兼顾 M 县三个区域——上游、中游、下游。第二，尽量兼顾不同的产业类型，产业发展与生态问题有紧密的关联，特别是在特定历史阶段粮食作物、籽瓜、棉花等经济作物的种植开发是 M 县生态问题产生的主要原因。每个产业类型的资源利用方式、组织和经营方式以及相对应的生态环境问题等都有差异。第三，为增进笔者对 M 县荒漠化治理实践问题的理解，可以选择生态问题呈现时间较长、环境治理与经济发展矛盾较为突出的地区做重点考察。综合以上考虑，笔者选择了 SH 村（荒漠化治理 20 世纪 50～90 年代的典型）；HAT（20 世纪 80～90 年代开荒打井典型区）；老虎口、龙王庙、青土湖（21 世纪初期开始重点治理区域）；JH 镇 GD 村（社会公益组织治沙典型）等进行了重点调查。其次是"面"。在对重点村和访谈对象进行调查的基础上，利用文献资料、统计年鉴，通过对相关部门工作人员的深度访谈掌握县域范围内荒漠化治理的整体情况。调查单位涉及县政府办公室、宣传部、农业局、林业和草原局、水务局、档案局、统计局、气象局、治沙企业等。此外，调查对象还有相关镇政府、国有林场、自然保护区、林业站、防沙治沙站、村委会等。同时，根据在重点调查点积累的经验和提炼的问题，尽可能多地深入其他调查点（村庄、治沙企业、种植和养殖基地等）有效完成调查，掌握地方各方面情况，增加对县域荒漠化治理历程的整体性和系统性理解。

　　在资料分析方面，对年鉴、国家和地方政策、各种规划文件和政府文件等资料采用"内容分析法",即根据文献内容判断和推论社会现象;对于新闻报道文献,采用"情境分析法"进行分析,即联系当时的社会状况,分析社会事实背后的逻辑脉络与路径;对访谈资料采用归纳法进行分析,即在对访谈资料进行编码和分类的基础上,提炼和形成观点。根据学术研究惯例和研究的伦理要求,笔者在论文中匿名处理了与隐私相关的人名与地名。

第4章　荒漠化治理模式变化的阶段性特征

面对共同的环境挑战，中国漫长的环境史并不能提高我们对于中国或世界应对能力的期望。在巨大的未知面前，我们应当保持谦恭的态度。这样，我们就可能会意外地从我们共同的历史中打开新的天地，得到新的洞见，也会在继续享有这个美丽的自然世界而采取的集体行动中收获惊喜。

——［美］马立博：《中国环境史：从史前到现代》（2015）

当代中国的现代化转型实践具有不同的时空、主体和任务特征，在具有既往现代化之一般性的同时，更加鲜明地具有中国自身的特色，实践自觉强调中国社会学要关注中国社会实践巨变的现实性、急迫性、特殊性、创造性及其所展示出的新的一般性，要更加积极主动地"从实求知"（洪大用，2021）。环境问题及其治理是一个持续、动态的发展过程。第一，环境问题作为社会变革的伴随物，具有社会属性，在不同的阶段呈现出不同的特点；第二，社会发展离不开自然环境的发展，这决定了人们必须致力于环境治理。环境治理作为国家治理的构成部分，它是在时间和空间制约下的社会性建构，是经济、政治和社会等因素合力作用的结果（董海军和郭岩升，2017）。荒漠化治理与自然环境和社会、政治、经济变化过程密切相关，也与社会制度和政策制定相联系。因此，对M县荒漠化治理演化过程的分析应将其放在整体社会动态演变的框架中进行。

前面述及，治理模式是指治理所采用的基本理念和方法，是一种成型的并为人们直接参考的完整的治理体系。通过这种体系（机制），政府可以规范或影响自身和相关行动主体的行为，发现和解决治理过程中的问题，通过治理手段的规范和治理机制的完善，实现其既定目标。可以说，治理模式是治理方法思路性与框架性的一种高度概括。

治理模式被用来描述一定历史条件下的治理形式时，它所具有的含义是指特定历史阶段下组织社会的经济、政治文化生活时所倡导的价值理念，构建的制度、体制及所采用的政策等，其基本要素为治理主体结构、基本治理单元、治理主体的职能及相互关系等，用来归结不同历史阶段治理的基本走向与特征。任何一种治理模式都有其特定的历史情境，是具体的、实践的社会行动，如果离开特定的历史条件，便会丧失其合理性与实际价值。

笔者将"治理模式"置于中国当代社会转型的视野中去观察，在不同的历史发展阶段，治理模式的选择受自然环境因素、利益相关者、地方政府治理习惯、政治偏好以及经验的影响，这些因素都会在一定程度上影响治理模式的选择和效果。本书的核心目标是揭示 M 县社会转型过程中环境治理模式的具体变化过程和理论逻辑。在系统梳理环境治理模式相关研究的基础上，本书中将 M 县荒漠化治理模式分为治理理念、治理主体、治理机制三个重要的维度进行分析。

根据 M 县域社会转型和环境治理政策演化过程，本书中将 1950～2019 年 M 县域荒漠化治理实践划分为政府主导、群众运动式治理（1950～1977 年）、民办国助与任务分担式治理（1978～1992 年）、利益分离的多主体治理（1993～2006 年）、结构转型的耦合性治理（2007～2019 年）四个阶段。以下就 M 县 70 年来荒漠化治理四个阶段的演进过程和阶段性特征进行总体分析。

4.1 政府主导、群众运动式治理阶段（1950～1977 年）

1950 年，M 县召开了第一次全民防沙治沙大会（见图 4 - 1），开始有组织、有规模地进行荒漠化治理。

图 4 - 1　1950 年春 M 县人民政府第一次防风治沙大会

资料来源：M 县档案馆。

4.1.1 起步阶段（1950 ~ 1958 年）

1949 年 9 月 23 日，M 县和平解放。面对严酷的风沙灾害，M 县人民在党和政府的领导下，制定了"社造社有、村造村有、谁种归谁"的林业发展基本政策，开始有组织地开展群众性造林运动。截至 1958 年，全县共完成造林 9.47 万公顷，封沙育草 23.5 万公顷，涌现出了大炕沿农业合作社、薛万祥、杨可畅等先进造林单位和模范个人，M 县人民委员会受到张掖专区、甘肃省及国家林业部的表彰奖励。同年，荣获周恩来总理署名的"建设社会主义农业先进单位"奖状。

4.1.2 相持阶段（1959 ~ 1977 年）

"大跃进"时期 M 县造林工作虽然机构林立、数目庞大，实际却是"盛名之下，难符其实"，防沙治沙工作推进的障碍和困难较多，其运行过程是在破坏、治理、再破坏、再治理中不断前进的（耿国彪，2018）。1960 ~ 1962 年，由于"左"倾错误的严重泛滥，林业生产受到严重破坏，一哄而起的公共食堂，因缺乏燃料而破坏柴湾，乱砍滥伐成片林达 1300 多公顷，加上新的沙患，使农业生产一度下降到 1949 年的水平。1962 年以来，在中央"调整、巩固、充实、提高"的八字方针指引下，"谁栽谁有"的林业政策得到落实，乱砍滥伐林木的情况得到制止。经过 3 ~ 4 年的努力，被破坏的林木和风沙口很快得到了恢复，1964 ~ 1965 年全县造林 5900 公顷，质量较高。"文化大革命"期间，各级领导机构相继瘫痪，乱砍滥伐、破坏柴湾的现象再度出现。在此期间，虽然国营林场、苗圃仍然坚持造林，在 1966 ~ 1970 年完成造林 1.07 万多公顷，但因各种干扰，加上无人管护或管护不力，导致"年年造林不见林"的局面，成效甚微。此后，根据中共中央《关于加强山林保护管理，制止破坏山林树木的通知》精神，乱砍滥伐、毁林开荒的混乱局面得到扭转，林业生产不断好转，并有了新的发展，全县每年造林 670 ~ 1333 公顷，四旁植树 100 万株以上[①]。

在 1949 年以后的几年间，国家通过对城市、乡村两个领域的社会主义改

[①] 《从"沙进人退"到"人沙和谐"——M 县生态文明建设研究》内部工作报告（2019 年）。

造（没收旧国家资本、改造民族工商业、土地改革、合作化、人民公社化等），社会中的绝大部分资源在国家掌控之下。再分配原则成为经济分配和政治、社会运行的基本原则，由此建立起了对社会进行深入动员和全面控制的总体性社会（李培林、李强和马戎，2008）。1949 年后，中间层被完全摧毁，行政性社会整合几乎成为社会整合的唯一模式。通过中央—省市—县的行政体制，通过延安式的单位制和从公社—生产大队—生产小队的政社合一、半军事化的行政设置，形成了行政性的社会整合模式。这一整合模式触及和延伸至社区或村落层次，并覆盖到每一个个体。这种整合模式使社会整合与政治整合高度一致，使地方层面的社会整合依附于国家层面的政治整合，在这种模式下，国家权力以历史上前所未有的深度和广度渗透到基层。

这一历史时期，中国"总体性社会"的形成，促使广袤的西部边疆地区在政治、经济和社会生活的方方面面与内地空前地走向一体化、一致化。其中，对生态环境影响最大的因素，仍然是经济发展的同质化，也即与内地趋同化、同一化。一方面，此时期以现代化转型为表征的同质化变迁使中国最终摆脱衰败而重归强国之林，使中国西部加速进入到现代化时代；但另一方面，发展同质化与地理差异化所导致的巨大矛盾，又深刻地改变了广袤西部的大地景观和生态环境（徐波，2014）。

在漫长的 30 年间，在总体性社会、二元制度和"剪刀差"政策等的体制框架下，中国数亿农民以其无比的辛劳和忍耐，在城乡分异、工农殊途的制度安排下，缓慢地推动了农业总产量的增长。与 1949 年相比，1978 年 M 县生产粮食 10420.5 千克，增长 3.35 倍；建成亚洲最大的人工沙漠水库 1 座，库容 8660 万立方米①。与此同时，这些又是在付出过多的社会代价和生态代价的前提下得到的。就生态代价而言，近 30 年"以粮为纲""战天斗地""人定胜天"的农业社会主义，粗放式经济发展、外延式乃至掠夺式的低水平发展是其主要特征，导致土地的过度开发；加以二元制度等对农业劳动力转移的阻遏，恶化了人地关系，恶化了农村、草原、山地和干旱区等地

---

① 红崖山水库控制流域面积 13400 平方千米，是一座中型沙漠洼地水库，被称为亚洲最大的人工沙漠水库，1979 年被列为"中华之最"，被人们誉为"瀚海明珠"，2011 年被评为国家级水利风景区、国家 AA 级旅游景区。水库于 1958 年 10 月开工建设，经初建、加固续建、扩建加固、除险加固等工程，至 2011 年建成，总库容 9993.37 万立方米，水库最大汇水面积为 25 平方千米，设计灌溉面积 83 万亩。是一座以蓄水灌溉为主，兼防洪、养鱼、旅游等综合效能的年调节中型水库，是县境内唯一的地表水调蓄工程和全县经济社会发展的命脉工程。

生态环境。同样重要的是，由于当时生态环境问题很少被人们纳入视野，巨大的经济和社会成本、较低的技术及经济效率、巨大的生态环境成本——可以说即是这一机制环境效应的一个基本写照。

总之，20 世纪 50 ~ 70 年代 M 县域农业发展与荒漠化治理的成就，乃是总体性社会计划体制下高度动员（运动式开发与治理）的成果，而其生态环境的变迁及相应的环境问题，在很大程度上也是这一社会机制的结果。

4.2　民办国助、任务分担治理阶段（1978 ~ 1992 年）

4.2.1　发展阶段（1978 ~ 1985 年）

1978 年 12 月，中国共产党十一届三中全会讨论并通过了农村改革政策，这一政策的目标是增加生产，并让较低的集体农耕单位拥有更多的行政权力。改革初期，虽未明确提出建立市场经济的目标，但重视经济建设是中国改革的方向（黄树民，2002）。1979 年 2 月，M 县委、县革委会召开全县四级干部会议，讨论了从思想、组织、政策、工作方法、领导方法上实现党的工作重心转移到社会主义经济建设上来的问题，总结了本县农业发展的经验与教训。1980 年 2 月，M 县确定了"一手抓粮、一手抓钱"的方针。自十一届三中全会以来，M 县各种生产责任制的建立，激发了农民群众的生产积极性。全县上下在县委、县政府的带领下，充分发扬艰苦奋斗的精神，按照国家、集体、个人造林一起上，谁造谁有的原则，采取统一规划、先易后难、由近及远、突破重点、民办国助、群众投劳、多方筹资、协同共建的措施，通过三北防护林一期（1978 ~ 1985 年）工程建设，累计造林 1.4 万公顷，控制流沙 2 万公顷，治理风沙口 159 个，恢复沙化耕地 0.33 万公顷，经营管理草湖 13.3 多万公顷，7.3 万公顷封育区天然植被和人工林盖度由 25% 提高到 38% 左右，全县森林覆盖率由 3% 提高到 4.8%。

4.2.2　停滞阶段（1986 ~ 1992 年）

1986 年以来，M 县经济持续快速发展，人口超载并呈逐步增大趋势，对水资源和土地资源的过度开发一度将 M 县的生态环境推向了荒漠化的绝境边缘，在一定程度上抵消了多年来对生态环境保护和建设所做的努力。特别是20 世纪 90 年代开始全县掀起了一个开荒的高潮，绿洲边缘区、荒漠区大面积茂密的"柴湾"灌丛植被破坏，陷入了开荒—弃耕—开荒的恶性怪圈。1985～1995 年 10 年间，开垦荒地 3 万公顷，破坏天然植被 0.8 万公顷。加之受大气干旱、上游来水减少、下游水资源无序开发利用等因素影响，绿洲边缘大部分林木植被因严重缺水而大面积枯梢或死亡，天然沙生灌木林从 50 年代的 13.3 万公顷缩小为 7.3 万公顷，连片的沙枣、红柳枯梢、死亡达 0.87 万公顷（见图 4 - 2），白茨柴湾退化 3.67 万公顷、沙化 1.33 万公顷。

图 4 - 2   成片死亡的林木植被

资料来源：M 县档案馆。

近 26.67 万公顷天然砂砾质草场退化为荒漠草场，原来封育良好的33.33 万公顷柴湾退缩枯萎，丧失固沙作用，33.33 万公顷湿生草甸变成盐渍荒滩，湖区原有天然白茨面积由 3.6 万公顷骤减为 1 万公顷。408 千米的风沙线上，66 个风沙口急需治理，流沙以每年 3～4 米的速度快速逼近绿洲，严重地段前移速度达 8～10 米[①]。

1978 年的改革开放，是在"总体性社会"的危机登峰造极时发生的新的选择。这场以"改革开放"为旗帜、以"市场化"取向为首要目标，涉及社会生活方方面面的改革，启动了当代中国的又一次巨大转型。改革以其势不可挡的裹挟力将中国社会的方方面面、种种领域卷入其中，西部地区的 M 县同样如此。社会体制改革中的重要内容是从计划到市场、从集权到分权的改革，以及社会控制体系的相应转变。

---

① 根据 M 县《从"沙进人退"到"人沙和谐"——M 县生态文明建设研究》报告和历年统计资料整理所得。

4.2.2.1　家庭承包责任制对农业经济发展的推动

自党的十一届三中全会以来，全县农村各种形式的生产责任制逐步建立起来。至 1980 年 2 月，全县 1576 个生产队中已有 728 个生产队建立了联系产量"五定一奖"（即生产队作业组实行定劳力、定土地、定产量收入、定工分、定费用，超产受奖，减产受罚）的作业组 2207 个，占全县生产队总数的 40.2%；227 个生产队建立了联系产量、责任到劳的劳动岗位责任制，占生产队总数的 14.4%；18 个生产队建立 48 个作业组，推行了作业组大包干；100 个生产队推行基本口粮责任田；503 个生产队在加强定额管理的基础上推行季节、小段包干。与此同时，全县农村普遍整顿和完善了定额管理及评工记分制度。各种生产责任制的建立，大力激发了群众生产的积极性。进入 20 世纪 80 年代后，又深入地进行了农村改革，实行了以家庭联产承包为主的各种责任制，种植业结构得以调整，农业科学技术及化肥的使用，使科学种田的理念和方法得以推广。粮食播种面积虽然由过去的占总播种面积的 80% 以上逐步调减为 69.7%，经济作物由 1981 年的 11% 调增为 21%，但粮食单位面积产量不断提高，8 年持续稳定增长，到 1985 年，粮食单产 260 千克，总产达 11123.4 千克[①]。

4.2.2.2　经济发展形式逐步多元化

党的十一届三中全会后，M 县实行农村经济体制改革，出现了四种经济形式：第一，全民所有制的国营农场。它是由国家投资建立起来的农业生产单位。如良种场、园艺场、原种场、猪场、机关农场等。第二，劳动群众集体所有制的农业合作经济。如原来的农业生产合作社、人民公社、乡村办企业。第三，农民家庭经济。包括承包经营土地、大型农机具的农民家庭经济。第四，联营经济。几户农民联合开发土地，联办企业，这是在实行"包干到户"后，由于生产的需要而自愿组织起来的新的经济联合体。它与过去的集体经济不同，主要特点是组织规模小，结构简单，经营者往往身兼多项工作，管理人员少，且不脱离生产，实行按劳分配。这些新的经济形式解放了农村剩余劳动力，促进了劳动力的自由流动和劳动力利用效率的不断提高。

[①]　根据历年《M 县统计年鉴》相关数据计算所得。

4.2.2.3 以粮为主，多种经营，效益提高

20 世纪 70 年代后期和 80 年代初，M 县制订了新的农村经济政策，实行"以粮为主，全面发展"，逐步调整了种植业结构。至 1976 年，经济作物播种面积占总播种面积的比例上升到 7.6%，收入占种植业总收入的比例上升为 11.75%。1979 年，M 县执行"决不放松粮食生产，积极开展多种经营"的方针，发展了葵花籽、甜菜、胡麻、茴香等经济作物（陈佳，2018）。1980 年，经济作物种植面积占种植业总播面积的比例上升至 10.45%，收入占种植业总收入的 20.94%；1985 年，经济作物播种面积达到 12.82 万亩（见图 4-3），经济作物成为农产品的重要部分和农业投入的主要资金来源，农村经济活力逐步增强，总产值增加。

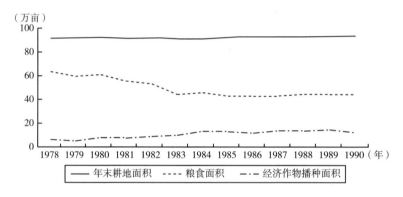

图 4-3　1978～1990 年粮经种植面积变化

资料来源：根据 M 县统计局历年《M 县国民经济和社会发展统计资料汇编》相关数据整理所得。

4.2.2.4 人口总量快速增长，自然条件恶化

20 世纪 80 年代以来，M 县乡村人口处于平稳增长阶段。这段时期人口增长率从之前每年超过 38‰降到 16‰以下，1985 年为 9.9‰。但由于前期人口增长速度过快且基数较大，农村人口规模仍不断扩大。1953 年第一次人口普查，M 县人口为 224400 人，3.73 万户；1985 年，达到 246600 人，近50000 户；1970 年，人口密度为 14 人/平方千米，1982 年，人口密度达到15.19 人/平方千米；人均耕地面积为 3.84 亩[①]。人口数量的快速增长对土地

---

① 根据 M 县统计局历年《M 县国民经济和社会发展统计资料汇编》相关数据整理所得。

和水资源供给的压力增大，生态环境承载力加重，人地关系、人水关系矛盾开始显现。

4.2.2.5　文化观念与社会关系变迁、社会控制能力开始弱化

伴随着农村经济发展和生活水平的提升，意识形态开始变迁，在消费观念上，农民们开始购置自行车、缝纫机、电视机及其他家电，开始建造新房，主动谋划发展问题。生活观念已从被动式配给逐步转变为主动式扩张，在文化生活方面，群众的文化生活逐步丰富，民俗文化活动的内容和形式也不断多样化。

随着经济发展、制度变迁和农民文化观念的转变，其社会关系的结构和内容也在不断变化。计划经济时期，基于政策限制和经济水平低下，农村社会关系（交往）简单，以血缘和地缘为主的社会关系网络被限制在公社或村域内。20 世纪 80 年代以后，由于农村产业结构的调整，农民职业开始分化和多元化。农民开始从事多种经营和外出务工，其收入差距开始逐步扩大，社会关系更为复杂，社会关系网络空间已不仅仅局限于村域范围。资源（资金、权力、信息等）关系网络的社交圈开始出现，逐渐影响到乡村社会关系变迁。伴随这种社会关系变化的是社会控制体系的转型和总体性权力的逐步消解。

在荒漠化治理领域，这一时期，群众运动式治理势能减弱，代之而起的是民办国助（三北防护林工程一、二期为主的国家投资）、群众投劳、任务分担的治理模式。

4.3　利益分离的多主体治理阶段（1993～2006 年）

1993 年 4 月，M 县委下发《关于在全县开展加快市场经济建设大讨论的安排意见》，要求大讨论要围绕如何清"左"破旧，解放思想，转变观念，加快发展社会主义市场经济这个主题，重点从经济结构调整，发展市场农业、工业、乡镇企业、非公有制经济、股份制经济，市场体系建设，社会化服务，扶贫开发，科技兴县，基础设施建设，职能转变，完善政策法规等方面展开[①]。由此，M 县市场经济体制的建立拉开了帷幕。

---

① 中共 M 县委党史资料征集办公室，M 县地方志办公室. 中国共产党 M 县历史大事记（1993—2010）[M]. 北京：中共党史出版社，2013：3.

市场化改革使中国西部与全国、全球的经济联系空前地紧密化。市场化改革最直接的效果是使中国社会在此前处于严格禁锢压抑中的"物欲"以空前的强度喷涌而出，与此同时，也翻开了中国人地关系史新的一页，它在推动中国 GDP 迅速增长的同时，也使社会群际之间、人地之间在物质交换过程中所凝聚着的贪欲和不和谐迅速达到新的空前的高度。中国整体、中国西部的生态环境问题也由此而进入空前的爆发期（徐波，2014）。M 县在市场化改革的促动下，在乡村经济、社会发展、社会分化方面发生了重大的变化。

4.3.1 乡村经济（粗放式）快速发展

1992 年以来，粮油市场和农产品市场全面放开，国家计划和统购统销制度被彻底取消。农业经济以市场调节为主，M 县农业生产加速发展，其基础源自对生产结构的大力调整和农业基础设施、农业技术及现代化农业机械的推广使用（见表 4-1）。通过提高经济作物种植比重（见图 4-4），积极引进适合市场的品种，农业生产收益快速提高，经济作物种植的变现收入成为农业生产收入的主要来源（陈佳，2018），但这一时期高耗水经济作物的种植对生态环境的破坏也非常严重。

表 4-1   1986 ~ 2005 年 M 县农业机械统计表

年份	农村总动力（马力）	大中型拖拉机		小型拖拉机		排灌机械		农用水泵	农用汽车
		台数	机引农具	台数	机引农具	电动机	柴油机		
1986	181278	628	605	2447	2263	4551	385	7263	169
1987	187600	697	688	2987	2811	5214	396	7896	185
1988	165112	733	721	4876	4623	6566	415	8821	188
1989	238536	858	889	5837	5841	7721	420	9000	213
1990	279247	929	112	8165	8893	8210	428	9023	213
1991	337130	970	1394	10285	12637	8765	429	9043	240
1992	376900	1006	701	12562	15204	9295	360	9478	293
1993	417611	958	733	14535	19164	11723	638	10006	234
1994	497879	936	948	18288	25254	12178	632	10345	251
1995	617388	1022	1034	21657	35169	12954	820	11036	269
1996	694521	1053	2113	22364	36524	12533	810	11562	272
1997	708756	1061	2272	23868	39188	11099	726	11825	279

续表

年份	农村总动力（马力）	大中型拖拉机		小型拖拉机		排灌机械		农用水泵	农用汽车
		台数	机引农具	台数	机引农具	电动机	柴油机		
1998	774837	1069	2288	25854	47171	11280	1540	12422	289
1999	907643	1073	2639	33668	59836	12089	1745	13261	268
2000	937712	1098	2679	34854	60173	12194	2130	13672	252
2001	942340	1106	2859	35215	60975	12296	2130	13774	252
2002	965123	1118	3005	35864	61961	12317	2130	13795	252
2003	1007069	1158	3134	36710	65118	12328	2130	13806	252
2004	1071495	1184	3297	38503	68325	12438	2130	13916	252
2005	1122684	1261	3786	39882	73345	12489	2130	13967	252

资料来源：根据 M 县统计局历年《M 县国民经济和社会发展统计资料汇编》整理所得。

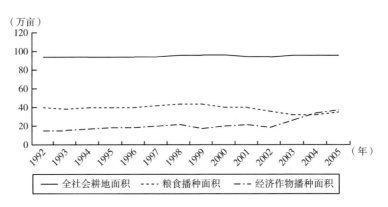

图 4 - 4　1992 ~ 2005 年粮经种植面积变化

资料来源：根据 M 县统计局历年《M 县国民经济和社会发展统计资料汇编》整理所得。

市场经济体制改革促进了 M 县农业的快速发展。20 世纪 90 年代初期，第一产业产值为 2.39 亿元，2006 年，第一产业总产值增至 10.38 亿元（见图 4-5），增长主要源自经济作物的大规模发展。经济林产业也加快了发展步伐，逐步从单一生态林业转向生态经济林业。2002 年，林业增加值达到 801 万元。政府开始发展特色林果业和温室大规模养殖，2001 年，新增特色林果（红枣、枸杞、酿酒葡萄）分别为 2 万亩、5000 亩，新增规模化养殖 500 户[①]。

---

① 《2001 年 M 县国民经济和社会发展统计资料汇编》。

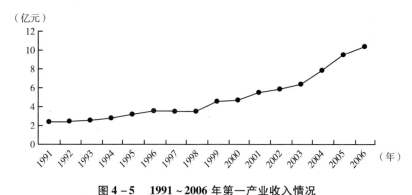

图 4 - 5   1991 ~ 2006 年第一产业收入情况

资料来源：根据 M 县统计局历年《M 县国民经济和社会发展统计资料汇编》相关数据计算所得。

20 世纪 90 年代初期，M 县乡镇企业开始发展。1995 年，全县有较大规模乡镇企业 19 家，百万元以上乡镇企业 7 家，总产值 2.42 亿元，利税 2474 万元。其间，农业经济作物大面积种植，特别是蜜瓜、黑瓜子、茴香等种植面积持续扩大，随之，农业企业出现规模化经营。2001 年，农业企业总产值达到 1.55 亿元。

4.3.2   乡村社会的发展及其分化

这一时期，乡村社会发生了重大变革。20 世纪 90 年代广播邮电事业迅速扩展，至 2006 年电视覆盖率达到 83.10%，电话普及率达 29 部/百人，基本实现了"村村通"的通信布局。由于户籍制度的逐步松动和完全放开，农业人口的外出流动更加频繁，促使以前的封闭农业社会逐步走向开放，扩大了社会交往的空间和范围。1992 ~ 2005 年城镇人口数量增长，农村人口在 1997 ~ 2005 年内呈下降趋势（见图 4 - 6）。

这一历史阶段，水资源危机明显加剧，尤其是风沙沿线的湖区。这一区域的地下水矿化度已不适合人、畜饮用甚至也无法灌溉农田，基本生存条件丧失，无地下水可用的情况下只能向外迁移。迁移地主要在内蒙古、新疆等地。由政府组织的迁移主要是 1993 年的县域内的南湖移民，据统计，1991 ~ 2005 年，M 县净迁出人数为 16881 人，以教育移民与生态移民为主（见图 4 - 6）。

4.3.3   社会生活转型与关系网络重构

自 20 世纪 90 年代以来，农民收入从单一粮食作物收入转变为以经济作

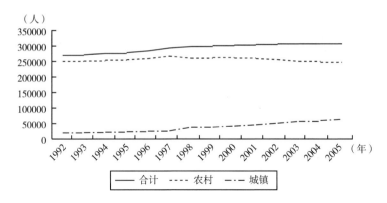

图 4 - 6   1992 ~ 2005 年人口变化情况

资料来源：根据 M 县统计局历年《M 县国民经济和社会发展统计资料汇编》相关数据计算整理所得。

物为主。1990 年，M 县农村人均纯收入为 477 元，2005 年为 3319 元。随着收入的增长，当地农村居民的生活水平显著提高，也加快了农村社会生活的转变。消费需求开始提高并且多元化，饮食消费从主食、温饱型转向副食、营养型；开始追求服装的风格和时尚，家庭日常耐用物品的户均拥有量快速扩大（陈佳，2018）。例如摩托车、农用车等进入农户家庭；各种新型耐用消费品不断增多；空调器、移动电话、数码照相机、私家小汽车及各种新型电器炊具进入城乡居民家庭；农户总体消费水平与城市差距不断缩小。

在消费水平提高的同时，农村社会关系网络发生明显的变化，主要表现为家庭观念和人际交往观念为基本形式的关系网络的重构过程。维系传统乡村社会关系网络的主要是家族/家庭制度与规范，这些规范及制度的道德约束力强。随着经济社会发展和人口规模的扩大，"小家庭观念"开始流行，追逐个体利益促使传统上维系乡村社会关系的网络发生变迁，这一关系网络开始由封闭走向开放，由以馈赠为主向经济利益互惠转变。

4.3.4 利益分化中的荒漠化治理

20 世纪 90 年代初开始，M 县社会转型步伐加快，社会利益分化加速。马克思认为，复杂的历史表象，在本质上是追求自己目的的人的活动而已，世界是许多种利益的世界，历史上无数个个人或团体对自己目的的追求，缤纷无序，最终往往凸显为人与人、人与自然的对立（马克思和恩格斯，

1957）。随着社会分化的凸显和地区差距的拉大，利益博弈不可避免，在追求物质利益的过程中，形成了多种利益主体和利益纠纷的局面。利益的分化和调整加剧了社会矛盾，城乡之间、区域之间、阶层之间差距的扩大表明中国社会现代化在逻辑上进入了"利益分化期"，其基本特征是新旧矛盾交织、利益剧烈调整、社会转型加速、社会差距的拉大（李薇辉，2010；张艳涛和林倩倩，2017）。在 M 县，20 世纪 90 年代的"抽水竞赛"就生动地阐释了这一阶段在利益分化、经济理性促动之下的生态破坏过程。

有学者用"压力型体制"对中国基层政府的运作机制进行了概括（荣敬本和崔之元，1998）。在上级使用多项指标考核下级的压力下，基于自身的政绩、政治前途和利益考量，地方各级政府官员肯定会更加重视能够提供更多 GDP 的工商业扩张（张玉林，2006）。这不仅影响各级政府绩效的绝对评价，而且还涉及与邻近地区或竞争对手的相对绩效比较，对主要官员的晋升有着重要影响。1994 年分税制施行后，地方政府维持运转的财政支持和政府工作人员自身的工资福利主要来自乡镇企业缴纳的税款和各种农业税收，在这种情况下，政府必然要想尽办法培育企业发展来扩大税源（任克强，2017）。在 M 县乡镇企业数量少、产值小的情况下，只能通过默许和支持农民开荒种地来扩大农业税收的提取。本来引导地方政府行为的公权力逻辑被市场逻辑取代，地方政府往往更关注经济增长而非荒漠化及其社会后果。

也正是在这一市场化逻辑的脉络中，M 县在 20 世纪 90 年代前期大力支持和发展乡镇企业，支持或默许国营林场、社队、社员和一些部门打井开荒，增加绿洲面积，进入了一个"全民开荒"的历史过程。在这一进程中，20 世纪 90 年代后期，政府开始加大对打井开荒行为的惩罚力度，但效果并不显著。在 M 县的案例里，开荒打井是特定历史条件下政府加快经济发展的需要，而这一需要正好契合了农民快速增收的现实需要，二者的共振使这一历史进程迅速展开。

4.4 结构转型的耦合性治理阶段（2007～2019 年）

2007 年 12 月 7 日，《规划》经国务院批准启动实施，总投资 47.49 亿元。其中 2006～2009 年项目投资 31.04 亿元，2011～2020 年项目投资 16.45

亿元，投资以中央投资为主。与此同时，2006～2009 年，甘肃省政府将 M 县防沙治沙列入财政预算，每年列支 1000 万元支持 M 县生态治理，全县防沙治沙工作按规划有序推进。

M 县作为石羊河流域重点治理的下游地区，采取的主要措施是加快经济结构的调整和水权的管理以及水资源的合理配置。强化节水，对产业结构特别是农业结构进行调整，以此来大力压缩用水总量；同时，增加从外流域调水（专用输水渠道修建）的力度，2011～2020 年，景电二期延伸向 M 县调水，修建了东大河向 M 县蔡旗专用输水渠等。通过农业种植结构的调整来减少对地下水资源的索取，使地下水位逐年恢复；建设防护林网体系；通过用水计量设施建设大力推进节水型社会建设；发展设施农业和劳务经济以增加农民收入；对湖区 1.05 万人实施生态移民试点，对迁出区 5 万亩农田进行封育，以此来减轻环境压力，改善移民的生活、生产条件。

随着以上治理措施的实施，全县水资源利用进入集约化管理时期，其效果表现为地下水位在逐年回升。2011 年 6 月，《石羊河流域防沙治沙及生态恢复规划》批复实施，同年，国家生态功能区转移支付项目实施。2012 年启动实施了石羊河国家湿地公园建设项目，2013 年 M 县被确定为沙化土地封禁保护试点县，2017 年实施山水林田湖生态保护修复工程。2016 年，M 县人工造林保存面积达到 15.32 万公顷以上，森林覆盖率从 20 世纪 50 年代的 3% 提高到 17.91%[1]，有效遏制了生态环境恶化的发展态势。

我从 1987 年起就一直在林业上工作。大规模压沙就到了 2007 年、2008 年了。温家宝总理来我们县之后才正式把荒漠化治理提到国家议事日程上了。那时候我们提出了"国家有投入、科技作支撑、农民有收益"的治沙理念。群众参与到我们的压沙队伍里来，这样的话老百姓的收益也就有了。刚开始是青土湖的治理，持续了 6 年时间。青土湖那边的风沙线长 13 千米，12 万亩流沙，每年压沙是 4 万亩，我们一直压到 2010 年以后了。刚开始是好压的地方，现在就到了不好压的地方了。我们县的风沙线有 408 千米，这 408 千米的风沙线上有 5 个大的风沙口，青土湖是其中的 1 个，以前是流动沙丘，通过治理现在是固定沙丘（见图 4-7）。另一个是三角城风沙口，20 世纪 70 年代的时候我们成立了三角城机械林场，是县上唯一的一个国营林场，那 10

---

① 森林覆盖率（17.91%）为截至 2016 年底的统计数据。

多万亩的治理区域都是依托我们林场来做的①。（访谈对象：S 林业站站长，THX，男）

图 4-7　青土湖治理前后对比

资料来源：M 县档案馆。

老虎口是 M 县西线最大的风沙口之一，全长 37 千米，流沙面积 17 万亩。通过治理，完成造林 10 万亩，封沙育林草 2.4 万亩。

老虎口的治理是 2007～2008 年依托我们国家的防沙治沙项目来实施的（见图 4-8）。2010 年以后再往西走就是西大河区域，10 万亩流沙，完成造林是 9.9 万亩。再往后是龙王庙，也是 10 万亩。从前年开始，我们把重心移到甘蒙边界上了，这些地方对我们县实际上影响不大，我们可以不治理，因为风沙是往他们那边刮的。（访谈对象：SJC 治沙站站长，XXZ，男）

图 4-8　老虎口治理前后对比

资料来源：M 县档案馆。

①　2005 年之前国营三角城林场行政和业务受林业局和县政府双重领导，2005 年，业务受县政府和连古城自然保护局双重领导，通过封沙育林（草），有效地遏制了红沙梁、西渠等乡镇的风沙危害。

4.4.1　乡村经济发展调整与转型

4.4.1.1　大力优化调整农业种植结构

M 县农业产业结构单一，普遍存在结构性高耗水情况。"关井压田"政策的实施，使地下水资源开采得到控制，节余下的水资源用于生态恢复，这就必然会使农业灌溉用水量受到限制，应对办法只能是大力推进节水作物的种植和推广节水技术。围绕节水农业发展，大力倡导种草畜牧业和生态林业，压缩黑瓜子等高耗水经济作物的种植规模，推行蔬菜瓜果、茴香、向日葵、紫花苜蓿等低耗水作物种植，大力发展生态林业和经济林果业。这一农业结构的调整面临很多的困难，例如，投资的匮乏、技术水平低下等。

通过政府、社会、市场的共同努力，M 县的农业生产结构开始呈现逐步优化的态势。2019 年，农作物总种植面积 87.01 万亩（粮食作物：38.33 万亩，经济作物：43.3 万亩），粮经草比例为 44.05：46.05：9.90。蔬菜产量47.07 万吨，瓜类产量 32.44 万吨，水果产量 5.19 万吨。以牛羊养殖为主的畜牧业发展迅速。然而，区域生产和龙头企业的规模还是较小，产品质量和市场贸易的竞争能力需要进一步提高。

4.4.1.2　大力推进设施农牧业 + 特色林果业生产模式

2007 年，《M 县农业结构调整规划（2008—2010 年）》开始实施。在利用当地光热资源优势的基础上，发展以日光温室、养殖暖棚为主的高效节水设施农业及设施牧业，实现水资源高效利用；同时，以红枣为主要栽培品种，打造以红枣、酿酒葡萄、枸杞为主要品种的栽植模式，林业经济在农业结构中的比重开始逐步扩大。

至 2019 年，M 县设施农牧业面积累计达到 12.44 万亩，特色林果业面积累计达到 4.84 万亩，从生产规模到农产品的质量均呈现出较大的区域优势，打造了重兴红旗谷、苏武供港蔬菜等 8 个县级特色农业示范园和 21 个镇级示范点。SC 镇被农业农村部认定为"一村一品"示范镇，SW 现代农业产业园被列入粤港澳大湾区"菜篮子"生产基地。成立"两站一中心五所"和名优农产品电商中心，全县"三品一标"认证农畜产品累计达 67 个①。

---

① 资料来源：M 县统计局 2020 年发布的《M 县国民经济和社会发展统计资料汇编》。

4.4.1.3 乡村经济发展形势总体向好

在石羊河流域重点治理中，对当地产生重大影响的就是"关井压田"这一生态治理政策。该政策的实施，对当地农民的生产、生活等方面都产生了巨大的冲击和影响，尤其在实施的初期，也遭到了当地民众的抵制和不配合。随着政策实施的推进、调整和优化，政策绩效得以提高，当地居民开始主动配合。如前所述，种植结构的调整和优化，使农业生产的方式开始多样化和更加优化，低耗水农作物单方水所产生的高经济效益开始被群众所认识、接受，政府的极力推进和民众的主动配合保障了 M 县经济的快速发展。

2019 年，M 县生产总值为 72.02 亿元，其中，第一产业增加值为 32.2亿元。2007～2019 年生产总值增加了 2.71 倍，第一产业增加值提高了 2.88倍。该时期 M 县农业增加值呈现持续增长的趋势（见图 4 - 9），表明以上举措有效地促进了农业生产的发展，为乡村经济的发展提供了重要保障。

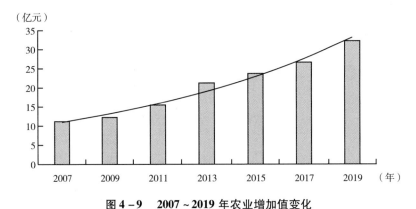

图 4 - 9　2007～2019 年农业增加值变化

资料来源：根据 M 县统计局历年《M 县国民经济和社会发展统计资料汇编》相关数据计算整理所得。

4.4.2　乡村社会发展与转型

4.4.2.1　农户生活水平逐步提高

2007～2019 年，M 县农村人均收入从 3869 元增长为 14414 元。居民家庭消费性支出不断增加（见表 4 - 2），农村生活消费更加注重医疗保健和教育文化需求。

表 4 - 2　　　　　　　　 **2007 ~ 2019 年农户人均消费情况**　　　　　　　单位：元

项目	2007 年	2009 年	2011 年	2013 年	2015 年	2017 年	2019 年
合计	5463	7388	5105	6232.9	9506.39	11403.88	13216.01
食品烟酒	1979	2469	1901	1978.5	3034.01	3675.08	4213.34
衣着	695	954	395	404.9	497.90	587.15	690.12
居住	583	742	727	710.6	969.22	1253.26	1443.72
生活用品及服务	438	472	201	229.6	509.03	567.26	672.08
交通通信	307	760	644	1261	1805.83	2046.46	2376.43
教育文化娱乐	360	884	658	958.7	1547.36	1871.51	2307.10
医疗保健	721	628	426	591.4	818	1031.15	1097.23
其他用品和服务	380	479	152	98.2	325.04	372.01	416.01

资料来源：根据 M 县统计局历年《M 县国民经济和社会发展统计资料汇编》相关数据计算整理所得。

4.4.2.2　扶贫开发推动了湖区社会发展

21 世纪初期开始，M 县经济社会分化加速。同时，当地生态环境快速恶化，靠近沙漠边缘区域村民的生计受到了严重的冲击，在无基本生存条件的情况下只能背井离乡"外逃"。2002 年，湖区 6 乡镇共 92 个村，贫困人口53259 人，贫困人口比重达 66%。M 县在"先劳务、后移民"的生态移民思路指引下，组织和引导湖区农民搬迁和劳务输出。这些举措在一定程度上缓解了当地居民的生存困境问题，尤其是 2015 年以来在国家"精准扶贫"政策的促动下，当地人均收入逐年提高。2019 年投入财政专项扶贫资金 9765万元，剩余的 109 户、376 人全部达到贫困户退出标准，全面完成了减贫任务。

4.4.2.3　乡村空心化与社会关系网络的断裂

2007 ~ 2019 年，M 县农村人口减少 91100 人，其中仅 2007 年就有 8166人完成生态移民，劳动力输出 8.25 万人次[①]，农村人口数量总体减少。值得注意的是，湖区主要人口的急剧减少，导致湖区、沙漠边缘村严重空心化。留守当地的村民大多在 50 岁以上，当地乡政府的一名干部说："我们连一个符合年龄要求的村支书都找不出来！"由于大部分人口的外流，许多房屋空

---

① 《2007 年 M 县国民经济和社会发展统计资料汇编》。

置，土地闲置的情况较为突出，具备耕种条件的土地许多交由他们的亲戚或者其他人耕种或者承包给外地人。

这些区域的空心化和青壮年劳动力的不断外迁，不仅导致了空间分化，也导致了原本维系当地社会的以地缘和血缘为纽带的社会关系网络的断裂。20 世纪末期开始，以人情关系为主的社会关系逐步转向以经济利益为主导，但这一时期社会关系网络的联结度还存在，这一关系网络在当地村民共享频繁发生的风沙灾害、提高生计风险认知、应对灾害方面仍然发挥着重要的作用。2010 年以来，随着这些区域人口的进一步减少，这一关系网络逐步弱化甚至直接断裂。

4.5　小结：荒漠化治理在时空限制下的社会性建构及其动态演化

本章对 1950～2019 年，M 县荒漠化治理的四个阶段进行了总体阐述，并对各个历史阶段治理过程中的政治、经济、社会等因素进行了分析。

中华人民共和国成立以后，国家建立了对社会进行深入动员和全面控制的总体性社会，M 县在政治、经济和社会生活等方面与内地走向一体化。1950～1977 年，M 县农业生产和荒漠化治理方面取得的成效是在总体性社会体制下运动式开发与治理的结果，同时，这一机制也造成了荒漠化的扩展和加剧。

在 1978～1992 年这一历史阶段，农村家庭联产承包责任制的推行，使得农村的土地产权结构发生了重大变化，农民个体家庭得到了土地尤其是耕地的部分使用权和独立经营权。产权结构的变迁在较大程度上促进了农业生产效率的提高，M 县经济发展形式逐步多元化。然而，土地承包责任制并没有对附着于土地或与土地紧密相连的水权问题进行明确界定和说明，而集体制的瓦解，无形中又使参与用水的集团规模扩大，这一切必然增加了保护像水资源这样的流动性（common pool resource）的难度（奥斯特罗姆，2000）。家庭承包制既改变了土地的产权结构，同时也改变了组织的功能结构。经营主体的改变，一方面改变了与耕地密切相关的水权结构；另一方面也在一定程度上改变了人们的用水行为的结构。以往的集体用水最大化行为分散为个体家庭的用水最大化行为，因此，适应调节和控制集体用水最大化行为的机制对个体家庭可能就缺乏有效的约束功能，人们对流经本地的河流或责任田底下的地下水，几乎可以随意抽取。尽管政府也曾出台了一些关于用水的审批和缴费规定，但由于监督和管理机制的不配套，仍不能有效抑制对河水以及地下水的堵截和过度抽取现象。同时，这一历史阶段，中国社会结构转型进入快速发展阶段，随着文化观念和社会关系的变革、社会控制能力的弱化、经济发展意识的强化，人们开始追求高耗水经济作物种植所带来的高效益，从而呈现出荒漠化治理在发展和停滞中运行的两种状态和民办国助、群众投劳、任务分担的治理模式。

在 1993~2006 年这一历史阶段，随着市场经济体制建立的推进，M 县经济增长进入粗放式发展阶段。市场化改革强化了对"物欲"的追求，M 县乡村社会进入快速发展和分化阶段。这一历史时期，社会生活和关系网络进入加速转型期，社会利益分化加速进行，加之在"压力型体制"的加持和分税制的作用下，本来引导地方政府行为的公权力逻辑被市场的逻辑所取代，经济增长成为 M 县的主旋律，荒漠化治理在"开荒"与"禁开荒"的博弈中曲折进行。

在 2007~2019 年这一历史阶段，在《规划》的规制下，M 县开始大力进行水权控制和水资源保护以及农业种植结构调整，同时，制订和实施激励各类市场和社会主体参与到荒漠化治理中来的各项制度和政策，政府、市场和社会三者的角色定位和权力结构都发生了明显的变化，三者的良性耦合促进了 M 县荒漠化治理绩效的显著提升。

第5章　荒漠化治理理念的变化

面对共同的环境挑战，人类与自然和谐共存的观念总是人们在遭遇环境困难时产生的一种反思。

——［美］马立博：《中国环境史：从史前到现代》（2015）

在今日，一切有价值的思想都应当是生态的。

——［美］刘易斯·芒福德：《权力的五边形》（1970）

环境治理理念是人们如何对待自然，如何看待人与自然的关系，如何看待经济发展和环境保护的关系，如何开展生态文明建设的指南。中华人民共和国成立至今，社会的发展伴随着社会治理方式的重构（曹永森，2014），M县环境治理理念在实践中逐步变化和深入。生态环境治理理念和实践的变迁是推动生态环境治理的内生动力。治理实践的不断创新推动治理理念的持续演化和转变，同时，作为环境治理的精神源泉，新理念又可以指导环境治理的深入实践。我国的环境治理在实践中逐步从末端治理向源头预防及过程控制、政府管理向全民共治的理念转变（聂国良和张成福，2020）；从"重经济增长、轻环境保护、环保落后于经济发展"到"创新、协调、绿色、开放、共享"的理念转变，进入了"复合型环境治理的新阶段"（洪大用，2016）。

生态环境治理的演变是理念与实践间互构的结果，本章对M县70年来荒漠化治理理念的变迁过程进行梳理和分析。

5.1　征服沙漠、向沙漠要粮、做大自然的主人（1950~1977年）

这一历史时期，总体而言都接受一种人类与自然相分离的现代主义倾向，认为来自自然的资源都应当被用于支持人类和人类社会，人应该支配和控制自然（马立博，2015）。相信自然和人类社会一样具有"无限的可塑性"，认为运动起来的大众可以自己学习和掌握科学，自然也是如此。马立博认为，马克思主义、西方科学和毛泽东思想共同催生了这种建立在以人类为中心的科学掌控自然的现代主义必胜信念[①]。

在《甘肃省 M 县坚持造林治沙十七年情况汇报》[②]中这样总结：中华人民共和国成立后，我们根据主席提出的植树造林，绿化祖国的号召，提出要在风沙沿线大力栽植防风固沙林，改造大自然，根治风沙。这个号召一提出，许多认识不清的群众说："沙能治住就是个好事，就是治不着"。许多被风沙欺负丧失信心的人说："沙是黄龙，越治越穷"，把沙子看成是"神物"。县委针对这种思想，一面在全县干部群众中展开了"当大自然的主人，还是奴隶？"、是"逃跑"还是"斗争"的讨论，一面又依靠广大贫农、下中农中的积极分子，在沙漠沿线进行造林试点，广树样板，使广大群众看到了植树造林、封沙育草、埋压沙丘的成效，打破了封建迷信思想，鼓舞了战胜风沙的信心。

1951 年，M 县提出了"植树造林，防治风沙"的战斗号召，开始了向风沙进军的战斗。1951 年冬天，在造林积极分子、元台村村长、后来成为林业劳动模范的马继尧带领下，依靠群众自己的力量，首先起来和风沙展开斗争。马继尧接受乡党支部交给的任务，挨家逐户串联群众，在元台庙上召开了群众大会，动员大家组织起来，用黏土埋压横亘在村庄西边危害农田的两座杨家沙窝。那时还是一家一户的自耕农，受风沙危害严重的人家听了，拍手叫好，踊跃报名参加，受害较轻的人家，抱着随大流、试试看的消极态度，还有个别人说：

先辈人比不上你们，多少辈人，都没有治住沙，多少庄田都被压没了，你们能把沙埋住？数九寒天，大地封冻，沙丘根底的黏土铲不动。马继尧带领大家用柴火熏，做头剐，硬是剥开冻土层，掏出黏土，大人担，小孩抬，一筐一筐地运上沙丘，一块一块地进行埋压。虽是寒风凛冽的冬天，但治沙工地上人

---

① 马立博. 中国环境史：从史前到现代［M］. 关永强，高丽洁，译. 北京：中国人民大学出版社，2015：356－360.

② 《依靠毛泽东思想，向风沙进行斗争——甘肃省 M 县坚持造林治沙十七年情况汇报》（1966年 10 月 11 日）。

们汗流浃背，干得热火朝天。（访谈对象：X 镇 ZX 村村民，LWQ，男）

在 1958 年 11 月 14 日发布的《M 县治沙规划草案》[①] 中总结了 1949 年以来 9 年治理风沙中取得的成绩和经验，并对未来实现规划的有利条件进行了分析：

第一，全党全民经过了整风运动以后，共产主义觉悟空前提高了，到处都在鼓足干劲，多快好省地进行社会主义建设，特别是全县已实现了人民公社化，打破了乡界、社界，大规模地开展了共产主义的协作运动。因此，今后的治沙造林工作定会在今年"大跃进"的基础上获得更大的跃进；第二，今年获得了空前的大丰收，人民公社积累已有很大增长，可以用较前更大的力量去改造沙漠；第三，几年来的植树造林和防风固沙工作已经创造了许多成功的经验，树立起了不少典型旗帜，培养了大批的技术力量、示范群众，推广全面、采取大兵团作战的方法，一个战役接一个战役地干下去，这样治沙工作的成绩就会一浪高于一浪，一峰高于一峰。1959 年计划组织 10 个战役，共需时间 70~90 天。

第一个战役：从今年 12 月上旬起组织 10 万群众，以 5 天的时间采集沙蒿等草籽和树种籽 300 万斤（每人每天 6 斤）；

第二个战役：1959 年元月组织 5 万群众，用 5 天的时间采集蒿籽 150 万斤（每人每天 6 斤）；

第三个战役：1959 年 3 月中旬组织 10 万群众，以 20 天的时间造林 100 万亩（每人每天 0.5 亩）；

第四个战役：1959 年 4 月以人工直播草籽为主，配合机械畜力，动员 5 万群众以 10 天的时间，在流动沙丘或半固定沙丘附近沙湾地，播种黄蒿等草木种子 200 万亩（每人每天带畜力直播 5 亩）；

第五个战役：1959 年 4~5 月组织 2 万人，以 3 天的时间采集杨树种子 6 万斤（每人每天采带絮种子 1 斤）；

第六个战役：1959 年 6 月动员 5 万群众，以 4 天时间开展雨季直播和植树造林 20 万亩（每人每天 1 亩）；

第七个战役：6~7 月仍以人工播种为主，配合飞机、畜力以 6 天时间动员 3 万群众，播种黄蒿等草籽 100 万亩，消灭流沙；

---

① 《M 县治沙规划草案》，1958。

第八个战役：8~9 月动员 5 万群众，以 3 天时间采集沙枣、杏、毛条等林木种子 75 万斤（每人每天 5 斤）；

第九个战役：10 月开展秋季造林运动，动员 10 万群众以 15 天时间造林 90 万亩（每人每天 0.6 亩）；

第十个战役：11 月开展采集黄蒿等草籽运动，动员 8 万群众以 10 天时间采种 640 万斤（每人每天采集 8 斤）。

《M 县治沙规划草案》提出，1959 年消灭流沙总共需工 584 万个，动员 12 万人每人每天出工 0.14 个，不会影响农业生产和其他生产，广大群众形成一股不可阻挡地吞没沙漠的洪流，预期 2 年后，M 县将变为"万里黄沙变绿海，草原森林望无边，沙湾平地变良田，五谷丰收胜张掖，牛羊成群猪满圈，村前村后花果园，沙漠变成米粮川，塞上江南仿江南"的幸福乐园。《M 县治沙规划草案》认为，征服沙漠，改良沙漠，这是前人所不敢想象的伟大事业，必须以共产主义的革命气魄，在尽可能短的时间完成这项历史任务。因此，从现在开始就抓紧有关组织工作和动员工作，充分发动群众，加强协作，做好各项准备，等到适当季节，号令一下，全党全民动员，全力突击，直捣黄龙，争取 1959 年在治沙工作上创造史无前例的奇迹，来迎接伟大祖国的 10 周年。

群众运动是具有较大规模和声势的革命、生产等活动，是政治参与、政治革命和政治统治的合一，具有集体性与广泛性、运动性与无序性、猛烈性与暴力性、主体性与动员性的特征。在我国社会主义建设时期，群众运动表现出以下特点：发生频率高、规模和声势大、社会影响范围广（唐经纬和李宁，2011）。

这一阶段，M 县荒漠化治理呈现出运动式治理特征，体现了中华人民共和国成立初期国家治理的重要特征，即国家运动式治理（冯仕政，2011）。计划经济体制下可以集中调动全社会资源的特点，为实现运动式治理提供了经济制度基础。环境治理作为国家治理的内容之一呈现出以下典型特征：对社会的全面控制、主体意识和反思精神薄弱、行为易被感染和屈从一致（董海军和郭岩升，2017）（见图 5 – 1、图 5 – 2）。

图 5 - 1　贫下中农忆苦思甜，决心战胜风沙灾害

资料来源：M 县档案馆。

图 5 - 2　在沙丘上设筑黏土方格沙障，栽植梭梭灌木林

资料来源：M 县档案馆。1955 年 M 县治沙站从新疆准格尔地区引进梭梭种子，在沙丘上试种成功，一直沿用至今。

作为一种非常态治理手段，国家运动式治理具有双重影响。虽然可实现短期内的治理高效，但也造成资源的集中性、规模性破坏。如在"大跃进""以钢为纲""以粮为纲""向自然开战"政策和理念的促动下，毁林开荒、人造平原、盲目建设诸现象严重发展[①]。赶超现代化的狂热追求导致对环境治理的严重忽视，治理工作出现停滞甚至倒退。中华人民共和国成立初期建立的"革命教化政体"（冯仕政，2011）对生态环境造成集中性、规模性破坏。

M县"以粮为纲"政策从20世纪50年代一直持续至20世纪80年代初期。这一政策主要采取两种措施：一为垦荒；二为农田水利建设。其中，M县域1956年在昌宁开荒造田达10万亩，1958～1959年勤锋农场等3个国营农场的建设使县域耕地面积扩展为102.8万亩，耕地扩展就是为了发展粮食生产，大力建设商品粮生产基地[②]。当地政府大力支持乡政府和村集体开荒种地，从笔者所收集的资料来看，当地最早的一份批复开荒文件是1965年5月3日下发的。内容如下：

M县人民委员会关于集体开荒报告的批复[③]

收成人民公社管委会：

四月十九日你社［关于报批集体开荒的报告］收悉。经研究，为弥补土地不足，同意宙和大队第三生产队集体开荒十五亩。

此复

一九六五年五月三日

为实现粮食生产的"大跃进"，M县于1958年开始建设红崖山水库和跃进总干渠，此后陆续建成各种干渠、支渠、斗渠，为绿洲的扩张提供了用水保障，但这一时期流域中上游也在进行的大规模开垦使得流入M县域的水资源总量快速下降（黄珊等，2014），如图5-3所示。

农业用水的极度匮乏，逼迫M县从1965年开始大量攫取地下水来实现粮食总产量不断增加的目标，但这些举措给生态环境的恶化埋下了隐患（黄珊等，2014）。

[①] 《中国环境年鉴》（1990）。

[②] 《M县县志》，1994。

[③] M县人民委员会1965年发布的《M县人民委员会关于集体开荒报告的批复》。

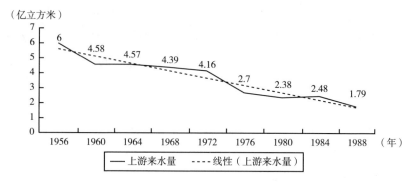

图 5 – 3   1956~1988 年上游来水量

资料来源：根据 M 县统计局历年《M 县国民经济和社会发展统计资料汇编》相关数据计算所得。

在 M 县政府的一份会议纪要上，记录了 M 县面对水资源极度短缺危机该怎么办的会议讨论：

第一，按现有水资源因水种植安排生产，保持水土平衡。适当压缩面积，有条件的少种一些，节约用水，走少种高产的道路，这方面我们还是有潜力可挖，但如果消极地按水种地，首先必须把播种面积在现有基础上压缩一半，人均只能播种 1.5 亩耕地，显然不能维持最低水平的生活，要想大幅度提高单产，必须随着科学技术水平的逐步提高，但这要有一定过程，更大的问题是土壤含盐成分已经增高，这样大幅度压缩面积，限制地下水的提取利用，实在难以实现。正如有些基层干部和社员群众说的："地下水再深，只要有办法抽出来，我们就要用，不能坐着等死，哪一天抽完再说。"

第二，对于我们这个矿产资源贫乏、工业基础非常薄弱、交通运输不便、经济收入主要靠种植业的县来说，一旦种植面积大量减少，社员生活的经济来源将无基本保证。

第三，如果不想办法提取地下水，全县将有 55.7 万亩耕地弃耕，土地无植被覆盖，地面裸露，长期风蚀，势必造成绿洲内部就地起沙，保证灌溉继续播种的 36.6 万亩耕地也会直接受到沙害。我县所处的地理位置和自然条件决定了林业生产只能是营造防风固沙的灌木为主。"四旁"栽植的杨树、沙枣等乔木，也只能解决部分民用小径木材。全县现有的 61 万亩人工林，年收入仅有 43 万元左右，人均不到 2 元，而且在目前的水利条件下，已经很难保存。因此，靠发展林木的经济收入是不能解决群众生活的。

对于水资源的认识，其实当地早在 1969 年就开始讨论。当时对水资源问题的看法、说法不一，现归结如下：

全县仅有一条石羊河，M县居下游。石羊河流到M县的年流量，还不到这个县农田灌溉需水量的一半。由于缺水，全县粮食产量长期处于低产状态，正常年景亩产只有一二百斤。因此，要改变M县的面貌，就要解决缺水的问题，这是比较一致的看法。但是能不能解决水的问题，怎样解决水的问题，看法就不一致了。有的认为：M县反正是地多水少，矛盾无法解决；有的认为上游两个县地少水多，河水要平摊，要把水从上游争过来；有人主张有多少水，种多少地。

主要领导成员认为："和上游争水"及"有多少水，种多少地"的主张都是错误的，但应该怎样正确解决缺水问题呢？当时县革委会主任叶××、副主任金××分别下乡调查。在调查中了解到，M县沙多、土松，地势低，祁连山上融化的雪水渗入了M县的地下，再加上M县在古代是个沼泽地，因此这里有丰富的地下水。M县人民有没有打井利用地下水的先例呢？他们深入石羊河的最下游腾格里沙漠前沿的东镇公社东风大队调研。这个大队的党支部，从1965年开始，以大寨为榜样，自力更生打井浇地，一年就改变了吃供应粮的历史，两年实现了每人2亩水浇地，平均每人有粮1000斤，三年实现10人1个涝池井，使全大队4200多亩地全部得到灌溉，粮食产量逐年提高，对国家的贡献越来越大。他们在调查中还了解到，像东风大队这样打井解决缺水问题的大队、生产队，还有一批。

他们把调查的结果带到县革委会上讨论。一致决定：下决心发动群众，自力更生，打井抗旱。提出了苦战三年，实现全县井灌化的战斗任务。于是，M县人民同大自然斗争，向地下水进军的战斗打响了。

在大力开发利用地下水的过程中，M县领导班子从一些社队的实践中认识到：是单纯依赖国家，还是坚持自力更生，是只靠少数专业人员冷冷清清地打井，还是大搞群众运动，这是关系能不能多快好省地发展水利事业的大问题。县领导班子在解决打井工具和提水机具的问题上，贯彻了"自力更生"的方针。在县领导班子的发动下，一个自办、自造、自修打井工具和提水机具的热潮在全县迅速形成。通过打井引用地下水，保证了全县粮食产量的逐年增长[①]。

总而言之，以发展理念为基础的环保理念是这一历史阶段生态环境治理

① M县水利写新篇［N］. 人民日报，1971-12-07.

的显著特征。具有以下特点：一是环境保护来自具体社会现实，打上了"集中力量发展社会生产力"的烙印；二是生态环境治理理念的指导作用较弱，生态环境治理理念尚处于起步阶段，环境保护处于"边治理、边破坏"的困境中；三是在特定制度的规训下，环境治理理念呈现出运动式治理的性质。

5.2 行政命令式治理实践中的环境保护意识（1978～1992 年）

20 世纪 70～90 年代初期，我国生态环境保护工作出现了历史性转变。在此期间，我国生态环境保护工作逐步开始向系统化、制度化、法治化轨道迈进探索。改革开放在促进生产力快速发展的同时，生态环境持续恶化，如何处理好经济发展与环境保护的关系，推进生态环境保护治理实践，在中国环境保护史上具有重要的创新意义。

这一时期，在国家层面，对于环境保护认知有两个重大的转变。一是重视环境污染问题，把环境保护确立为一项基本国策；二是认为环境保护的根本目标是保障人民利益。1981 年国务院《关于在国民经济调整时期加强环境保护工作的决定》中提出，生态环境问题是国民经济发展中的一个突出问题，必须充分认识到环境保护是全国人民的根本利益所在（国务院，1981）[1]。地方层面，M 县颁发《中共 M 县委、M 县革委会关于认真贯彻中共中央、国务院"关于大力开展植树造林的指示"的通知》，1981 年颁发了《中共 M 县委、M 县人民政府关于保护林木、天然植被和发展林业生产的决定》、1984年颁发了《关于转发〈关于进一步放宽和落实林业政策的意见〉和〈关于保护林木植被奖罚的具体规定〉的通知》，开始重视生态环境的保护和治理工作。

这一时期，尽管国家将生态环境保护确立为一项基本国策，但外部阻力仍然影响着环境保护的进程，这体现在：

首先，社会普遍重视经济发展的意识与环境保护的实践之间存在矛盾。地方政府环境意识水平较低，难以实质性推动环保制度的实施。其次，还没

---

① 关于在国民经济调整时期加强环境保护工作的决定 [EB/OL]. [1981 - 02 - 24]. http：//www. reformdata. org/1981/0224/16843. shtml.

有消除对运动式治理的依赖，就环境政策和治理实践而言，政府主导下的行政推进是此阶段环境保护和治理的最重要手段，也是其缺陷。

　　1978 年以来改革开放的伟大转折推动了我国资源合理利用及环保事业在内的各项事业的快速发展（王海芹和高世楫，2016）。M 县粮食总产量由 1978 年的 20841 万斤增加到 1992 年的 26508 万斤，是 1978 年产量的 1.27 倍（见图 5 - 4）。

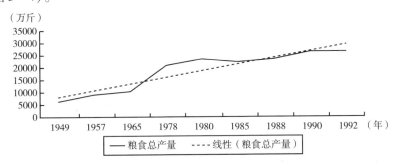

图 5 - 4　1949 ~ 1992 年粮食总产量

资料来源：根据 M 县统计局历年《M 县国民经济和社会发展统计资料汇编》相关数据整理所得。

　　农民人均纯收入从 1978 年的 105 元增加到 1992 年的 551 元（见图 5 - 5）；人口从 1978 年的 239213 人增长到 1992 年的 270039 人（见图 5 - 6）；上游来水量从 1956 年的 6 亿立方米减少到 1988 年的 1.79 亿立方米。在人口增加、上游来水量急剧减少、治理资金短缺、农民现实生产生活陷入困境的情况下，M 县民众的现实选择就是抽取更多的地下水资源来积累个人财富。对于地方政府来说，由于"锦标赛"机制的存在（周黎安，2007），经济发展是地方

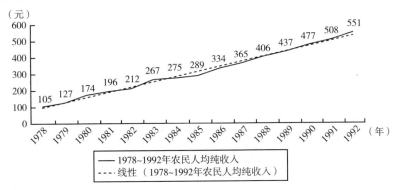

图 5 - 5　1978 ~ 1992 年农民人均纯收入

资料来源：根据 M 县统计局历年《M 县国民经济和社会发展统计资料汇编》相关数据整理所得。

官员关注的焦点。因此，地方政府很难抵挡攫取地下水资源来促进经济持续增长的诱惑，M 县走上了一条超采地下水开荒种植比较收益更高的各类经济作物的道路。

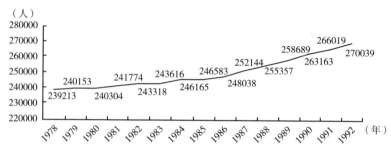

图 5-6　1978~1992 年全县人口增长情况

资料来源：根据 M 县统计局历年《M 县国民经济和社会发展统计资料汇编》相关数据整理所得。

从全国来看，1978~1992 年这一阶段经济增速虽年均接近 10%，但经济基础仍然薄弱，全社会发展经济、脱贫的压力较大，尤其对 M 县这样的地区来说，地方政府的主要任务是如何促进经济持续不断增长，生态环境状况喜忧参半。自然资源的生态保护与修复并未得到各类行动主体的高度重视。这一阶段，环境治理政策目标的实现主要依赖命令—控制型政策工具的规制，基于市场机制的资源环境经济政策工具刚刚起步，20 世纪 80 年代，我国环境法规中有关命令控制型工具的占比为 89%，基于市场的政策工具占比仅为 11%，基于相互沟通的政策工具为零（赵细康，2006）。可见，命令控制是这一阶段我国采用的主要政策手段。比如，通过制订植树造林等目标、下达指标任务等方式实现国家目标（王海芹和高世楫，2016）。这一时期的林业资源管理实施了林木采伐许可证和年森林采伐限额制度，而治沙工程主要依赖三北防护林体系建设一期工程（1978~1985 年）和二期工程（1986~1995 年）。由于治理范围大而投资力度小，有限的治理资金"撒了胡椒面"，治理成效不彰。

5.3　"压缩型现代化"：逐利与治理的角逐（1993~2006 年）

1992 年，联合国环境与开发会议提出"可持续发展"概念，自然资源的有偿需求和稀缺性是这一概念的核心。我国政府也编制了《中国 21 世纪人

口、资源、环境与发展白皮书》，首次将可持续发展战略纳入经济社会发展
的长远规划。1997 年党的十五大把可持续发展战略确定为我国"现代化建设
中必须实施"的战略。在生态环境保护领域，治理理念、治理能力、治理体
系也在逐步提升与完善。这体现在第四次全国环境保护会议提出了"保护环
境就是保护生产力""环境是重要的发展资源，良好环境本身是稀缺资源"
的理念。① 与此同时，明确提升了环境保护在社会经济发展中的地位。第六
次全国环境保护大会指出："要从重经济增长轻环境保护转变为二者并重，
环境保护滞后于经济发展转变为与发展同步"。② 此外，提出了"坚持以人为
本，树立全面协调可持续的发展观"（杨信礼，2007），确立了生态环境保护
是国家宏观调控的一项基本职能，是加快推进社会主义现代化建设的重要举
措的理念。

　　虽然可持续发展已成为这一时期指导和约束地方经济社会发展的国家理
念，但在地方的实践中却始终存在着二重角色的冲突，即"治理者"角色和
"逐利者"角色之间的博弈。总体来看，治理主体的行为有两个主要目的：
一是争取经济利益；二是获得荣誉和尊重。虽然参与荒漠化防治在维护地方
利益中可以实现个人利益，但"以利益为导向"的逐利身份会更加看重个人
利益，并具有强烈的孤立倾向，这阻碍了荒漠化治理方面的合作。"治理"
身份强调多主体间的合作，具有内聚性，富含合作的基因，此两种身份叠加
在行动者身上，容易造成行为的混乱。如果不加干预，行动者选择"逐利"
身份的概率就较大。

　　治理需求紧迫性的差异直接关系到荒漠化治理合作的进程。以下对 M 县
荒漠化治理中"政府"和"民众"这两类行动者的两种角色和治理理念进行
分析。

　　1997 年 1 月 6 日《关于印发 M 县"九五"林业发展规划的通知》③ 中总
结了 M 县林业建设方面存在的问题，从中可以窥见当时林业发展的状况：

　　一是沙患严重，治理管护量大面广。绿洲外围尚待急需治理的流沙面积
达 15 万亩，大小风沙口 69 个，现有的 200 多万亩红柳、白茨等天然灌木植

---

① 中国政府网. 第四次全国环境保护会议［EB/OL］.［2018－07－13］. https：//www. mee. gov. cn/
zjhb/lsj/lsj_zyhy/201807/t20180713_446640. shtml.

② 中国政府网. 第六次全国环境保护大会［EB/OL］.［2018－07－13］. https：//www. mee. gov. cn/
zjhb/lsj/lsj_zyhy/201807/t20180713_446642. shtml.

③ M 县人民政府 1997 年发布的《关于印发 M 县"九五"林业发展规划的通知》。

被需强化封育管理。

二是超采地下水，致使现有林木植被资源大面积凋萎、枯梢、死亡、沙化的危机潜在。

三是林业建设资金严重不足且投入机制不健全。造林难、成活难、保存难、成林更难，造林成本越来越大，而国家的造林投入一减再减（见表5-1），M县林业建设资金的快速增长是从2002年开始的，这主要是2002年开始实施退耕还林工程，农民用于林业的投入极少，严重制约了林业的发展。

表 5-1 　　　　　　　　　1986～2005 年国家对 M 县林业投资

年份	投资 （万元）	年份	投资 （万元）	年份	投资 （万元）	年份	投资 （万元）
1986	35.82	1991	16.08	1996	27.09	2001	118.6
1987	30.08	1992	55.12	1997	92.55	2002	1356
1988	26.28	1993	36.98	1998	57.4	2003	1884
1989	25.73	1994	88.42	1999	144.69	2004	1755.2
1990	28.44	1995	45.04	2000	148.9	2005	2542.08

资料来源：M县地方志编纂委员会. M县县志（1986—2005）[M]. 北京：方志出版社，2015.

四是重经济、轻生态、顾眼前、弃长远、林木植被的管理差、乱砍滥伐林网树木、毁林毁植被开荒现象在部分区域、一个时期比较突出。

那时候，有闲余劳力的人家都在大面积地开荒，政府也不会管制。我们村的开荒者不仅在村子这边开荒，还会去较远的荒地开荒，大家都是一个生产队一个生产队地过去，有规划地开垦荒地，这些开荒者不仅是最大的受益者，开荒后也是最大的受害者。开荒把风沙放开，很多植被都被破坏掉了，大多数原来栽下的树木被砍伐，草地也被破坏了，那时候 M 县的生态环境是最糟糕的时候。1998 年以后，虽然开荒者仍然有，但是相较以前规模变得小了，大家也不再那样大张旗鼓地开荒了，政府也开始管制开荒的事儿了。（访谈对象：DT 镇 C 村村民，原该村小学教师，LL，女）

从 20 世纪 90 年代初期开始，M 县开始尝试以个人承包的方式来治理沙漠。

1992 年开始，我就在南湖那边的公路沿线开始压沙了，那时候没有签订正式的承包合同，就是个人承包的形式。正式的承包合同是 2007 年开始的，到 2010 年县上承包压沙就要求成立公司，必须要有资质才可以。2007 年石羊河流域重点治理工程实施以后，县上规模化的招标承包治沙就开始了，每年全县压沙有几万亩呢。刚开始时压沙的老板不多，大概有30多个老板。当时我的侄子在林业局当领导，他就说你在家里弄啥也弄不成，就来我们林业上压沙吧，我就来压沙了。别人没有压沙任务的时候，我每年都有呢！我家就在沙窝边上，压沙也方便，沙压住以后还得保护，防止骆驼、牛、羊进去破坏，林业局给我们打电话，我们就去赶走那些牲口，我离得近，管护林木和组织老百姓也方便；林业局也需要靠得住、用得上的人来做这些事情，就是上面来个领导开现场会，我们组织人员也方便能把场子给捧起来。那时候收入不行，压沙的人给他们每人1天2~5元就可以，这比种地能好些。现在1天得200元左右了。青土湖这边的民左路走的人多，当时修的是砂石路，时间一长就被沙子压住了，车就没办法通行，只能是骆驼和牛、人走，后面M县开了化工厂，要拉原料硝，当时政府就组织开始治理青土湖了，那时候我们还没有"生态"这个概念，我们压沙主要是为了保护交通，治理风沙口（见图5-7）。

图5-7　风沙口压沙将沙漠分割以保护道路

资料来源：M县档案馆。

那时候没有大型车辆，草得人背，压的速度就慢，我从1988~2007年一直在青土湖那边压沙。那时候压沙的人挺多，可是压的面积就相比现在少得多。当时乡上把老百姓治沙的钱收上，承包给我，我来雇人压沙，那时候1亩地的治理成本是200元，那时候的人工也低，当时买麦草也便宜，老百姓谁家都有麦草呢，后面1亩地的治理成本就达到800~1000元了。

我那时候在村上开拖拉机，1982年开始就搞个体经营了。现在青土湖这边治理完了，主要在龙王庙、苏武大景区等区域。现在是我儿子压沙，我不压了，腿疼得不行。自己如果好好操心的话，承包治沙是没有什么风险的，自己也不操心的人就可能会赔本，但是这样的是极少数。我们的拨款是在我们施工完了以后拨付一部分治沙款，30%，到春天头水浇完了，梭梭种上，验收完了，再给你拨付30%，后面就慢慢再拨付，款是按你的进度、时间段给你拨付的，基本上能拿到90％，还有10％是县上自筹的，这部分就说不上了，所以这就得和林业局沟通、协调好关系。M县还是财政能力弱，对我们也没有其他什么政策。

我干了这么多年的治沙，从我个人的角度来说我是愿意干这项工作的，从家乡的角度来说，治沙也是为家乡做一点贡献吧！从经济收入来说的话，能过一个温饱的生活。地方财政能力弱，从农民处收钱现在是不可能的，只能是期望国家有专项资金的支持，没有项目的话只能是依托现在的三北防护林工程、防沙治沙项目来做，我们县还存在一个大面积修复退化林的问题，20年前栽下的树退化严重，修复的任务是巨大的，治沙这个工程是特别艰苦的，不是一代人、两代人能解决的，这将是一个漫长的过程。（访谈对象：治沙企业负责人，WKY，男）

20世纪80～90年代，治理资金不足始终是摆在M县人民面前的一道难题，从前文所述可知"三北"防护林资金对于M县极度恶化的生态状况只是杯水车薪，县政府只能通过以下渠道筹措建设资金：

（1）县乡财政每年根据财政收入情况从中提取一定比例的林业发展基金用于林业建设。

（2）按县政府"新垦荒地30％的面积必须用于造林并征收苗木押金"的规定，坝区25元/亩，湖区15元/亩。

（3）按《中华人民共和国森林法》《中华人民共和国土地管理法》规定，从开垦地（含乔木林地、疏林地、灌木林地、林业设施用地等）中征收林木植被恢复费，批准开垦的每亩征收50～150元；未经批准，乱开滥垦的按批准标准的1～3倍征收。

（4）未完成义务植树任务的单位与个人，每人每年征收50元义务植树绿化费。

（5）分区域乡镇每人每年自筹5～10元，总计每年征收130万～260万元。

我1987年参加工作开始就在青土湖这边治沙，那时候压沙都是人背上麦草去沙窝里压沙，那时候压沙的规模小，为啥呢？因为很多地方没有可以走的路，麦草车运不进去。那时候也没有什么机械，也就是拖车把麦草拖到公路边，人背上麦草上沙窝。刚开始我们压沙采用的是行列式，后面是双眉式的压沙模式，这样压得快。个别地方用的压沙机，可还得人工先把麦草铺上，机器走过就能把麦草压到沙里面。当时是为了保住通往青土湖的那条公路，让物流畅通，县里投资来压沙，我们林业局负责来做这项工作，当时也没有什么规划和设计，也没有预算这些，也没有什么成型的经验可以借鉴。（访谈对象：SJC 治沙站站长，XXZ，男）

2000 年之后，老百姓的麦草越来越少，就用稻草来代替。20 世纪 60～70 年代那时候用的是黏土，80 年代初期那一阶段都是老百姓自发压沙，当然也靠政府动员。压沙主要是老百姓为了自己的生存、生产、生计，只有把农田附近的沙压住才能保护住自己的农作物。那时候的治沙的方式就是县上把任务分到乡上，乡上再把任务分配到村上，村上把老百姓发动起来，尤其是受风沙危害最严重的村子的老百姓，村里把任务分解到社里去。那时候安排压沙，大家就一起去压沙，那时候是大集体，我安排你到哪里干活你就到哪里干活。那时候我们林业上有苗圃，提供树苗，老百姓相当于是义务投劳。（访谈对象：林业和草原局副局长，QZR，男）

我是从 1988 年开始压沙的，那时候生态环境相当恶劣，刚开始那会儿是义务压沙，乡上把压沙任务 100 亩或者 200 亩分解下去，可是老百姓不好好压，哄一哄人就回去了。后面林业局觉得这样不行，虽然每年都组织着压沙，可是没有什么效果，后面大家的生产也忙得很，顾不上了，就让群众交钱，5 元或者 10 元分到人头，把压沙的任务交给我们来做。那时候压沙都是公路沿线，人背上麦草上去沙窝里压沙，防止公路被沙子埋掉。那时候主要采用的就是任务分摊式的压沙模式，后面觉得不行就收点钱来让我们压沙。（访谈对象：治沙企业负责人，WKY，男）

1994 年，中央与地方政府开始实施"分税制"，这项财政分配机制改革使地方政府从原来的国家经济计划的执行者和管理者转变为具有独立利益诉求的经济发展组织者和推动者。而对于 M 县这样一个本就经济发展落后，生态又在 20 世纪 90 年代极度恶化的区域来说，既要大力发展地方经济，又要回应生态恶化的逼迫，这样的生态脆弱区便更具有自身的治理理念与行为逻辑。

这一时期，国家为了实现经济发展的目标，在地方官员的选拔任用考核中，GDP 成为最重要的指标之一。可见，晋升激励和财政分权下的经济激励相结合的制度环境逐步形成了"以经济目标为主导的压力型体制"（荣敬本等，1998）。在这种体制下，地方政府官员为了获得晋升，上层领导依赖政治压力和行政命令对地方政府进行动员，这一体制决定了地方官员经济目标的完成度与其自身收益的大小呈正相关关系。

由于上级党委的竞争性选拔和任命是对地方干部最重要的政治激励方式

（冉冉，2013）。在经济目标为主导的压力型体制下，中央对地方、上级对下级的考评标准是以经济发展绩效（主要体现为 GDP）为主，环境保护只是一项志愿性指标，其约束力相当脆弱（Mei C Q, 2009）。因此，在以经济发展目标为主导的压力型体制下，地方政府为了引进项目、发展经济，通常会将重要的资源，如自然资源、土地、资金等要素廉价地投入短平快的项目上，这种经济增长是以资源投入和能源消耗为特征的速度型经济增长。这样的发展模式换来的自然是各地 GDP 的高速增长，而付出的代价却是产业结构不合理、资源浪费和环境污染等诸多问题。可见，以经济目标为主导的压力型体制势必造成地方政府经济发展有压力，环境治理无动力（齐晔等，2008）。

5.3.1 宽严相济的政策执行

整个 20 世纪 90 年代，M 县政府在大力发展经济的要求下，面对现实的水资源状况和生态环境的进一步恶化，他们的关注点既有生态的要求，同时也有进一步发展经济的要求，并非前述抽象的"经济人"设定，在这一组矛盾中，如下述政府文件所呈现的，很长一段时期政府对于开荒的管制是处于许可和禁止之间的。

关于 XB 乡 WX 村改造林场开荒的调查报告的批复[①]

土地局：

报来"关于 XB 乡 WX 村改造林场开荒的调查报告"收悉，经一九九一年三月五日县政府第三次常务会议研究，同意 XB 乡 WX 村在村林场地处，旧外河以东的河滩开荒一百亩，搞林粮间作，发展生产，壮大集体经济。

此复

一九九一年三月九日

M 县人民政府关于 JH 乡 HA 村开荒打井问题的处理决定[②]

各乡镇人民政府、县政府有关部门：

JH 乡 HA 村自 1993 年 10 月以来，未经县政府批准，擅自开荒 1000 多

---

① M 县人民政府 1991 年发布的《关于 XB 乡 WX 村改造林场开荒的调查报告的批复》。
② M 县人民政府 1994 年发布的《关于 JH 乡 HA 村擅自开荒打井问题的处理决定》。

亩，打井 12 眼，架设高、低压电线路 4.6 公里。

HA 村无视国家土地管理法律、法规，不顾县政府严禁开荒打井的各项规定，在群众中造成了极坏的影响。为了维护法律尊严，保证政令畅通，教育干部群众，坚决遏制擅自开荒打井的不良势头，经县政府常务会议研究决定，对 HA 村擅自开荒打井问题作出如下处理：

一、根据县政府〔1989〕156 号文件"在封禁区和半封禁区以外开荒的，除每亩罚款 20 元外，问题严重的要追究相关乡镇、村社领导人的责任"的规定，对 HA 村罚款 14000 元（县政府批准开荒 300 亩有效）。

二、根据县政府〔1991〕125 号文件"县乡打井要遵守打井许可证制度，无打井许可证或打井许可证与实际井不符而打井的，对施工单位每眼井罚款 500～1000 元，工程建设单位每眼井罚款 1000～2000 元"的规定，对施工单位县水利局机械队罚款 6000 元，对工程建设单位 HA 村罚款 12000 元。

三、根据县政府〔1991〕125 号文件"水利工作人员滥发打井许可证和取水许可证；供电部门工作人员无打井许可证而架设电力线路和设施的，给以行政处分并罚款 10～5000 元，造成严重后果的从严查处"的规定，对 HA 村未经批准架设电力线路和设施的错误行为，由电力局负责查清责任人，提出书面处理意见，书面报告县政府。

四、根据县政府一九九三年十二月二十五日《关于加强水土保护林木植被资源的通告》中"新开荒地必须保证 30% 的造林面积"的规定，HA 村必须按规定面积造林，否则，由林业部门根据有关规定作出相应的处理。

五、鉴于 HA 村开荒、打井、架电既成事实的现实，乡政府要尽快督促办理开荒、打井、架电手续。

六、乡政府对 HA 村擅自开荒打井的问题制止不力，管理不善，责令乡政府向县政府作出书面检讨。同时，乡政府还要积极配合土地、电力、水利、林业等部门落实以上处理决定，自接文之日起十五日内，缴清一切罚款，补办所有手续，否则，电力局要立即停止供电。

一九九四年六月二十一日

从以上两份文件可以看出，似乎 M 县政府是高度重视植被管护的，而放松执行禁开荒政策问题主要发生在乡镇和村一级，但事实上，从所收集到的文献资料和访谈资料对比来看，县乡村层级之间并未形成统一的意见和行动，他们的行动都是在各自的理念和利益逻辑引导下完成的。从政府禁止开荒打井的文件发布来看，每年都会出台，但存在"文本规范"和"实践规范"张力（陈阿江，2008；方小玲，2014）。作为情景中心者的中国人在社会心理方面更易于依赖他人，因为情景中心的个人与他的国家和同伴紧密联系在一起，其欢欣与悲哀由于他人的分享或负担而趋于缓和（许烺光，1989）。各种因素作用之下，M 县此阶段禁开荒政策执行效果依然很弱。

20 世纪 80～90 年代那时候开荒开得比较多，黑瓜子热，当时的政策也不太完善，也没有把一些东西框在框框里面，谁家都在管，可是谁家也都没有管。你像现在开荒的话别的不说，就是草原管理站这一关你就过不了，他们规定得清清楚楚的！（访谈对象：S 林业站站长，THX，男）

开荒打井主要是 20 世纪 80 年代末～90 年代末，那时候主要是种黑瓜子，一直到 2006 年。黑瓜子种植热潮是 1998 年结束的，当时金融危机，黑瓜子的价格马上就下来了。将近 10 年，当时政府的一些部门都跑到下面去开荒了，为了增加收入啊！你说怎么能管得住呢？可以说，那一段时间我们是全民开荒，因为有太多的利益在里面！（访谈对象：治沙公益组织负责人，MJH，男）

M 县历史上不曾种植黑瓜子，20 世纪 80 年代以来，开始引进种植"兰州大片"黑瓜子。它以个大均匀、肉质口松、板干皮薄、色泽光亮而享有盛名，外商每年到 M 县订立收购合同，是出口商品中的大宗商品。1983 年起，黑瓜子种植面积逐年扩大，成为全县部分乡镇经济收入的主要来源之一。昌宁乡 1985 年黑瓜子种植面积为 4000 亩，占当年全乡农作物播种面积的 25%，瓜子亩产达 200 千克左右，市场行情良好，每千克瓜子单价达 10 元，亩均产值达 2000 元左右。1990 年，种植面积达到 4700 亩，因受气候条件和种植技术等影响，瓜子质量低劣、产量不高，经济效益不佳，影响了农民种植积极性，1995 年，全乡黑瓜子种植面积下降到 1100 亩。1997 年以来，市场行情好转、种植面积回升。2004 年达到 2760 亩，占当年经济作物面积的 39%。同时又碰上较好的市场行情，每千克价格达到了 8 元以上，全乡仅黑瓜子收入就达到 445 万元，人均 579 元①。

我们种黑瓜子主要在 20 世纪 80 年代中期开始的。1 亩地能收获 300 斤，1 斤卖 1.1～1.2 元，当时 1 亩地能卖 300 多元真是了不得了！后来勤锋农场就大面积种植了，农村里还没有种开，那个籽瓜人吃上舒坦得很，当时也没

---

① 《M 县昌宁乡志》，2013.

有打瓜机，靠人工手挖来取瓜子，后面家家户户有了打瓜机了，就在八一农场等地方大面积种植了。（访谈对象：DG 村村民委员会主任，HWH，男）

我们一个队里打十几口井，有些井是个人打的，有些是 2~3 户联合起来打下的。1 户大概能开荒 50~60 亩地，都种的籽瓜，在荒地上的籽瓜产量好，质量好，1 个井能灌溉 200 亩地。M 县人发家还是在黑瓜子上得来的，那时候的收入真的是很不错的。天水、定西、陇南、武威、古浪这些地方有好多人来我们这儿打工，1 户有 1 口井的人家就得雇 8~10 个人来做工，我们刚打开井的时候人工是 3 元钱，1991~1992 年的时候，年年涨，到关井压田的时候人工就到 30 元钱了。1997 年、1998 年的时候籽瓜的价格就不行了，我就种葵花，当时 1 斤卖 2.5 元，1 亩地能卖个 1000 多元，我们队里就开始种植葵花。（访谈对象：DT 镇 C 村村民，LL，女）

在经济效益的驱动下，全县籽瓜种植面积从有统计数据以来的 1991 年的 50714 亩爆发式增长为 1998 年的 97377 亩，产量从 13735.06 吨增长为 34581 吨（见表 5-2）。

表 5-2　　　　　　　1991~2019 年黑、红瓜子种植面积及产量

年份	种植面积（亩）			产量（吨）			年份	种植面积（亩）	产量（吨）
1991	50714			13735.06			2006	44484	5338
1992	78300			15086.22			2007	未统计	未统计
1993	81466.5			10058			2008	20619.7	2484
1994	70807			30344.1			2009	33822	4128.2
1995	77652			31000			2010	16770	2390
1996	59591			26000			2011	5027	995
1997	未统计			未统计			2012	3252	693
1998	97377			34581			2013	3003	590
1999	80471			40512			2014	9774	1955
2000	黑瓜子		红瓜子	黑瓜子		红瓜子	2015	4949	1040
	94909		25436	37634		5087			
2001	黑瓜子		红瓜子	黑瓜子		红瓜子	2016	2629	581
	58750		9371	6006.1		781			
2002	黑瓜子		红瓜子	黑瓜子		红瓜子	2017	2139	473
	40775		9259	15700		929			

续表

年份	种植面积（亩）		产量（吨）		年份	种植面积（亩）	产量（吨）
2003	黑瓜子	红瓜子	黑瓜子	红瓜子	2018	38	8.4
	8567	56403	1293.9	7920			
2004	22900		5395		2019	338	74.7
2005	9288		2484				

注：2000～2003年统计中细分了黑、红瓜子的产量与种植面积，2004～2019年的数据为黑、红瓜子的总产量与总种植面积。

资料来源：根据M县统计局历年《M县国民经济和社会发展统计资料汇编》相关数据整理所得。

5.3.2 开荒与禁开荒的博弈

20世纪90年代初期，当地黑瓜子市场价格暴涨，带动M县开荒进入了一个新的阶段，从下面开荒村民的访谈和县政府土地开发的批复可以看到这一土地开垦浪潮的进程、严重程度以及政府的行为导向。

我们村开荒是1991年开始的，重点是在1995～1996年，我当时是村委会主任。1991年秋天去开荒，冬天打井，那时候全是人工，也没有什么机器，把变压器和电杆栽好就开始弄。那时候政府对开荒也管着呢，不让开荒，但是那时候形成一种风气了，老百姓也没有什么出路，开点荒卖点籽瓜就能赚点钱了啊！政府在管可是管不住，我们拉了1公里的高压线，2公里多的低压线，后面县上罚了款处理了我们，但是电也送上了。1991年打下的井，到了2009年就不让用了，关的关掉了，停的停掉了！我们队上当时开荒开了2000多亩呢！那时候那个荒滩是我们村上的，也没有统一组织，谁先开上就是谁家的，那时候开荒主要就是为了种籽瓜。（访谈对象：原A村委会书记，WXN，男）

在这一开荒历史进程中，为了发展地方经济，企业和政府也是主要的参与者。

关于县名优农副产品开发服务中心垦荒扩大瓜类良种基地的批复

土地局：

你局民土发〔1993〕06号文收悉。经县政府第二次常务会议研究，同意县名优农副产品开发服务中心在勤锋滩垦荒1000亩，作为瓜类良种基地。具体界限由你局和林业局共同负责，根据实际，在不破坏植被、无地权争议、不引发土地纠纷的地段协商划定。

　　　　　　　　　　　　　　　　　　　　　　　　　　　此复

　　在 M 政党组发〔1992〕004 号文件"关于黑瓜子联合经营的请示"中，报给县委的请示这样表述：

　　近几年，我县黑瓜子种植面积大，产量高，品质好。在国内外市场上占据了一定位置。但是，其销售不正常，时而蜂拥抢购，时而无人问津。为了促进生产力的发展，切实维护农民群众的利益，稳定生产，实现农民增收、企业增利、财政增收的目的，经召集有关部门协商，县长办公会议研究，建议成立以股份联合、引导生产、引进技术、吸引客户、扩大销售为主的服务经营性机构。属科级单位，为全面独立性经济实体，充分体现管理、服务、经营三方面的职能。机构名称待考证后再定。

　　妥否，请批示。

　　　　　　　　　　　　　　　　　　　　　　　　一九九二年四月一日

　　通过民众的自发行动、政府的鼓励与支持、企业的积极参与，M 县域迈入了类似"政经一体化"① 开发的历史时期。

　　面对严峻的开荒形势，M 县政府在 1997 年 1 月 17 日发布了《关于坚决制止毁林毁植被打井开荒的通告》，② 从中可以看出政府对于开荒认知和执行力度的变化。

　　一、县境内绝对封禁区、封禁区、半封禁区、特种用途林（即自然保护区）、封沙育林（草）区，均是我县防护林体系的重要组成部分，任何单位和个人都有保护的义务。

　　二、在以上区域内严禁从事开垦、毁林、毁植被、乱打井等活动。违者，给予行政处罚，没收违法所得并给予经济处罚，限期恢复原状或采用其他措施进行补救。

　　三、坚决禁止私自开发国有、集体荒地。国有、集体荒地确需开发利用的，由土地管理部门会同林业、畜牧、水利、电力等部门进行现场勘查，在

---

　　① 张玉林运用"政经一体化"这一概念解释中国情境下的农村所产生的环境问题，认为在"政经一体化中"，政府和企业实现了双赢，但是环境却成为牺牲品。

　　② 《关于坚决制止毁林毁植被打井开荒的通告》。

不破坏林木、草原、水土资源的情况下，报县级以上人民政府批准，办理用地手续后，方可开发利用。

四、对未经县级以上人民政府批准而擅自开荒打井造成严重后果的，一律视为乱开荒、乱打井，必须立即停止，否则，视情节轻重按有关法律、法规，由行政主管部门或者司法机关给予严肃处理。未办理用地手续的开发者，任何单位和个人不得为其办理打井、架电许可手续，不得施工。违反者，追究有关领导、当事人的行政责任和法律责任。

五、为确保绿化，经县政府批准开垦的所有区域，申请单位须先向林业局交纳相当于林木补偿费或森林植被恢复费的押金，再由土地局发给用地许可证，并在开垦的当年或次年一次性完成绿化造林任务。如不按期完成造林面积，责令其停止耕种，恢复植被。

六、各乡镇和有关部门要统一思想，提高认识，密切协作，依法行政，从全县大局出发，加强对群众的引导和教育，增强全民自觉保护水土及林木植被，维持自然生态平衡的意识。对毁坏林木草场违法行为必须采取坚决果断的措施予以制止，对拒不执行有关法律、法规，带头聚众闹事的予以处罚；构成犯罪则追究其刑事责任。

在《关于坚决制止毁林毁植被打井开荒的通告》颁发后的 1999 年 1 月 26 日，处理 SCK 乡 HZ 村打井开荒问题又呈现出来：

M 县人民政府关于 SCK 乡 HZ 村打井开荒问题的处理意见①

各乡镇人民政府：

1998 年 12 月初，SCK 乡 HZ 村在权属石羊河林场的三渠柴湾以西百二粮湖地带架电、备料、准备开荒打井。12 月 20 日，县政府组成以水利、土地、林业、电力为成员单位的联合工作组进行实地查看，并向 SCK 乡政府和 HZ 村负责人作了明确交代，要求必须立即停止开荒打井，但 HZ 村无视通知精神，于 12 月 25 日在无任何手续的情况下，由 HZ 村 7 社王强忠与 QS 镇农机站打井机组签订合同开始打井。12 月 29 日，水利局依据有关法律、法规，向责任人发了《责令停止水事违法行为通知书》，但仍未引起重视。12 月 30 日，水利局又向 HZ 村发了《责令停止水事违法行为通知书》，限当日将机组调离作业现场。但均未收到效果，并于 12 月 31 日成井。

---

① 《关于 SCK 乡 HZ 村打井开荒问题的处理意见》。

SCK 乡 HZ 村无视水法规定和县政府《关于坚决制止毁林毁植被打井开荒的通告》精神，在林班界开荒打井，乡政府负有制止不力的责任。经 1999 年 1 月 12 日政府常务会议研究决定，责成 SCK 乡政府向县政府写出检查，并通报全县。对未经批准打的机井予以封存，架设的高压线路立即拆除，有关责任人由水利局依照有关法律进行经济处罚。

到 21 世纪初期，M 县沙尘暴、干热风、冰雹等自然灾害较往年明显增多，地下水位持续下降，水资源依然短缺，受政策性因素和市场因素的影响，粮食、黑瓜子等大宗农产品价格下跌，虽然来自黄白蜜瓜、棉花、畜牧业的收入有所增加，但总体平衡计算农民人均纯收入增幅甚微，财政收支矛盾进一步加剧。2000 年全县财政可安排财力只有 5915 万元，而当年新增个人部分支出和必保专项经费就达 2235 万元，仅保人员工资缺口 1398 万元，相当于全县干部职工 3 个月没有工资，加上省财政扣回历年超汇补助 632 万元，给全县财政资金调度带来了前所未有的困难。农村经济方面，粮食作物比较经济效益不如经济作物，种植业比较经济效益不如畜牧业，但农民群众的市场观念还未完全形成，调整的力度跟不上，影响了收入的增长。在工业经济方面，投入产出不平衡，产值大、效益低，初级产品多，高科技含量、高附加值产品少，工业基础十分薄弱。财政税收方面，涉农税收所占比重依然偏高，工商业对财政的贡献偏低，经济结构不合理从根本上制约着 M 县经济运行质量和效益的提高，也制约着 M 县荒漠化治理的深入开展与治理绩效。

5.4 理性的跃迁：从经济理性到生态理性 (2007~2019 年)

总体来看，这一时期形成了以改善生态环境质量为核心的理念体系，这一体系涵盖了尊重自然、顺应自然、开发保护一体化的理念，"绿水青山就是金山银山"的理念，生态环境功能价值与自然资本的理念，空间均衡理念，山水林田湖草沙是一个生命共同体的理念等。这些理念的传播和嬗递，正逐步让实现美丽 M 县成为一种价值追求。

自 2008 年以来，M 县的防沙治沙工作已从群众投工投劳依赖转向项目、专业防沙治沙队伍治理和合同管理。在治沙过程中，M 县提出按照"高起点、高标准、高投入、高效率"的原则，在老虎口等风沙口建设新的治沙技术核心示范区，研究治沙造林的途径和措施，为全县类似地区提供样本。在绿洲西线的西大河，采取从近到远，先易后难的方法，将技术和生物措施相结合，完成工程治沙 7.2 万亩，建成防风固沙林 10.5 万亩。同时，利用尼龙网、抗老化编织袋沙障等新技术、新材料，多树种示范造林 1235 亩①。

这一治理阶段，M 县将防沙治沙工作纳入各级领导干部实绩考核。2018 年，W 市取消了对 M 县的 GDP 考核，探索构建生态建设的长效机制，着力推进环境价值传播和环境教育，在"3·12 植树节""6·17 世界防治荒漠化和干旱日"等重要时间节点开展宣传活动（侍文元，2016），青土湖防沙治沙示范区、新时代生态文明实践压沙造林基地、东湖公园等已成为全县生态警示教育基地和宣传 M 县、展示 M 县防沙治沙经验的窗口，科学治沙、依法治沙、综合治沙的思想深入人心，"干部谋划防沙治沙、群众参与防沙治沙、全民生态保护"的治理格局正在逐步形成。

M 县政府大力支持社会企事业单位、团体和群众承包治理沙漠，从传统的分散、自发的小规模治理模式，转向大型、集中、专业化的新型治理模式，构建了"因地制宜、因害设防、分区施策、分类指导、重点突破、边缘治理、内部发展"的生态建设体系（马顺龙，2016），区域沙化情况得到有效治理。共完成国有荒沙滩地承包治理 56 万亩，治沙生态林承包经营 20 万亩，示范推广梭梭接种肉苁蓉 6 万亩。

加强连古城国家自然保护区、石羊河国家湿地公园、黄案滩国家沙漠公园等自然保护地及沙区植被和生态治理区管理，形成了防风阻沙林带、防护林带、城镇村庄绿化、生态经济林有机融合的生态防护体系（马顺龙，2016）。引进支撑亿利资源集团、内蒙古沙漠肉苁蓉有限公司等大力发展沙产业，以"公司+农户"的发展模式带动农民增收，效果明显。实施亿利资源集团沙漠生态产业扶贫、甘肃茂绿治沙科技有限公司 10 万亩荒漠化治理等建设项目，建成 600 多千米沙漠公路，公路沿线布设黑果枸杞、肉苁蓉、甘草等种植基地，辐射并促进了该区域沙产业的发展。培育林草生态扶贫产业，聘请 146 名生态护林员、260 名草管护员开展林草资源管护。积极推进石羊河国家湿地公园和造林基地、胡杨林基地建设，培育林业加工企业 12 家、家庭林场 50 家、各类农民林业专业合作经济组织 79 个、沙漠化治理专业团队（企业）60 家，初步形成了治沙与增收的良性互动。

---

① 袁颖，李仰东. 征服沙患，M 县"三北"谱写治沙华章［N］. 中国绿色时报，2012－08－27.

同时，牢固树立生态红线理念，建立完善保护发展森林资源目标责任制，严格执行禁止开荒、禁止打井、禁止放牧、禁止乱采滥伐、禁止野外放火的"五禁"决定，对违反"五禁"决定的行为进行严厉打击。

2017 年以来，M 县提出了"发展向提质增效转变、投入向改善民生发力"的着力重点，确定了"生态立县、产业强县、文明兴县"三大战略和"坚守生态底线、发展绿色经济、建设美丽家园、增进人民福祉"四项重点工作任务。

5.5 小结：荒漠化治理理念嬗变及其与经济、社会发展的关系

本章主要对 1950～2019 年荒漠化治理理念的演化过程及其在不同历史阶段的特征进行阐释和分析。

在 1950～1977 年这一历史阶段，在现实需要和政策（主要是"以粮为纲"政策）的规制下，视自然环境为敌人——一个需要群众动员和军事打击才能征服并使之为我所用的对立面。在支配和控制自然理念的指引下，开启了大规模垦荒和运动式治理的历史进程，环境保护在边治理、边破坏的困境中前行。

在 1978～1992 年这一历史阶段，虽然国家层面上将环境保护确立为基本国策，但各种外部阻力还是影响了环境保护的进程。主要表现为：第一，普遍重视经济发展的社会意识与环境治理实践之间存在矛盾；第二，社会控制能力的弱化促进了个体理性的扩展；第三，治理方式上政府主导和运动式治理的"路径依赖"效应仍在发挥作用。从集体行动理论的角度来看，农村集体经营体制的解散，意味着以往的行动主体——集体开始分化为多个行动主体——个体家庭，这样，进入、占用和提取公共资源的集团规模也就大大地扩大了。在一个大集团里，理性的个人即便在采取行动后能从公共利益中获利，他们也不会自愿地采取行动来实现共同利益，也就是说，在一个大集团中，更容易出现理性人的搭便车行为，个人只愿意从集体中获取更多的收益而不会自愿承担集体成本（Olson，1971）。此外，随着土地产权从集体体制向个体体制的过渡，与土地相关或相连的水资源的产权也相应地处于模糊和不确定的状态。因此，水资源成了任何家庭可以任意使用的共有资源，共有

的产权状态也就难以避免"公地悲剧"的境地（Hardin，1968）。

在 1993～2006 年这一历史阶段，虽然可持续发展已经成为指导和约束地方经济社会发展的国家理念，但在地方政府和社会的实践中却始终存在"治理者"和"逐利者"双重角色的博弈，加之社会分化的深入推进和区域因素、行动者技术水平、治理收益、地方政府治理能力（核心表现为治理资金的不足）等因素的影响，这一历史阶段呈现为重经济、轻生态、顾眼前、弃长远的理念形态和政府宽严相济的政策执行过程。

在 2007～2019 年这一历史阶段，在国家大力干预下，逐步形成了以改善生态环境为核心的理念体系和"干部谋划、群众参与、全民保护"的治理格局，开始从末端治理向源头预防和过程控制、政府管理向全民共治的理念转变。

总体来看，环境治理理念的演变是嵌入在特定历史阶段的政治、经济、社会发展之中的，与社会结构转型密切相关，其中，环境价值传播、国家干预变化和社会主体的发育这三个因素是推动环境治理理念嬗变的核心要素。

第6章 荒漠化治理主体的变化

我们对自然所做的一切正是我们加诸已身的一切——征服自然与征服人类之间纠结至深。冲突出现在行动者利益之间，即使行动者终将学会联合其力量，共同征服沙漠。和谐无法通过技术的力量勉强生成，而必须在对自然秩序的谦虚与尊重中实现。

——［美］唐纳德·沃斯特：《帝国之河：水、干旱与美国西部的成长》（2018）

从 M 县荒漠化治理主体的演化过程来看，参与环境治理的主体从早期的政府、民众两部分演化为 21 世纪初期的政府、治沙企业、环境社会组织与民众①四部分。《关于构建现代环境治理体系的指导意见》指出，以强化政府主导作用为关键，通过深化企业的主体作用，更好地动员社会组织和公众共同参与环境治理，以实现政府治理、社会调节、企业自治间的良性互动。文件为落实各类环境治理主体的责任，提高市场主体和公众参与环境治理积极性的建设路径指明了前行的方向。本章对 1950 年以来 M 县荒漠化治理中的核心治理主体（民众、政府、治沙企业、环境社会组织）及其演变过程进行阐述与分析。

需要说明的是，对这几类治理主体的变化过程并未按照前面的四个历史阶段严格对应进行阐述。其中，民众这一治理主体主要选取了 SH 村以 SSZ 为代表（20 世纪 50 年代 ~ 21 世纪初期）的一批治理实践者和特定历史条件下的"铁姑娘治沙队"成员（20 世纪 70 年代 ~ 80 年代初期），这些成员是自 20 世纪 50 年代初期以来参与 M 县荒漠化治理的典型和排头兵，经历了中

---

① 在一些研究中，使用"公众"来指涉环境治理中的一类治理主体，例如《环境保护公众参与办法》将"公众"界定为"公民、法人和其他组织"，含义比较宽泛，本书中使用"民众"这一概念，主要意指 M 县历史时期受沙患影响严重的群众和参与荒漠化治理的群众这一群体，以区别于其他治理主体。

国社会转型的不同历史阶段，他们治理荒漠化的历史实践和变化在 M 县是具有广泛代表性的。对自 21 世纪初期以来民众这一治理主体变化的阐述分散在对其他各类访谈对象的访谈材料中，这一历史阶段的治理主要由专业治沙队和治沙企业来完成。1950～1977 年这一历史阶段中政府治理理念和行为的表现和特征在前述章节已作了分析，不再赘述，主要对 1978 年以来政府这一治理主体的变化过程进行分析；治沙企业和公益组织参与荒漠化治理的过程主要以 HDR 和 MJH 的故事为代表进行论述。

6.1　荒漠化治理中的民众

6.1.1　SH 村治沙："母亲抱娃娃" 的实践

SH 村位于 M 县 XB 镇，现有 13 个社 425 户 1590 人，土地总面积 11.33 平方千米，耕地面积 4081 亩。建成日光温室 60 座，主要种植韭菜、人参果，养殖小区 6 座。经过多年治沙后，建立了荒漠化治理的 "宋和模式"①。

SSZ 是土生土长的 SH 村人，出生于 1936 年，1958 年入党。1955 年，19 岁的他担任了大队团支部书记、青年治沙突击队队长。1963～1999 年任村（大队）党支部书记。他带领全村（大队）群众，建起了长 9 千米、宽 2.5 千米的一条绿色屏障。SSZ 先后获得全国十大防沙治沙标兵个人、全国劳动模范等荣誉称号。

我们在很小的时候就开始治沙了，刚开始我们学老一辈的治沙方式，用柴草、麦秆、黄蒿、麻秆、葵花杆插风墙来阻挡风沙（见图 6-1），栽上杨树、红柳等。

那时候十种九不收！风沙把大多数田地都压掉了，在吃不饱穿不暖的情况下，还要抵御风沙。很多人被迫到外面逃难去了，但是像穷人家，跑不出去的，只能留下来选择治理风沙。刚开始我们都是自发治沙的，小的时候我们吃不饱肚子，穿不上衣裳，十几岁还光着屁股，爷爷奶奶们说我们这里穷是风刮穷的！沙压穷的！那时的老百姓好动员，都是自发进行治沙的。（访谈对象：SSZ，男）

---

① 甘肃宋和村综合治理沙患成效显著［EB/OL］.［2007-11-23］. https：//www. gov. cn/jrzg/2007-11/23/content_813720. htm.

图6-1 插风墙

资料来源：M县档案馆。

那时候我们村有700多口人，治沙的时候抽一些青壮劳力，给点工分，男人们一天是10个工分，女人们是8个工分，刚开始还没有工分，自发治理。不插风墙的话种不下庄稼，打不下粮食啊！就是种上也就被风刮跑了，被沙压掉了，那时候家家户户都很困难，生产工具也落后，人心也涣散，因为穷啊，所以人心不安！那时候我们种树的苗子是我们自己育的，主要是沙枣、白杨、毛条，后面是梭梭，沙压住才能有收成。我们林场现在有护林员，村上给护林员发工资，以前可是什么都没有的！你们没干过活的人根本不知道压沙造林的辛苦，那时候春、秋两季都在压沙。年过完了，雪消了，地开始解冻了，我们就开始压沙，秋天庄稼收完了我们就开始压沙，我们这边的沙窝可大了，以前压沙都是两条腿走着去的，压完沙把树苗一棵一棵地栽下去，压沙的任务分配到什么地方，队长就带着大家往哪里去。（访谈对象：SSZ，男）

1951年一直到高级社的时候我们村上年年组织各个队里的人插风墙、栽红柳，那时候各个队全有人呢，如果不插风墙的话沙就朝我们村子这边来了，插上红柳基本上就把沙挡住了。五几年的时候插风墙真是大阵势，凡是如今七十几岁的人都知道呢！我们小的时候青土湖里面的水多着呢，1958年以后湖里的水基本上就干了。我们小的时候生活就相当困难，我父亲养了一些骆驼，那时候的骆驼就相当于现在的车一样，1955年的时候不管你是高成分也好，贫下中农也好，都让入社呢，那时候我们主要是种地，一亩地能打几斗粮食就算是很不错了，和现在的产量根本就没法比。那时候我们这个地方没有水，靠天吃饭呢，天不下雨基本上就绝收了，基本上种的全是小麦。后面我们种些旱棉花。本来我们这里就没有钢铁厂，一开始公社化就把各家的锅、盆，凡是铁质的东西全拿走到红崖山水库炼了钢铁了。实际上现在的生活和以前相比就好得不是一点半点了，过去吃点白点的馍就稀罕得很啊！好多人家都是套上驴磨的那些最黑的面来吃，全是黑馒头，还得定量吃。那时候就没有糖尿病、高血脂这些，从1963年开始生活上慢慢就好一些了，那时候村学校里面弄了个食堂，学生娃谁去摘棉花就给吃的，为了那点馍！

　　那时候的人又没炭、又没啥，我们这儿的人把牛车套上就到沙窝里面打些茨麻，用来烤火、做饭，就是日常的一个事情，习以为常，在当时来说就不算是个"破坏"！当时的环境就是那个样子啊！反正我们这个地方的人再没有其他可烧的，也是自然形成的。现在人家说起来就是我们破坏生态，在那个时候就没有这个说法，实际上就是那儿的水土养活的那里的人，我们这里的人就凭借着沙窝里的那些柴来生活。那时候青土湖里的一种植物"香茅"结出来的籽养活了好多人，我们这里的人套上驴车去那里铲回来磨了吃。那时候不插风墙直接就不行了，到1962年我们还在插风墙呢，那时候国家困难，压沙治沙没有现在这些项目的支持。我们这里打井的高峰是1992～1996年，在打井之前就是靠天吃饭，这个地方就很不行！我们村子的面积就大着呢，可是没有水，好多地就栽了梭梭了。那时候是广种薄收，后面井一打，种上几亩地，用上井水，产量也上去了，生活就恢复过来了。（访谈对象：SH村村民，LHY，男）

　　20世纪70年代以来，稳定的当地学者在SH村发挥了非常重要的作用。1974年，M县综合治沙试验站派了五位科学研究者和技术人员到SH村教人们如何对抗荒漠化。1985年后，W市林业部门安排了三位科学研究者和技术人员来帮助当地居民发展经济和治沙。农民SSZ作为一个当地自学成才的学者，是一个很好的例子。他和其他学者的故事表明这些学者有高的热情和能力来对抗荒漠化，愿意教授当地农民，学习当地知识，与当地居民有较好的关系，有高的社会责任感和实践精神，愿意与当地居民一起工作并尊重他们，特别是SSZ经常从其他科学研究者和技术人员那里学习知识。

　　当时M县有一个治沙站，站里有一个治沙专家。当时治沙站的总部在兰州，M县的是分部，治沙站有科学、有技术，当时我就老往治沙站跑，有个专家叫郭普①，他在我们村驻队，他说要搞个治沙样板呢！其他地方觉得麻烦得很，要管吃管喝，我就接了下来。当时我是村团支部书记，接下来就在

----

　　① 郭普，全国著名治沙专家，1961～1980年在M县治沙站工作。1984年，荣获中国林学会"劲松奖"，1991年，被国务院授予"全国治沙劳动模范"。他是把治沙"先锋树种"梭梭引进M县的第一人。

我们村搞了一个样板。当时一些专家能给我们指导，他们给我们宣传、指导后我们才知道了"梭梭"①。刚开始压沙的时候其他人讽刺我呢，说"沙是黄龙，越压越穷"！后面我们的样板成功了，种上的梭梭也成活了，在老专家的帮助下和我们村群众的共同努力下我们做成了，我们也是在摸索中慢慢弄成的。（访谈对象：SSZ，男）

作为一个小村，家庭和农民的参与以及来自镇政府、县政府、试验站和其他社会群体的支持共同组成了对抗荒漠化的组织。他们也有一个非常具体的治沙目标——通过阻止沙的流动来保护他们的村子。小的规模保证了他们可以相对容易地执行政策并追求这个目标。在实践中不断地摸索和创造以及艰苦奋斗的精神是他们取得治沙成功的关键。在访谈中，群众参与、民主管理以及必要奖惩机制的方法在 SH 村得以应用。同时，各种内部和外部社会群体的参与也表明了其是一种协作式的管理。

那时候的老百姓动员他们治沙还是好动员的，因为我们这个村子在风口上，不压沙、不种树的话根本就吃不上饭。那时候我们村就是一个逃难村、讨吃村、困难村！我们从 1952 年开始一直在压沙，不管是包产到户之前还是之后，在慢慢压沙的过程中群众的认识也就提高了。刚开始压沙的时候，群众是不理解的，他们说几辈人压不住沙，你个毛头娃娃能压住沙吗？沙窝里栽上树能成活吗？好几辈人办不起林场，你能办个林场吗？你把我们折腾这么多年，能折腾出个金娃娃来吗？当时非常困难，工具落后，就只能带上黑干馍馍、米糠饼子去压沙，我们的村庄在东面，沙患在西面，我们把西面的沙能治理住就能活人，就能过日子。

当初我们村有三条路，当时群众就说"三岔路口三家沙，大风一起不见家！"我们治沙有成功的经验，也有失败的教训，走了一些弯路。本来我们村的沙窝在西面，可是我们刚开始的时候在北面压沙，在东面栽红柳、栽梭梭，后面我们支部商量，我们的沙患在西面呢，土地在东面呢，我们得治理我们西面的沙窝。我们找到了危害我们村庄和农田的源头，就大力在西面治沙。我们这里西北风多，我们栽下的杨树、沙枣树能挡住大风，但是栽下的白杨树后面浇不上水，根据我们县的实际情况就开始引进种植梭梭了，实践

---

　　① 梭梭是藜科梭梭属植物，小乔木，高 1~9 米。树皮灰白色，木材坚而脆。在沙漠地区常形成大面积纯林，有固定沙丘作用；木材可作燃料。梭梭作为一种抗旱植物，可被饲用，而且是一种名贵的中药材，清肺化痰，降血脂，降血压，杀菌。

发现用草方格和"母亲抱娃娃"的治沙模式是最好的。

治沙站种植梭梭的经验启发了我们，我们就慢慢摸索着进行治理。那时候天刚蒙蒙亮就得出发，我的大儿子当时还不到三岁，我们走的时候把扁担、筐子带上，还得担上水，把孩子放到竹筐里担进沙窝，大人干活的时候，孩子就在沙窝里面玩，孩子嘴里是沙子，眼睛里也是沙子，浑身都是沙子！那时候压沙的地方离我们村子近些的就是六七里路，远些的要十几里路呢！那时候是大人受苦，娃娃受罪！

我1958年入的党，入党申请书上我说这辈子就只干一件事，就是压沙栽树。那时候我们村子就单纯种点小麦，能把肚子填饱就好了。以前也没什么经费，就是自发的，到了三北防护林时期（1978年开始，M县被纳入国家"三北"防护林一期建设工程），政府也认识到了这个治沙的问题，就给点经费。我们这个集体林场的压沙也带动了其他乡的治沙工作的开展，像红崖山、龙王庙、老虎口、青土湖、东沙窝的压沙等。

"母亲抱娃娃"（见图6-2）是我们在治沙中摸索提出来的。压沙的时候我就想，对一个母亲来说养一个孩子不容易，得天天给孩子喂奶，不让他饿着、冻着！孩子奶水不吃了还得喂水、喂饭，就是在母亲的怀抱里这个孩子才能慢慢地长大。那我们治沙也应该是这样的，老百姓把土抬到沙丘上去，把沙压住，弄成方格，再把梭梭树栽上，给它浇上水，梭梭活了以后就把沙固定住了。让它慢慢长，把沙窝保住，梭梭树的周围再把沙枣、白杨、毛条、花棒、麦草栽上，这样就能把栽下的梭梭苗保护住了，它就像母亲怀抱里的小孩一样，需要呵护。我们的沙窝护卫住了，我们的村庄也就护卫住了，我们的农田庄稼也就护卫住了，群众生活也好了，日子也好过了，有吃有穿有花的了，生态环境也好了。（访谈对象：SSZ，男）

图6-2　SH村"母亲抱娃娃"治沙模式

资料来源：M县防沙治沙纪念馆。

在实践中，SH村的荒漠化治理与经济发展和环境保护逐步结合了起来。从1985年开始，SH村开始发展生态经济林和农村庭院经济，这极大地提高了村民的收入。

包产到户以后土地产量也好了一些了。现在我们主要就是管护，沙基本上都压住了。现在主要是老板们承包治沙，他们把钱挣下了！过去就凭艰苦奋斗，也没个啥大的投入和保障！现在人们的认识也提高了，国家也有钱了，国家承担治沙的资金，事情就好办了。以前的压沙是光向沙漠里投入，没有收入，只能是把沙压住，树栽上，把农田保护住，把村庄保护住，就起到这么一个作用。那时候就是以农养林，林木发展不起来就种不成庄稼，现在是以林养农，生态治理好了，我们农民的日子也就好过了。

以前治沙的时候干部和群众一起劳动，你干别人也跟着干，你不干别人也不好好干！对于不好好干的，就不给工分，工分就是粮食啊！压沙后就有了收入了，种上玉米及其他经济作物，有了收益后群众也认识到压沙的好处了。我们这边小伙子的媳妇是用林场的收益娶来的，盖新房子的木料也从林场来的，包括买机器等。3007亩土地，当时是统一经营，有了收益了，可以买机器，搞农业生产，解决每家每户的经济收入问题，这样一来群众对压沙的认识就慢慢提高了。我们这个林场现在还是村上的集体林场，村上管护，县上林业局也管，属于生态林。（访谈对象：SSZ，男）

根据访谈和查阅相关资料，从W市M县沙漠综合治理试验站来的科学研究者和技术人员以及省级的其他组织，为SH村的荒漠化治理提供了较充足稳定的技术支持。来自镇政府、县政府、市政府、省政府甚至是中央政府的支持，保证了其稳定的制度支持。此外，依据笔者在SH村的访谈，从政府和其他组织等处得来的外部投资也在一定程度上保证了其稳定的外部经济支持，同时，由于其规模相对较小，SH村对于外部经济支持的依赖性不是很大。由此来看，SH村的荒漠化治理有其自身的特殊性和典型性，但其历史实践的路径体现了M县漫长的荒漠化治理中"民众"这一核心治理主体（受风沙危害严重区域）的主要"面向"。

6.1.2 治沙种粮的排头兵——铁姑娘治沙队的故事

在M县治沙纪念馆的展览橱窗里，有一张照片，深深地吸引了笔者的注意，照片展示的是20名十来岁的小姑娘治沙的场景（见图6-3），附有一首"铁姑娘之歌"，现将其引述如下：

铁姑娘之歌①

肖华

（1977年8月2日）

我们是毛泽东时代的女性，

是建设社会主义闯将

发扬延安精神，

学习大寨榜样。

将沙漠变成绿洲，

让不毛之地五谷飘香。

茫茫瀚海是锻炼我们的战场，

广阔天地是我们最好的课堂。

誓将每滴汗水洒在祖国的边疆，

把壮丽的青春献给敬爱的党，

我们是新中国的灿烂花朵，

是革命进军中的铁姑娘。

我是1954年出生的，治沙的时候我16岁。我们红柳园公社团结大队，找了20多个十五六岁的姑娘组成铁姑娘队，那时候很年轻，大家的精神状态都特别好，我干了三年。大家都是以劳动为荣的，都是有十分力气能干十二分的活儿。每几分田种一片树，渠沿沟边也都栽满了树，现在树都长大了。治沙的时候，我们三个小姑娘在沙漠中推一辆架子车，早上去，晚上回来。我家那时候孩子多，为了挣点工分父母就让去种树。我们感觉比现在的小伙子还精神，个个比着干活，我们铁姑娘治沙队的姑娘们都要强得很，干的都是重活，一天给10个工分，一年下来能分到300斤左右的粮食。那时候的父母，对孩子根本没有娇生惯养的，也不怕累着孩子，十五六岁就普遍认为不

---

① 红柳园团结大队铁姑娘开荒队创建于1970年春，由20名姑娘组成，她们开荒400多亩，育林3000亩，1977年种粮300亩，亩产达585斤，总产17.58万斤。队长范玲花被选为中国共产党第十一次全国代表大会代表。1977年兰州军区第一政委肖华来M县视察，作此歌。明清时期受传统文化的影响，妇女一般不参与劳动。这一历史阶段，最大限度地动员妇女参与劳动，这与国家试图最大化粮食征购量的目标是高度一致的。

图6-3 铁姑娘治沙队压沙现场

资料来源：M县档案馆。

是孩子了，就开始为家里、公社干活了。以前生活条件不好，我们治沙的时候，粮食不多，吃不饱饭，可是我们精神好得很！早晨公社做的榛子糊糊，中午公社不管饭，所以每个人的衣服上缝着一个小袋子，里面装着家里带来的炒干面粉，这就是我们一天的伙食。

刘书记给我们说："姑娘们，好好吃苦，吃上三年苦，等树长大了，嫁人的时候给你们每人配一个背箱。"我干了3年，腰椎累出了毛病，后来做了大手术。我下来以后，我的妹妹接替了我的工作，她干了三四年，后来还加入了20多个知识青年，我们每人带一个知识青年，教他们治沙，我们条件差得很，这些知识青年待人都很好，都很热情。治沙队解散后，他们也都回去了。前几年还来看望过我，说M县的环境发生了翻天覆地的大变化。我们是第一批治沙开荒的人，当时是公社组织我们开荒的。（访谈对象：原铁姑娘治沙队成员，LXL，女）

由于客观历史情况，现当代中国别无选择地通过高度组织化的社会动员，来克服物质、财政资源的不足，随之而来的是相对高度集权化的治理体系，包括惯常使用的由上而下的"组织"和"动员"民众，把他们分成积极、中间、落后的分子来满足革命的需要，这种"群众路线"的传统是中国革命的一个关键点，也是历史的必需（黄宗智，2021）。

我是16岁加入铁姑娘治沙队的，我们四个人拉一个架子车，一个人在前面用绳拉，一个人在后面推，其余两个人在侧面推，架子车在沙漠里面陷着不好走，很费力气（见图6－4）。当时县上有个张部长过来看我们，还夸我力气大得很，干活利索，我们把渠挖出来在两侧种树，当时栽的都是白杨树，梭梭树是后来才栽种的。我们治沙种的这些树是属于公共的，由于后来没人管，浇不上水，那些白杨树有的死掉了，有些被砍掉当柴火烧了，也没人管护了。

当时我们每个人都不知道累，每天精神都很足，拼着、抢着干活，以至于现在身上落下了一身病。那时候日子苦，我们也没上过学，白天干活，晚上干完活后，来采访的记者还教我们识字。公社是按照工分给粮食的，能挣到工分，大家都很积极。当时时兴的是突击队、专业队，那时候每三天还开会表扬干活好的、学习好的，我们争着抢着干活，那时候入团、入党，做好人好事都是极为光荣的。当时我们治沙的地方开过荒、打过井，那些地方栽上树、打上井后，就开始种植了。那时候条件困难，开荒的地方种的都是粮食。

图6－4　铁姑娘沙丘治沙现场

资料来源：M县档案馆。

我们10口人，4个人的地，我们老两口种着10亩地。以前种的都是小麦，现在种得多的是玉米。两个儿子一个上过高中，一个初中。娶了媳妇后，

10 亩地，养活不住，儿子和媳妇就都出去打工了，儿子儿媳打工也辛苦，我们两个人还种着地，也是想着为他们减轻一部分负担。（访谈对象：原铁姑娘治沙队成员，CML，女）

6.2 荒漠化治理中的政府

前已述及，在总体性社会下，政府通过"命令—控制"型强制手段，采用群众运动的模式，用密集化的劳动投入，最大限度地动员包括女性在内的民众参与劳动（周黎安，2019），来追求其最大化土地总产出的生产目标，这一时期的生产和治理活动与国家试图最大化粮食征购量的目标是高度一致的，政府在一定意义上是高高在上的"行政家长"，组织动员群众进行荒漠化治理。本部分主要对 1978 年以来 M 县荒漠化治理中的核心治理主体——政府进行阐述和分析。

6.2.1 政府主导下的生态建设

在我国，政府主导的大型生态建设项目可划分为两类：一类强调行政行为，忽视利益导向，如早期的"三北"防护林项目；另一类强调利益导向，比如退耕还林（草）工程、国家森林生态补偿基金制度。其中"三北"防护林体系工程[①]项目规划分为三个阶段和八期工程，完成需 73 年，共需植树造林 3560 万公顷。这一项目可有效控制沙漠化土地，基本控制水土流失，从根本上改善这些区域的生态环境以及居民的生产、生活条件。

在"三北"一期工程（1978~1985 年）实施中，M 县获得国家投资267.02 万元，地方配套 44.4 万元，群众投资 312.2 万元、投工投劳 26 万个。营造各种人工林保存面积 19.8 万亩，占一期规划任务的 112.90%，

---

① "三北"防护林体系工程于 1978 年启动，覆盖东北西部、华北北部和西北部干旱、风沙危害严重、水土流失严重的大部分地区，包括中国北方 13 个省区、直辖市的 551 个县（旗）。建设范围东起黑龙江省宾县，西至新疆维吾尔自治区乌兹别里山口，总面积 406.9 万平方千米，占国土面积的42.4%。在保护现有森林植被的基础上，采取人工造林、封山封沙育林、飞播造林等措施，建立功能齐全、结构合理、体系稳定的大型防护林体系，使"三北"地区森林覆盖率从 5.05% 提高到14.95%。

其中防风固沙林 17.5 万亩、农田防护林 2 万亩、经济林 2298 亩。"四旁"（村旁、路旁、水旁、宅旁）植树 680 万株，管护天然林木和封育植被 12 万亩。

二期工程（1986~1995 年）中，M 县获得国家投资 201.6 万元，M 县配套 41.4 万元，群众投资和投工投劳分别为 1554 万元、130 万个。营造人工林保存面积 23.6 万亩，占二期规划任务的 110.94%，其中防风固沙林 12.3 万亩、农防林 6.9 万亩、经济林 4.5 万亩。"四旁"植树 1743.17 万株，管护天然林木和封育植被 35 万亩，人工模拟飞播 1000 亩，低质林改造 100 亩，中幼林抚育 11 万亩。

三期工程（1996~2000 年）中，M 县获得国家投资 53.5 万元，M 县配套 7.5 万元，群众投资和投工投劳分别为 50 万元、7.8 万个。营造人工林保存面积 7.2 万亩，为规划任务的 111.53%，其中，防风固沙林 2.4 万亩、农防林 2.7 万亩、经济林 2.2 万亩。"四旁"植树 373 万株，管护天然林木和封育植被 63 万亩，人工模拟飞播 1.1 万亩，低质林改造 3500 亩，中幼林抚育 1500 亩。

四期工程于 2001 年开始实施，国家投资部分为 2082.6 万元，地方配套自筹部分为 585.5 万元。完成人工造林 13.48 万亩，其中经济林（酿造葡萄）5000 亩，封沙育林（草）9.95 万亩。经 2009 年验收，面积核实率、作业设计和抚育管护率均为 100%。①

"三北"防护林工程的推进机制可概括为"综合动力 = 政府行为 + 国家扶持 + 政策效应 + 参与机制 + 有效管理"。以政府为主导、强调政府行为，是"三北"防护林工程的突出特点，尤其是在启动初期我国处于计划经济时期，其实施机制具有明显的计划经济色彩，主要依靠群众运动来推进，国家投入匮乏（樊胜岳、周立华和赵成章，2005；冯杰，2009）。

"三北"防护林工程的制度设计过于依赖行政权力推动，和市场经济规律不符。森林具有正外部性效应，但其生产周期漫长、效益获得慢、具有高风险，防护林的种植和维护需要高昂的人力和财政成本，尤为重要的是，其管理和保护需要长期的持续性投入。20 世纪 80 年代计划经济体制尚未完全解体时，这一行政行为确实取得了一定的效果，群众投资、投工、投劳折合工程量占第一阶段总投资的 2/3（李小云等，2007）。

---

① M 县地方志编纂委员会. M 县县志（1986—2005）[M]. 北京：方志出版社，2015.

随着商品经济和市场经济的发展，行政命令的政策效应趋于弱化。要鼓励农民能参与到此项工程的建设中来，政府必须对他们进行持续补偿。但"三北"防护林体系规划决策是计划经济时期的产物，在组织实施上强调依靠行政力量，并没有充分考虑这些问题。虽然后期驱动机制有所调整，国家投入不断加大，仍然不能吸引农民积极从事工程建设，他们中的大多数进入城市或其他行业致富。之后，"三北"项目建设越来越多地依靠国家或集体性质的公共组织来承担建设任务，部分组织和私营企业为获取更大的利益，降低造林项目的成本而忽视项目的建设质量。可见，在市场经济条件下，这种过度依赖行政驱动的方式，越来越不适应社会发展的现状，并逐渐被强调利益引导的方式所取代（乌日嘎，2013）。如何从纯粹的政府驱动机制转变为政府推动与利益相结合的新运行机制，利用物质利益原则和经济政策杠杆，调动社会各界参与荒漠化治理的主动性和积极性是未来荒漠化防治政策转型的主要思路和方向（周颖等，2020）。

6.2.2 林业产权制度的变革与林业政策的施行

改革开放初期，虽然林地和耕地在20世纪80年代初就由集体和农户签订了承包协议，由集体保留林地的所有权，但对承包户采伐树木权利的规定却并不清晰。还有一些被归为荒地或低产的土地则被拍卖给农户并鼓励其植树（自留山），但这些制度安排中也存在一些问题①。由于这些制度中存在的不确定因素，林地承包在20世纪80年代出现了多次变化，1987年又规定了集体所有林地凡没有分到户的不得再分。

M县在1984年3月31日制订了《关于进一步放宽和落实林业政策的意见》《关于保护树木植被奖罚的具体规定》。1984年3月26日的全县乡长会议上，讨论了林业政策问题。会议认为，总的精神应该是进一步放宽政策，用政策调动社会各方面的积极性，促进林业生产迅速持续发展。在这次会议上，主要讨论了现有集体树木的处理、种草种树地点、干渠和主干公路的绿化任务、落实果园政策、管好集体成片林、管好乡村林场六个方面的问题，

---

① 例如在云南省，这种国有资源拍卖本应该向所有能购买这些土地的人公开，但实际却采取了秘密的形式，以便将这些国有资源输送到利益相关者的手中，参见 Janet Sturgeon. Border Landscapes: The Politics of Akha Land Use in China and Thailand [M]. Seattle. WA: University of Washington Press, 2005.

现引述如下。

现有集体林木处理：

（1）现有集体的四旁树和零星经济树，除支渠和主干公路上的继续由集体指定专人或承包到户管理外，其余一律作价，一次划分到户由社员个人经营。

（2）现有集体四旁树作价归社员个人经营，一般采取人口平衡书价款的办法划分，也可采取小树随地走，成材树作价平分或谁的承包地上的树木作价归谁。承包地上没有树木的社员户，可从集体的斗渠、路上的树木中折价顶抵。

（3）现有集体四旁树作价划归社员后，甲户的树木长在乙方承包土地的渠沿、路边、地埂上的，因树权、地权矛盾和树木根系拔地，已成椽材以上的树木报经有关部门批准后由甲户采伐，乙户新植，三年内处理结束；不成材的树木，甲方可将树木增值部分和乙户比例分成，或者作价卖给乙户，也可互相兑换转让，还可由甲户付给乙户一定的补偿费。

（4）树木作价要合理，可略低于市场价格，但不能太低，更不能无偿分配，现有树木作价处理后，由村社造册登记，存入档案，并发给林权所有证。

（5）树木作价款由社员户逐年归还或者在批准采伐，间伐前一次归还集体，不归还树价款的，不能采伐或间伐树木。

（6）社员在承包土地的斗、农、毛渠、路边，地埂上栽植的树木及草本植物，权属、收益随承包土地的期限由社员个人所有，土地调整时，树权不变，按本办法第三条处理。

（7）作价归社员个人经营的树木和社员在承包土地的渠沿、路边、地埂上栽植的树木，成材后间伐或采伐时，必须在村社统一规划的基础上，报经批准，否则，按乱砍滥伐树木论处。

集体成片林的管护：

（1）现有的集体成片林，过去由集体指定护林员抚育管理好的，继续保留巩固，抚育管理不好的，承包到户管理，树权不变，报酬由集体解决。

（2）集体柴湾和成片防风固沙林带，由村、社指定专人管护，由集体付给报酬。

乡村林场的管护：

（1）乡村集体林场，有治沙造林任务和集体管理好的，继续巩固提高；

管理不好的，由一户或联户承包，林场的树木、苗木及固定资产折价保本，由承包户经营；治沙造林由村社统一规划，统一组织，任务分配到户。

（2）没有治沙任务的乡、村林场，办得好的，继续巩固提高；办得不好的，由一户或联户承包；树木折价归承包户，林场经营的土地按"三荒地"处理划分给社员户限期植树种草。

（3）既没有治沙，又没有造林任务的乡村林场，管理好的应继续保留巩固；办得不好的，把土地划到户里植树种草。

（4）风沙危害严重，没有林场的村社，还要建立健全机构，成立联合"封沙会"，集体统一组织压沙造林，任务分配到户，由受益村社的群众承担，可以采取摊工折钱，投工顶付，不投工者交钱的办法，由集体统一组织治理沙漠。

治沙造林范围、权责，保护天然植被：

（1）凡县上规定的西部、中部、东部风沙线上营造防风固沙林，继续由县上和国营林场统一组织，造林固沙；农区内部零星分布的沙丘，由所属乡村统一组织受害村社的群众治理。

（2）甲方地界上的流沙埋压乙方的村庄、农田，而甲方不治理时，地权要划给乙方，由乙方治理，甲方不能阻拦，更不能任意采伐防风固沙草木，否则，按破坏论处。

（3）县上划定的封禁区，绝对封禁区、半封禁区继续有效，并要严格执行县委1981年关于保护林木，天然植被和发展林业生产的决定；各乡也要根据本地实际，划定封禁区，特别是湖区的盐碱地，要严加管护，禁止人畜破坏。

（4）要严格执行林木采伐的审批权限，严禁批少伐多，先伐后批，甚至不批也伐。

从《批转石羊河林场关于林区毁林情况报告的通知》中可以看出这一时期当地各国营林场毁林的状况。

近年来，毁林开荒、毁林放牧、偷砍滥伐林木日趋严重，林权地界纠纷不断发生，主要表现是：

1. 毁林开荒。我场所属五七分场从1968年到1977年9月，被W县羊下坝公社五沟、七沟大队以及下双公社南水等大队，毁林开荒面积达644亩。W县将羊下坝公社五沟大队严重破坏林木的甄珠元依法拘捕后，偷砍树木的问题虽然好了一点，但小偷小摸现象仍在不断发生。M 县一中、坝区水管处、新河公社拖拉机站、勤锋农场、新河公社泉水大队、大坝公社八一大队从 1976 年以来，在 M 县东方红分场麻雀滩、王谋滩等林区毁林开荒 2490 多亩，新办农场 1 处，教学实验地 1 处，苗圃 1 处，盖房 5 幢，打井 3 眼。据不完全统计，我场所属各分场的近林社队及有关单位毁林开荒和利用林间空地开荒面积达 3100 多亩。

2. 进林放牧、践踏、啃食幼林。东风分场营造的林带，是河西北部防护林带主干林带的组成部分。近年来被靠近林区的蔡旗、重兴公社畜群进林放牧相当严重，目前林区东部和北部有固定羊圈 6 处，经常在林区边缘放牧的羊群达 37 群共 6000 多只，夏季进林放牧的牛群达 400～500 头，据统计，有 13000 多亩幼林遭到程度不同的损伤，其中有 4000 多亩已被毁光。1977 年 10 月蔡旗公社小西沟大队第二生产队放牧员杨恒万进林放牧，经护林员裴大玉劝阻无效，反将裴大玉打伤，致使一条腿不能着地，治疗 10 余天。永昌喇叭泉分场生地滩、新沟东滩林区 5000 多亩幼林，被水源公社赵沟、新沟大队的羊群践踏、啃食，几乎糟蹋尽光。

3. 偷砍盗伐，毁坏林木。五七分场统计，1976 年发生偷砍盗伐事件 75 起，被盗树木 1068 株，1977 年 1～10 月发生偷砍盗伐事件 58 起，被盗树木 1745 株。

面对严峻的毁林行为，M 县于 1977 年 12 月 25 日至 31 日召开全县林业工作会议，讨论修订了《M 县 1978 至 1985 年林业发展规划》，讨论通过了《关于制止破坏山林树木柴湾草原的公告》。

1978 年 1 月 14 日，县革委会颁发《关于加强管理森林树木保护柴湾草原的布告》。实行"三定"（定护林点、定护林员、定制度），分片划段，责任到人，一管到底，全县各地护林网络形成。1978 年 3 月 29 日，县级各机关 300 多名干部到水库以下 XB 公社以上的地段进行突击压沙造林，压沙 2513 亩，植树 38 万余株。

那时候的义务压沙（见图 6-5），把任务分解到村社，秋天压沙大概一个月，但是压沙的效果不怎么好！林业系统光分任务，可是没有实际效果，就是压下的那些沙窝管护质量也不行，本来的要求是 1.5 米的方格，深要达到 15～30 厘米，可是义务压沙根本达不到这个标准。（访谈对象：治沙承包户，WKY，男）

图6-5 群众义务压沙

资料来源：M县档案馆。

1978年，M县被列为"三北"防护林体系建设重点县。M县制订了《关于"三北"防护林建设和管理办法》《关于林木的抚育、采伐、更新管理办法》。规定要人人动手，植树造林，十一岁以上的国家公民，除老弱病残者外，每人每年至少保证栽活三至五株树，或者完成相应数量的育苗或其他绿化任务①。

在《关于报送一九八一至一九九〇年十年规划》②的报告中，M县相关人员认为把农业搞上去是首要的任务，对于植树造林、防治风沙是这样表述的：

今后除按规划搞好四旁植树外，要大力营造经济林、防护林、用材林和薪炭林，实行乔灌结合，集体个人一起上，间滩空地多的生产队，给社员划拨适当的地方植树种草，加快林业的发展速度，逐步解决我县"三料"俱缺的问题。要有计划地绿化荒滩、沙漠，建立造林基地，认真抓好三北防护林的营造，特别要注意发展收入大的经济林，每个生产队要逐步建立起苹果园，每个农户要有几棵"摇钱树"。还要大力封沙育草，保护好自然植被，减轻风沙对农业的危害。社队林场要务正业，切实把育苗任务承担起来，为成片造林提供足够的苗木。

在1988年12月5日的全县林木管护广播会议讲话中③，时任县长指出：

---

① 《M县人民政府工作报告：1982年1月15日M县第九届人民代表大会第二次会议》。

② 《关于报送一九八一至一九九〇年十年规划的报告》（1980）。

③ 《动员全民、立即行动，切实保护好现有林木和天然植被——崔振富同志在全县林木管护广播会议上的讲话》（1988年12月5日）。

近年来林业工作中的问题主要是：一是个别村社，不经批准在绝对封育区内毁植被开荒，既不征得林业局的同意、土地管理局的许可，又不经过乡政府和县政府的批准，就在县上划定的绝对封育区内和国有土地上毁掉植被开荒，既破坏了天然植被，又违反了土地管理法规。二是坝区、泉山、湖区的部分群众，在封禁区和林区内大量乱挖甘草，不但破坏了天然植被和甘草资源，而且破坏了渠道、公路等公共设施。虽然县政府三令五申，明令禁止，但还是没有及时刹住。三是个别乡、村、社出现了盗伐林木的歪风。四是牲畜啃树的问题。

对于上述问题产生的原因，分析认为：总的来说还是各级领导对保护现有林木和天然植被的重要性认识不足，措施不力，往往是出现了问题时临时抓一阵子，过后又松劲，没有从根本上解决问题。个别乡镇的领导认为保护林木、植被工作可有可无，始终未列入重要议事日程。更有甚者，有的领导竟然把乱挖甘草、植被开荒作为群众脱贫致富的门路，有的乡镇虽然制订了林木管护制度，但是聋子的耳朵不起作用，在具体执行过程中不严肃、不认真，流于形式。还有执法不严、打击不力和普法教育不够、林木管护缺乏群众基础等问题。

此时，建立林木、植被管护目标责任制就显得极为迫切。1987 年 5 月，《中国自然环境保护纲要》要求：执行领导干部在任期内保护和开发森林资源的目标责任制，保护和开发森林资源，制止乱砍滥伐，是各级领导的重要任务。文件要求要正确处理近期利益与远期利益、经济效益与生态效益的关系。不能只考虑变资源优势为经济优势，更不能引导群众用破坏林木、植被资源的办法致富。既要利用资源，又要管好资源。只有这样，才能管而不死，活而不乱。

为了解决产权保障缺乏、林木管护缺乏群众基础等问题，县乡两级政府从 1992 年开始推行可继承的 50 ~ 100 年承包合同。这似乎解决了承包期限的安全问题，但承包林地的农民家庭还面临着另外两个问题。首先，大多数承包的地块都不是整片林地，有时候甚至是分散在好几处的无数小地块，彼此距离也就不会很近了，这使得管理和保护各种林产品都非常困难。到 20 世纪 90 年代末，农民相互之间以及农民与集体或其他公司之间签订了合作协议，才使得人们有可能种植和管理比较大型的林场。

与木材权利相关的一些法规和政策也限制了个人种植和收获林木的积极

性。1985 年，为应对非法的乱砍滥伐现象，政府建立了森林采伐限额和许可制度。由市、县级林业行政主管部门每隔五年编制一次森林采伐限额，上报到省级林业主管部门汇总平衡和编制省级计划，再上报国家林业部，林业部根据资源开发的可持续性计算出国家采伐限额，并以此修订全国方案，提请国务院批准，最后，修订调整后的配额计划再逐级下发到县林业部门。配额不仅是对采伐总量的设置，同时也细分到五种类型的森林（经济林、防护林、用材林、薪炭林和特种用途林）上。

为了对配额进行保障，中国还建立了一整套的许可证制度。即使承包户得到了采伐许可证，他们还需要拥有木材运输证才能把木料运到市场上。而木材和木材制品的市场也受到限制，为了遏制砍伐森林的浪潮，1987 年政府关闭了木材自由交易市场，只允许国家木材公司和林业部门收购木料和经营批发业务，所有其他个人和公司都被禁止从拥有采伐许可证的人那里直接购进林木。学者刘大昌对此总结道：现有的证据表明，对采伐、运输和销售木材的管理和控制可能会有助于保护现有的森林，但并不利于提高农民培育新树林的积极性。相反，由于农民自留地和房前屋后土地和树木的承包权与使用权都更加确定和清晰，他们会把更多的时间和精力都投入到这些地块当中。不幸的是，自留地面积太小，主要都用来种植蔬菜。这些地块上的树木对森林覆盖率的贡献极为有限。即使承包期限有了保障，这些承包林地的农民在中国的绿化和退化环境及生态恢复方面也并不是主要的力量[①]。

6.2.3　财政困局中的地方政府

作为一个农业县城，其财政收入状况一直比较"窘迫"，进入 20 世纪 90 年代，其财政收入每况愈下，这严重制约了 M 县公共服务的供给能力和服务水平。1995 年底，M 县乡（镇）财政供给人员达 3829 人，财政收入为 1939 万元，财政支出达到 1783 万元。M 县政府认为，由于一直实行"定收定支，超额分成，差额补贴，一年一定"的收支两条线的财政管理体制，没有真正调动乡（镇）政府当家理财的积极性，对乡（镇）政府缺乏强有力的约束机制和激励机制。因此，从 1996 年起，对全县乡（镇）财政体制进行全面改

---

① Sen Wang, et al. Mosaic of Reform: Forest Policy in Post－1978 China ［J］. Forest Policy and Economics, 2004（6）. 在世界银行的网站上列有详细的环境项目。

革，改革的主要内容如下①：

实行以"上缴递增、补贴递减"为主体的新的乡（镇）财政管理体制。为促进各乡（镇）培植财源，增加收入，节减支出，自求平衡，对乡（镇）财政实行"定收定支、核定基数、上缴递增、补贴递减、超收分成、超支不补、一定三年"的分灶财政体制。

包干后县财政对各乡（镇）只下达收入任务，收支预算由各乡（镇）编制。每年除新分配的大中专毕业生、复转军人由县财政局负担当年个人部分经费外，其他各种新增支出（包括正常的增人增收等政策性支出）均由乡（镇）自行消化；实行包干的乡（镇）代征县级收入（如耕地占用税、契税等）当年下达的任务必须完成，如有歉收，年终结算时扣回。若遇国家税收政策调整或新开征税种，均属县级收入，应如数上解财政，不能作为乡级财力安排；实行财政大包干后，乡镇财政所人、财、物由乡镇政府统一管理，县财政局负责业务指导、系统考核和宏观管理；为了调动乡镇政府增收节支的积极性，激励乡镇大力组织收入，力争多收超收，年终各乡镇超收部分的2%可用于职工奖励。

这份文件中指出，乡镇财政是国家财政的组成部分及乡镇政权建设的重要组成部分。收支包干的乡镇财政管理体制，对于健全乡镇政权建设，完善财政体制极为重要。各乡镇党政领导一定要加强对乡镇财税工作的领导，把发展经济，培植财源与自身经济利益密切联系起来，由单纯的抓农业变为农业与其他产业并重。因地制宜大办乡镇企业，使县和乡镇都能在财政收入稳定增长的基础上，不断充实壮大本级财力。

改革开放以来中央一直将地方的经济增长作为地方官员的评价考核指标。为了迎合中央发展经济的想法，正如研究所表明的，地方官员为了获得晋升，往往会努力使当地的平均经济增长率高于前任在任时的平均经济增长率。这就导致了地方财政"支出优先"的尴尬局面：生产性公共支出投入过度，民生公共支出极度匮乏（周黎安、李宏彬和陈烨，2005）。地方财政支出倾向于快速促进经济增长的硬性基础设施，而忽视了不能快速促进经济增长但关系民生的软性基础设施。

在包干制的约束和激励下，1996年，M县贫困地区新打深井93眼，部分村社、农户当年打井，当年见效，当年脱贫。南湖开发累计移民645户、

---

① 《M县人民政府关于改革乡（镇）财政管理体制的通知》（M县政发〔1996〕67号）。

2560 人，垦荒种植 1.34 万亩，1996 年种植业全面获得丰收，人均产量和人均纯收入赶上或超过了内地经济条件较好的乡村。1996 年确定的 6 个小康乡镇、155 个小康村的创建任务全面超额完成。到 1996 年底，小康乡镇达到 13 个，是全县乡镇总数的 56.52%，小康村 166 个，占总村数的 68.31%。全县 20 个农业乡镇全部实行了分级理财、分灶吃饭的财政包干制度，19 个乡镇设立了乡镇金库。但这一阶段总体财政调度相当困难，职工工资不能按时发放，公用经费难以足额拨付，专项资金无力到位。

《M 县人民政府关于报送 1996 年工作总结和 1997 年工作要点的报告》中指出，近年来，全县各地兴起的开荒打井热，虽然使土地和光热资源得到了开发利用，但由于地面水严重不足，地下水超量开采，带来了一系列后果严重的问题，特别是农业生态环境受到了较为严重的破坏。同时，由于只开发、不治理，沙漠沿线开垦的荒地往往是广种薄收，甚至受到风沙危害出现绝收，使本来紧缺的水土资源严重浪费。要进一步强化县情教育和法治教育，引导广大农民依法开采，节约用水。同时，要加大执法力度，严肃查处毁林毁植被开荒打井的短期行为，坚决制止这种杀鸡取蛋、竭泽而渔的错误做法。

从以上总结可以看出，政府对开荒打井破坏生态的认识在不断提高，但 M 县此时的财政状况非常紧张。在 1997 年政府工作计划中指出，要严肃财经纪律，从严控制支出，牢固树立过紧日子的理念。做任何事情，都要考虑经济承受能力，量入为出，量力而行，不该开的口子坚决不开，坚决不花不该花的钱，可做可不做的事情尽量缓做。重点从控制会议费、接待费、差旅费、小车费、电话费等非生产性支出，控制吃财政人员的增加等方面抓起，建立必要的监督制约机制，增加透明度。加强预算外资金的管理，改变目前预算外资金使用无序、混乱的状况，还所有权于政府，还管理权于财政，集中于一部分预算外资金，用于经济发展。同时，继续鼓励有条件的行政事业单位创收办实体，鼓励机关干部带部分工资分流，通过创收来弥补公用经费不足部分和职工工资欠拨部分。

从《关于建设 20000 亩商品棉生产基地项目及其论证报告》文件中可以看出，湖区乡镇政府发展经济的诉求异常强烈，也正是在大力发展经济的进程中，县、乡、村各级组织和村民合力对深层地下水的汲取，使得 M 县荒漠化得以迅速扩展。

关于建设 20000 亩商品棉生产基地项目及其论证报告

一、项目目标

地膜棉花是我镇两万多群众脱贫致富的"银色之路",这一项目既适合我镇自然条件,又有较高的经济效益,发展前景十分广阔。但由于受地下水质条件的限制,我镇每年种植面积只保持在 12000~14000 亩。为了尽快带领群众脱贫致富,我们计划借鉴湖区其他乡镇开发深层淡水资源的成功经验,九七年全镇新打 300 米深井 20 眼,增加纯井灌溉面积 6000 亩,用于种植地膜棉花,使全镇地膜棉花年播种面积稳定保持在 18000~20000 亩,实现人均 1 亩的目标,从而把我镇建设成为全区最大的商品棉生产基地。

二、项目可行性及必要性

1. 我镇濒临腾格里沙漠,属大陆性沙漠气候,日照时间长,光辐射强,年降水稀少,昼夜温差大,十分适宜地膜棉花的生长。

2. 地膜棉花投入少,用水量小,产出效益高,深受群众欢迎。通过几年的推广种植,已成为我镇经济作物的当家品种,群众有丰富的种植经验。

3. 我镇劳动力资源丰富,有劳力保证。如新增 6000 亩棉花田除可取得十分可观的经济效益外,还可安置 3000 名剩余劳动力,从而加快群众脱贫和促进社会安定的大局。

4. 扩大种植面积,关键在于汲取深层淡水资源。开发深层淡水,在湖区其他乡镇都有成功的先例,我镇九五年试打 8 眼 300 米深井的成功,进一步证实了此项目的可行性。

三、投资概算

每眼深井造价按 25 万元计,需资金 500 万元,新垦 6000 亩土地,需资金 120 万元,修建农田配套设施需资金 130 万元,共需资金 750 万元。

四、效益分析

按照正常年景中等产量计算,每亩棉田可产皮棉 70 公斤,每公斤皮棉单价按 14 元计,新增 6000 亩棉田可增收 600 万元,当年就可收回总投资的 80%,经济效益十分显著。

但是我镇属贫困乡镇,群众生活比较困难,而该项目投资又比较大。因此，我们恳请县农林办能够在省"两西"① 立项上给予支持。

6.2.4　从地方到中央：石羊河流域重点治理中的地方政府

为尽快遏制石羊河流域的生态恶化，国家从 2006～2007 年安排专项资金 3 亿元，先期启动石羊河流域重点治理应急工程。为了使石羊河流域水资源管理和重点治理得到加强，甘肃省成立了石羊河流域管理委员会和石羊河流域管理局（隶属于水利厅）。在此之前的 2003 年，M 县湖区综合治理项目开始实施，投资 4000 多万元。2005 年至今陆续制订了《石羊河流域水资源分配方案及水量调度实施计划》《关于加强石羊河流域地下水资源管理的通知》等规范性文件（淦述敏，2008），构建了流域地表水量调度和地下水削减开采量地方行政首长责任制，甘肃省财政安排 3700 多万元用于关闭机井补助。

W 市委、市政府成立了治理工作领导小组，把各项治理工作作为年终考核的一项最主要指标。制订了《水权制度改革的实施方案》《节水型社会建设实施方案》《W 市行业用水定额》等规范性文件，实行以人定地、以地定水、以电控水、以票供水等办法，落实农户用水权。市政府还制订了《水利工程供水价格改革方案》《城市供水价格改革方案》，实施分类水价及累进加价收费制度。同时，积极落实缩小配水面积、调整种植结构、建设日光温室等任务，努力推动农民节水增收。

6.2.4.1　关井压田中的国家与社会

2007 年 3 月，《M 县处置关井压田建棚移民等重点工作中出现群体上访事件工作预案》中指出：可以预见，在实施石羊河流域综合治理和落实关闭机井、压缩耕地、建设温棚、移民搬迁等重点工作的过程中，必将发生大量的群体上访、越级上访，甚至采取违法手段或偏激方式上访的问题，为了协调各方面的力量，迅速、果断、妥善地处置这类群体上访事件，切实维护社会稳定和正常的生产、生活、工作秩序，保证县委、县政府的各项决定措施落到实处，特制订本预案。这一处置预案界定的处置对象为：

---

① "两西"指甘肃定西市和甘肃河西走廊地区。国家于 1982 年 12 月启动实施"两西"扶贫开发计划。1983 年 M 县被列为"两西"农业建设县，到 1992 年，在省地"两西"农业建设指挥部的积极扶持下，为 M 县投入"两西"专项资金 3232.855 万元，新建、续建农业建设项目 76 项，农民生活水平有了明显提高，农村经济出现了协调稳步发展的好势头，农业连续 10 年获得丰收。

在落实县上关闭机井、压缩耕地、建设温棚、移民搬迁等重点工作中发生的，违反国家有关法律、法规、条例规定，多人非法聚集，或者聚众围堵、冲击国家机关、基层组织和工作人员，群体围堵公务车辆，阻碍执行公务，扰乱正常的生产、生活和工作秩序的群体上访事件，以及违反信访程序，聚众到市委、市政府，甚至赴省进京上访的事件。

2007年隆冬，这一轰轰烈烈的关井压田历史进程，对当地社会产生了巨大的冲击，对于处于沙漠边缘的群众来说，无疑对他们的生产与生活产生了巨大的影响。已打的机井，按照县上有关规定，给予补偿，但任何人不准再行使用。对于农民而言，这不啻是晴天霹雳：

我当时听了传达几乎不敢相信这是真的，谁知它就是真的。关井压田这个政策，对有些人来说他通过开荒把打井的成本收回来了，关掉也就关掉了；有些人的井是从别人手里转来的，买来一两年成本都还没收回来就被关掉了，这又是大政策，谁也阻挡不了啊！（访谈对象：原A村委会书记，WXN，男）

M县大量的私垦荒地，尽在必退之列，纵然垦农有很多想不通，但是地，必须退，井，必须封，否则，一切治理的措施都是一句空话。

昌宁乡那边上访的比较多，昌宁乡关掉的机井确实比较多。以前政策是放开的，政府考虑的是如何让农民增收，还没有考虑生态这些问题，他们还出台政策支持打井呢！如果没有实施关井压田政策的话，我们县农民的经济收入要比现在好得多呢！我们是个农业县城，地广人稀，只要有水，农民的收入就会不错。（访谈对象：治沙企业负责人，WKY，男）

关井压田政策的急速推进，对于当地依赖开荒种地为生的农民来说产生的影响是巨大的。富万年，封井前他种18亩地，有小麦、玉米等粮食作物，也有籽瓜、棉花等经济作物。还种着5亩地的苜蓿。2004年他的洋葱丰收，卖了4000多元，玉米1400千克，全部留作饲料。2005年他养着50多只羊，卖了11只，收入2455元，羊毛收入890元，洋葱、蔬菜等收入1000多元，总收入基本保持2004年的水平。2005年他的生产成本是2180元，其中四袋尿素330元，磷肥8袋250元，地膜22公斤300元，柴油1300元。人畜吃喝开销外，最多能剩下2000元，大约是2006年的成本费。让富万年万万没想到的是，2007年春天，他这个三天不见一只鸟的沙窝窝里，有天突然来了一帮穿西装的人，他们把他叫到跟前说明了来意，便三下五除二把他的机井给封了，走时对他说:"不准再用,用了罚款,罚得重哩。"这一下,富万年彻底绝望了。

在《中共 M 县委、M 县人民政府关于学习贯彻党的十七大精神和温家宝总理视察 M 县重要讲话精神的意见》中,可以看到这一高层关注的生态治理行动的基层响应和落实的具体过程。

文件中指出:总理从维护国家生态安全、民族生存和长远发展的战略高度,提出了"再过五年,或者十年,青土湖变为湿地,恢复原来湖泊的面貌;M 县不仅不会从中国地图上消失,而且还要恢复生态,成为全国节水模范"的殷切期望;提出了"要实现恢复生态、结构调整、脱贫致富三个方面有机结合的基本思想和打赢 M 县生态保卫战要依靠'动员起来的群众,加上科学的方法、组织的力量'的基本方法";提出了"要发扬胡杨精神,一代人一代人接着干下去"的总体要求。全县上下要着力加强生态文明建设,按照把握"一条主线"(石羊河流域 M 县属区综合治理)、围绕"两大目标"(创建全国节水模范县、防沙治沙示范县)、坚持"三个结合"(恢复生态、结构调整、脱贫致富)的基本思路,坚定不移地推进关井、压田、建棚、移民、节水、封育、压沙、造林等各项重点工作。

在《M 县 2008 年关井压田实施方案中》中可以看到当地政府在压力型体制下的政策实施脉络。该方案是这样表述的:认真做好去今两年关闭机井和压减耕地的后续管理,加强动态巡查,确保真关真压。国土、水务部门要加强协调配合,以个体农林场为重点,在既要保证任务落实,又要林木植被管护;既要保证完成明年削减地下水开采量目标,又要保证生态用水的前提下,将关闭机井的重点区域放在移民迁出区、风沙沿线、农区边缘和地下水超采漏斗区,将耕地压减的重点区域放在国营农林场、个体农林场、未经批准非法开垦和二轮承包面积以外的耕地以及两大河沿线,年底前将关压的对象落实到具体的井位和地块。要进一步完善规划,强化措施,确保明年关井700 眼、压田 11 万亩任务不折不扣地完成①。

我们这里关井压田是 2008 年开始的(见图 6-6),2009~2010 年关闭得最多。压掉了 40 多万亩土地呢,可是关井压田不能像计划生育一样,让你生一个就是一个,这 40 多万亩耕地压掉就相当于把 40 多万亩绿洲压掉了,他们想着要让自然恢复,可是自然恢复得有雨水啊!(访谈对象:D 镇 WJ 村村民委员会主任,XQ,男)

---

① M 县石羊河流域重点治理中共关闭机井 3018 眼,压减配水面积44.18 万亩。

　　一口井关掉给2.4万元的补偿费，我们那个队还有1000多亩荒地，井没关闭，地也不让种。我们队的井是1991年、1992年以社为单位集资打下的，那时候荒地上打下的井不深，最多60米深，那时候的井水用来灌溉、饮用都可以的。一口井所有的成本下来大概是20000元钱的样子，一关井压田我们以前种下的那些树全死掉了。（访谈对象：F村委会主任，PCX，男）

图6-6　关闭机井标识牌

资料来源：作者拍摄。

　　1990～1995年这一阶段，黑瓜子很值钱，值钱以后那时候开荒打井的人就多，2000年以后就被限制住了。不限制也不行了，老百姓只看自己眼前的利益，我种得多我的收入就多，从长远来看这个就很麻烦。我们小的时候大白杨树、大柳树全活得比较好，地下水位高，上游来水我们使用完后就往青土湖里流，后面水位下降，那些白杨树、柳树枯死的就特别多。黄河水还没引过来的时候我们这里1个人种植1亩多地，没水。2001年、2002年那时候我们跑出去的人就很多，2003年以后情况就好一点了，把水解决了，跑的人就少了。我们那时候套上驴车到镇上拉水，1桶水要1元钱，那时候我们这里没有能吃的水。留下来的人一部分是凑凑合合还能过的，哪里也不想去的，家里有小的，想走还走不开的；一部分人是孩子稍微大一点了，娃娃要上学

呢，出去没地方住，什么都不方便就留下来了。（访谈对象：X 镇 ZX 村村民，ZZA，女）

以前打的井大部分都关掉了，那时候打一口井的成本要几十万元呢，全队合起来打井，一个队打一口深井，300 米深，用的是 200 多米以下的"甜水"。井打开以后就大规模种植经济作物了，黑瓜子的价格也是忽高忽低，用水多，收入低，后面就改种棉花了。以前我们的地多，后面逃难跑掉的人也很多，像我们四社的话现在就有 1400 多亩地呢，才 90 多口人，18 户，现在我们主要种植玉米、葵花、茴香、葫芦等，收入还可以。（访谈对象：原 A 村委会书记，WXN，男）

要实现 M 县生态治理的目标，M 县认为，必须要有项目做支撑。要抢抓总理视察 M 县的历史机遇和社会各界关注 M 县的有利时期，做好借势的工作，围绕生态治理的目标谋划项目、争取项目、整合项目、实施项目，形成项目综合效益。

这一时期，M 县生态治理势能明显增大，对于本县未列入重点治理规划的"两河一湖一线"（东大河、西大河、青土湖和民武、民左路沿线）生态恢复、风沙源治理、荒漠草场区生态公益林补偿、压减 40 万亩耕地退耕还林、退牧还草、关井补偿、节水农业、旱作农业、沙产业等项目，县政府的要求是：

加大向上汇报和争取力度，争取列入国家投资计划。各乡镇、有关部门要切实增强抓项目的机遇意识和责任意识，正确把握国家和省市投资导向，立即行动起来，加强协调沟通、跑项目、争资金。要着力优化投资环境，加大招商引资、社会援助、民间资本等项目工作力度，吸引更多的项目和资金进入生态治理领域。

6.2.4.2　农业结构调整之路：从被动到主动

M 县制订的产业结构调整的目标是：实现经济结构由农业主导型经济向工业主导型经济转变，生态环境由脆弱性地区向生态良好方向转变，发展模式由资源高耗能型向绿色循环的低碳经济转变，增长方式由投资拉动型经济向消费和投资齐驱型经济转变，县域经济由快速扩张期进入和谐发展期[①]。

这一时期，M 县大力调整大农业内部经济结构，以建设优质特色农产品

---

① 《M 县 2007 年工作总结及 2008 年工作计划》（2008 年发布）。

基地、林果大县、畜牧强县为方向，以提高资源利用率为核心，调整优化农业结构，把特色林果业作为农业结构调整的重要方向，启动实施"2311 计划"，即户均达到 2 座棚（1 座日光温室、1 座养殖暖棚）、户均 3 亩特色林果（以酿造葡萄和红枣为主）、人均 1 亩特色经济作物，实现人均收入 1 万元的目标，大幅度提升特色林果业在农业产值中的比重，使特色林果业成为农业生产新的增长点和农民增收的新途径。

在政府强力推行农业结构调整的初期，出现了一些"非期然后果"：

我们的特色林果业受市场的影响很大，这几年销售不好。当时红枣和枸杞都发展了 20 万亩，是 2010 年开始发展的。县委、县政府组织人到新疆去参观，那时候新疆的红枣市场好、价格也好，当时就考虑我们发展什么，怎么样发展这个问题。后来到宁夏、山西、山东参观，回来后确定了发展红枣、枸杞和葡萄（见图 6 – 7）。当时县上定下的发展规模不是太大，后来到火书记时期一下子发展规模就太大了，后面卖不出去，老百姓就不太认可这个东西。（访谈对象：林业和草原局干部，CWR，男）

图 6 – 7　M 县特色经济林

资料来源：M 县档案馆。

当时在全县来说搭建的日光温室就特别多，现在虽然有些不用了，但是作用仍然非常大。据我所知，个别乡镇有几百上千座日光温室。还有一个就是修了暖棚搞养殖，为了禁牧，不让牲畜在外面跑，害怕破坏生态，就把羊圈养起来，这也是个办法。这样一来，农民的生产方式发生了大的改变，生

活方式也发生了大的改变，农民的生存方式也得到了很大的改变。（访谈对象：H 工业园区书记，MHJ，男）

　　我们这边 10 个村种枸杞、枣树，没有一个村是有收益的。我们这里以前没种过枸杞，也没有种成功过的经验。那些地大部分都荒掉了、浪费了，有保留一部分的，也有全部砍掉的。90% 以上的人从枸杞上没卖过什么钱，种苜蓿的还可以，国家还给点钱，这个东西少浇水是可以的，比种庄稼还好呢！2010 年以后我们种植枸杞四五年，一个人能栽一亩多地，可是没有什么效益，后面都被毁掉了，因为产量低，品质也差得很。本身我们是种庄稼的，枸杞这个东西比较费工，我们也不怎么会种，沙枣树也没产生什么效益。（访谈对象：D 镇 B 村村民，WXX，女）

　　现在我们主要种的就是茴香、葵花、玉米这几种农作物。茴香我们种得很早，历史上就种植，刚开始是人工种植，后面用机器。茴香在我们这里是历史最长的，也是最久的。种植茴香的保障系数好一些，种植茴香不赔，就是种得少一点它也稳当。就是一亩地打个 300 斤，也能卖个 1000 元钱，不像葵花这些，价格一年和一年不一样，葵花就有这种赔的迹象。前几年葵花不好的时候，几年下来都是白种，今年我们玉米种得最多，价格是 1.2 元，一亩地能弄个 2000 斤左右。（访谈对象：XQ 镇 W 村村民，XKY，男）

　　在 2011 年 6 月 27 日的全县特色林果业技术总结会上①，总结了全县特色林果业发展中好的做法和成功经验，并分析了存在的问题。会议认为：一是针对发展林果业一次性投入大、见效慢、农民积极性不高的实际，建议提高特色林果业发展扶持补助标准，酿造葡萄补助标准由现行的 500 元/亩提高到 1000 元/亩，红枣补助标准由 300 元/亩提高到 400 元/亩，枸杞补助标准由 400 元/亩提高到 500 元/亩。二是从全县自然条件、市场需求和国家、省上产业定位的角度分析，建议相对突出酿造葡萄的主体地位。三是建议将特色林果业补植补造苗木纳入补助范围。四是林果技术服务人员少，技术推广力量薄弱，专业人才缺乏，建议引进人才以充实林果业技术服务队伍。五是针对今年林果业建设中苗木浪费和假借发展特色林果业之名种植农作物的情况，建议向明年发展林果业的种植户收缴林果业发展种植保证金，待验收合格后再如数退还种植户。

―――――――――――

　　①　M 县人民政府 2011 年 6 月 28 日发布的《全县特色林果业技术总结会议纪要》。

随着设施农牧业、日光温室、养殖暖棚、特色林果业基地的建设，以及农业综合节水技术的发展，农业产业化龙头企业的培育，贫困群众自我发展能力得到不断增强。2013年新建设施农牧业3.07万亩，新增特色林果12.01万亩，累计分别达到11.7万亩、30.97万亩，率先在全市实现"户均2亩棚、人均1亩林"的结构调整目标。新增农产品注册商标10个，认证无公害农畜产品12个、基地16个、认证面积30.1万亩，认证绿色食品、有机食品和地理标志产品15个，新增农民专业合作组织398个，培育省市产业化龙头企业13家，成功申报"中国肉羊之乡"誉名①。

2019年，M县打造了CX红旗谷、SW供港蔬菜等8个县级特色农业示范园和21个镇级示范点，SC镇被评为"一村一品"示范镇，SW现代农业产业园被列入粤港澳大湾区"菜篮子"生产基地，M县特色优质农产品美誉度、影响力明显提升②。

我们这边种的紫花苜蓿主要是外卖，我们自己也没有那么多的牲口，吃不掉的。价钱好的时候一亩地能卖2000元，种这个东西不用犁地，也不用铺地膜，就是付些打包费，水也用得很少。就是一亩地卖1000元，也能落下500元，水一浇上就可以到外面去打工，等到成熟了，回来机器一收就好了。种植苜蓿是最干散、风险最小的。四五个人的家庭的话，政府一个人给几千块钱，也能弄下2万~3万元钱。以前农民的意识是你给我我也不种，以前种苜蓿都是政府让种的，之后农民们意识到自己老了，受不了苦了，苜蓿的成本又小，种上苜蓿有保障，就成自发的了。（访谈对象：D镇C村村民，XF，男）

我们坝区主要是搞日光温室，种上两三个棚收入就不错了，外出打工还是没有保障。一亩沙葱能收入5000~6000元，一斤能卖2元钱的话就能有7000~8000元的纯收入，那就好得很！一亩地的收入相当于10亩大田的收入呢。（访谈对象：D镇WJ村退休书记，XSJ，男）

我们产业结构调整采用的措施就是提高水的利用率，限制地下水的提取。我们种的作物少了，耗水少了，但是我们经济收入没有减少，这就是我们产业结构调整的成效。（访谈对象：农业农村局干部，WDM，男）

蜜瓜今年一亩纯收入基本上都过万的。M县蜜瓜品质特别好，价格炒得

---

① 《M县人民政府2013年工作总结》。
② 《2019年M县统计年鉴——2019年M县国民经济和社会发展统计公报》。

最高的时候，一斤就卖到了 4 块多。一亩地的话，瓜的品种不一样，亩产 4000 斤的也有，5000 斤的也有，6000 斤的也有，7000 斤的也有，甚至还有过 8000 斤的，有一个人我知道他有 10 亩地，纯收入过 20 万元。

我包的这 5 个村都是以种瓜为主，这个地方地广人稀，好多人都出去了，然后地就给了自己的兄弟们啥的，一家种好几十亩甚至上百亩地呢。有一个社现在有 20 户人家，2013 年、2014 年时贫困户很多，但是现在人家的收入高得我们都不敢报，报上去人家省上说这个是异常信息，这个东西不能报，我们只能"研究"着报。除了两户是老人种不动地的，他们就是靠平时子女们寄些钱生活，再就是我们给他能五保的就五保，不能五保的低保他也享受着呢，这些就相当于政策兜底的一部分人，其他 18 户人家户均收入都上 20 万元了。18 家里面有七八家吧，收入过 50 万元；还有 2 家收入 100 多万元。像建立村的话，一口人平均下来都 10 亩地呢，但是我们这地方限制水，是按照人均 2.5 亩地走着呢，要掏高价水费，但是高价水费你也挡不住人家种植，今年瓜价太好呀！这都连续三四年了，瓜价一直都好得很！（访谈对象：XQ 镇副镇长，LG，男）

6.2.4.3 承包治理：荒漠化治理投入机制的创新

为吸引不同经济成分投资和参与荒漠化治理，M 县于 2010 年 5 月 14 日发布了《M 县沙漠承包治理管理办法》，尝试引入市场化投入机制。从资金上扶持、贷款上倾斜、权属上落实、税收上优惠，鼓励群众、国营林场和科研院所防沙治沙、保护生态，充分发挥群众的主体作用和国有林场、林业科研单位的主力军作用。合理调整生态公益经营者与社会受益者之间的利益关系，对生态公益经营者支付的投资进行补偿，弥补工程建设和管护经费不足，调动生态公益建设者和管护生态治理工程参与人员的积极性。

2000 年以后，我们采用企业治沙的方式，我们从组织者、实施者、监管者，也就是说从自编、自导、自演、自唱到现在只是作为一个监管者，我们就把质量关。我们 M 县治沙主要种的是梭梭，这个地区种其他的也不容易成活。企业来做这个的话如果管理精细一些就能赚钱，如果管理粗放就赚不了钱。（访谈对象：S 林业站站长，THX，男）

而这一时期的国家各类生态治理项目的介入，为 M 县荒漠化治理提供了重要的制度和资金支持。黄宗智认为，由国家挑选和资助的项目发包制度结合了发包与合同、① 行政体系内部（各层级间）的内包与政府和社会间的外包。这个制度如今被广泛地使用，有的社会学理论家甚至将其比拟于计划经济时代的"单位制"，论说新制度是一种韦伯型的现代化、"合理化"（或"科层制化"），并且已经取代了单位制而成为中国治理模式至为关键的制度和机制（黄宗智、龚为纲和高原，2014）。在笔者看来，更为重要的也许是，项目制的用意是要利用其竞争激励机制，推进政府内部层级之间和政府与外部社会之间治理承包主体参与的积极性。

一个依靠行政内部的升迁激励及管控机制，一个依靠项目竞争、延期或重新获得新项目等外部社会的激励机制及国家的监督（如验收）。它的用意是要通过竞选和验收来结合市场竞争和政府调控。由于项目制所依赖的激励措施主要是"私人利益"而不是"公德"或社区利益，因此很容易导致忽视公共利益的价值观和行为，更加突出日益严重的全社会道德真空问题（黄宗智，2019）。

一位治沙公司浇水工人的一首打油诗形象地对此进行了描述（见图6-8）：

图6-8　旱季治沙工人补水保苗

资料来源：M县档案馆。

---

① 黄宗智区分了"合同"与"承包"的不同，在他看来，"合同"一词的核心是两个实体之间的协议，在横向市场交易中具有同等的议价能力，并受到法律保护。"发包"与"承包"之间的关系是国家对自然人或法人（如官员、农民或农户）的纵向承包责任，同时给予后者一定程度的自主权。改革之初，国家逐步将社会主义制度（和计划经济）改变为"社会主义市场经济"体系。国家决定将农村土地的所有权和经营权分开，并将后者分配（发包、承包）给农民。发包自始是并且现在仍然是一个由上而下的举措，而不是两个平等体之间的协议。事实上，即便国家将经营权转让给了农户，使他们能够为市场独立生产，他们仍处于国家的最终控制之下。

　　拉水浇树挣钱钱，热得我就不行行。

　　热了你就缓缓做，不要浇成半坑坑。

　　老板栽树为了钱，浇得多了他不行！

　　随着政策、机制的转变，像这个义务投工投劳就没办法做下去了。因为好做的、近处的都已经做完了，现在未治理的离我们农区就非常远了，这样的话投入就比较大，1亩地得1千多块钱吧。以前呢，是我们老百姓把草背上去治沙，随着农业结构的调整，农民们种的庄稼也少了，经济作物多了，农民不种粮食了就没有麦草和秸秆了，以前的农民把麦草背到沙丘上去压沙就是为了保护他们的农田。（访谈对象：县林业和草原局局长，LKS，男）

　　老板们治理沙漠成立的治沙公司，现在必须得有资质，不过公司规模的话只要有关系可大可小。有些压沙老板以前啥资质都没有的，但是人家有关系啊！越到下面这"关系"的作用就越重要。国家任务下来后，你就招标，包上多大的面积你就弄去，完了进行验收。M县这边治沙老板们的收益很好，刚开始治沙时费用高，给的钱多。青土湖治沙的时候，一亩地给1400块钱，压沙的老板们主要是为了钱。（访谈对象：MQ治沙企业工人，WL，男）

　　亚当·斯密认为，在市场交换中的"各个人都不断努力为他自己所能支配的资本找到最有利的用途"。因此，他考虑的不是社会的利益，而是他个人的利益（亚当·斯密，1972）。这种对自我效用的追求和关心，是"经济人"关注个体利益的本性使然。

　　虽然会存在治沙老板们追逐"私利"的问题，但也得承认，与一般的发包/承包制度相比较，项目制所规定的目标更加明确，它在项目发包前能激发竞争和承包方的创新性与积极性。

　　2000年之前的压沙面积也就是每年几千亩，2000年之后基本上是国家的项目带动压沙，每年的压沙面积是10000~20000亩，规模扩大了，国家的生态治理、产业发展投资力度都加大了。早期我们防沙治沙的规模小，那时候基本上是义务投工投劳，林业上负责苗木，到中期多少有些资金，但是资金不是太大，资金大是到2000年之后了。"林业六大工程"的实施主要是以项目治理的形式开展的。

　　2000年的时候，那时候乡上组织压沙，太分散，麻烦得很，在青土湖压沙路又来回特别远，不方便，还牵涉安全的问题。那时候是三轮车，不像现在是小车，乡镇上能收上来钱的，那就一亩地是多少钱，乡镇上把麦草拉来，那时候有防沙治沙的合作社、带头人了，就雇上个老板由他来承担压沙的任务。

如果把老百姓发动起来压沙的话安全和交通上是个大的问题。那时候压沙路程远的在凌晨三四点就得出发，人那时候还昏昏欲睡、大脑还处于不太清醒的状态呢，就会有安全隐患，那时候也发生过一些安全事故。所以就考虑安全第一，开始组织专业的人员去做这个事情。那时候搞义务压沙，林业上的技术人员得到现场进行指导。那时候主要由乡镇来组织，林业上主要是规划、技术指导。主要靠的是三北防护林的资金，每年给你分上 2000～3000 亩。

1998～2001 年我就到勤锋林业站上了，最早三北防护林工程治沙是 1 亩地给 7 元钱，那时候的苗子是林业上供给的，老百姓就挣个劳力钱。那时候降雨多一点，也不需要更多的管护，那时候种下的林子现在好多都退化掉了。以前老百姓的造林有的乡村做得好一些，有的做得就差一些，参差不齐。后面的工程造林相对就专业一些，成活率达不到 85% 不给付款，标准就提高了。工程造林是从 2010 年开始的。招投标是从 2008 年开始的，那时候省上每年给我们 1000 万元防沙治沙专项资金，连续给 4 年，我们的治沙是全民动手、全党动员。（访谈对象：SJC 治沙站站长，XXZ，男）

现在的验收严格了，2007 年、2008 年那个时候不太严格。我们三月、四月种梭梭，六月前后的时候就得浇水，浇水的时候老板们凑合一下哄一哄政府就完事了。（访谈对象：C 治沙企业负责人，SJM，男）

在政府内部，承包的官员们固然要对社会主义政党国家的监控负责，而外包的承包者也要受到验收和再次申请项目等的监督。今后，如果能更明确地把社区改善（如乡村公共服务）确定为重要目标，那么这在振兴社区和社会道德方面应该会发挥一定的作用（黄宗智，2019）。

正式的承包合同是 2007 年开始的，就开始有招标了，到了 2010 年就要求成立公司（见图 6-9），必须要有资质才可以承包治沙。从 2007 年石羊河流域重点工程治理实施以后，规模化的承包治沙就开始了。刚开始的时候大概是 30 多个老板，现在可能有好几百人，竞争也大了。从 2019 年开始我们压沙的规模小了，上面来的治沙专项资金也少了，有一些退化林修复项目，可这些项目就是修修补补的工程。治沙规模最大是 2015～2018 年这四年，这

四年的话每年都有几万亩呢，我们能承包几千亩，在此之前是一年能承包几百亩。（访谈对象：治沙企业负责人，WKY，男）

图6-9 治沙公司承包治理沙漠现场

资料来源：M县档案馆。

总的来看，项目制的优势超过其弱点。它可以被视为一种行政发包和市场合同相结合的机制。

现在压沙每年都是正规的招投标，以前验收是3年，现在变成5年了，5年包成活，时间拉得长了！以前压沙是弄好直接就不管了，他们林业上弄去。以前给的钱光是压沙的钱，你压完就可以了，工程合格就算验收完成了，现在包括的项目就多了：压沙、做沙障、种植梭梭、三年的管护（防止骆驼、牛羊的啃食——主要在甘蒙省界右旗的地方，他们放牧，这些地方就得雇人长期看护），保活率还得上去。现在每年压沙雇人也不好找了，老龄化严重，找一个人治沙的话1天的工钱是200左右，零工得150元钱。现在招标一亩地能给我们1200元左右，最终能落到我们手里就是100~200元。现在每年能承包几百亩到1000亩。现在每年的承包竞争是很大的，一般人搞不上，去年的话是三个人一个标段，一个人就只能有400亩地，以前项目多的时候1个人有好几个标段呢，现在的林业局局长来之后是人人有份，现在的项目工程就少得多了。这两年不好做了，以前能挣下钱，现在挣钱挣不来了，现在就是挣点小钱，挣大钱是不可能了。（访谈对象：治沙企业负责人，WKY，男）

现在的老板很多，如果风险大的话，就不会有这么多的老板！我们这个活就是个受苦的活，不像修路、盖楼等要一些设计，没什么技术含量的，主要你操心的话人人都能做这个工作的。（访谈对象：治沙企业负责人，WL，男）

6.3   荒漠化治理中的企业与社会组织

6.3.1   "点沙成金"：治沙与致富的结合

企业作为市场经济活动的主体和社会力量的重要组成部分，是否可以参与荒漠化治理中引起了学术界的广泛关注。1984年，钱学森提出"沙产业"理论。樊胜岳（2005）等在此基础上结合马歇尔、庇古和科斯三位西方经济学家所提出的关于公共产品与外部效应的相关理论，研究了荒漠化治理模式和体系，并提出荒漠化治理的生态经济模式。他们认为应该形成国家、企业和农民共同投资荒漠化治理的制度。政策支持是企业参与荒漠化治理的重要前提，生态补偿和沙产业发展是企业参与沙漠化治理的根本动力。生态现代化有四个核心要素，即技术创新、市场机制、环境政策和预防性原则，其中环境政策的制订和执行能力是其中的关键要素（郇庆治和马丁·耶内克，2010）。同时，企业参与荒漠化治理，可以促进治理资源的整合，丰富投资主体，加强治理投入，提高治理效果，有利于生态建设和区域经济发展（郭秀丽和周立华，2018）。

M县于2011年12月16日发布了《关于沙区及生态林承包治理经营的实施意见》，这是对"国家有投入、科技作支撑、农民有收益"的生态建设长效机制的一种探索和创新，坚持保护与利用并重，稳定和完善未治理沙区和治沙生态林个体承包经营主体地位，使社会各界参与沙漠治理和生态保护的积极性得以调动，以促进生态、经济、社会三者的协调发展。

以甘肃省青土湖沙产业开发有限公司（负责人HDR）等为代表的治沙企业是当地实践企业参与荒漠化治理的典型，这些治沙企业的创新实践正激励着当地肉苁蓉等沙产业的进一步发展。

6.3.1.1   进入沙产业：环境逼迫与主动尝试

1995年，HDR从内蒙古左旗回到M县，在此之前他在左旗的煤矿工作了12年，做过装卸工、技术工、矿长。当时M县政策允许让农民在沙漠腹地开荒种地，他回来打了1口井，开了8亩荒地，过了几年，政策变化不让种了。当时 M 县的生态环境已经极其脆弱，植被大面积退化。2003 年，政府推行退耕还林政策，他就把那些开下的荒地种上了梭梭，到 2007 年，《规划》开始实施，政策要求大部分机井必须关闭，这是《规划》实施中的一项重要内容。

我们 XQ 镇沙窝里面打的井可多呢！都是六七十米的机井，水质挺好的，牲口能吃，人也可以吃。当时我们很多井就用来栽了树，农民们当时也不愿意，不怎么接受，对农民来说种地有保障啊，不会生活没有依靠。当时的政策要求我们种树，因此我们就把那些地用来退耕还林了。退掉以后，给我们一亩地 200 斤麦子，后面折价，一斤麦子折合 8 毛钱，给 160 元。我当时在村上当主任呢，我自己的地不压其他人也就不压，没办法我就把自己打的一口井关掉了，关掉之后就带动其他人把我们村的井都关掉了。当时关井是有补偿的，打井的成本是 24000 元钱，我们的井关掉之后就栽了 330 亩的梭梭，后面县林业局就给了我们一亩地 50 块钱的苗木补贴。地压掉之后，一亩地给 160 元钱，就没办法养活人，我一个朋友很早就开始做肉苁蓉这个产业了，人家发展得好，他就给我说你把梭梭种上，不行你就搞肉苁蓉，效益会好些。2007 年，我就进入这个梭梭嫁接肉苁蓉产业了（见图 6 - 10）。

图 6 - 10 查看肉苁蓉生长情况

资料来源：M 县档案馆。

6.3.1.2 环境友好政策：政府支持与自我实践

2010 年 5 月 14 日，《M 县沙漠承包治理管理办法》正式实施，目的是鼓励和动员社会各界积极参与防沙治沙工作，推进防沙治沙和生态环境综合治理进程，促进经济社会的可持续发展。文件中规定的允许承包治理的沙漠，是指在全县防沙治沙规划中确定的预防保护区和治理利用区中的国有沙化土地。这一环境政策的实施和政府官员的支持，为当地社会力量和企业进入荒漠化治理打开了一条重要的通道，保障了企业参与沙漠化治理的合法权益。2011 年，M 县又开始实施《沙区及治沙生态林承包治理经营的实施意见》。至 2015 年，共完成沙区及治沙生态林承包 40 万亩，梭梭接种肉苁蓉①5 万亩；完成集体林地勘界确权面积 36.1 万亩，其中家庭承包经营面积 32.14 万亩，颁发林权证 2.13 万本，有 2.2 万农户领到了林权证。加快集体林权制度配套改革步伐，落实林权交易细则和管理制度，完成林权流转面积 2.45 万亩，完成特色林果业确权颁证面积 13.12 万亩，颁发林权证 2.87 万本②。这些措施的实施，为企业和各类组织、个人进入沙产业提供了政策支持和制度保障。

我到县上给当时的书记把我要种肉苁蓉的想法说了，他也同意，我就在承包治理的那些梭梭树上先尝试搞了 150 亩。当时的梭梭种子很贵，1 公斤要 9 万元，种上之后第二年出来了一些，我当时就很高兴，觉得我们这地方发展这个产业也是可以的。它就是出来一点点，终究是出来了，证明我们这个地方不是种不成这个东西。实际上我种的那些东西刚开始效益一点都不行，全是雇的人在种植、浇水、管护，从播种到采收全要付人工。春天采挖时最多得 100 多人，我们刚开始种的时候是 1 亩地人工是 120 元钱，现在是 150元，找不上人的时候 200 元也得掏。我们这个活女人干得多，其实女人们心细，不像男人们大手大脚的。我们种植这个东西，每个环节都得按程序走，哪个环节做不好的话就会前功尽弃，不好好弄你栽不出来东西，从种上种子

---

① 肉苁蓉是一种名贵药材，野生肉苁蓉极其稀少，一根 70 厘米长、5 厘米粗的野生肉苁蓉，能卖到上千元。肉苁蓉需要生长在气候干旱、日照强烈、冷热变化剧烈，且风大沙多的地方，年降水量小于 25 厘米的环境最为适宜。M 县 XQ 镇的种种条件均符合肉苁蓉生长所需的环境特征。肉苁蓉亩产量在 40～75 千克不等，每亩收益 3000 元上下，是笔可观的收入。肉苁蓉必须寄生在梭梭树根部才能成活。人工嫁接肉苁蓉可以实现治沙与致富的良性循环。

② 《M 县 2015 年工作总结和 2016 年工作计划》。

到采挖需要 3 年时间。

　　刚开始我投的那几十万块钱就没产生什么效益，但是对我来说就是一个做实验的过程，就现在来说也是一个摸索的过程，不论是种植的距离上，还是下种子的量的把握上等，现在我还是在摸索。不过现在我种 5000 亩地了，最起码成本可以收回，手里还能落下几个，我投入的这些既没有贷款，也没有借款。以前的副县长对发展这些产业比较感兴趣，我无偿承包了这些地，让我做个示范点。

　　那时候我们县压的沙地多，造的林也多，可是光压沙造林却没有什么效益。再一个我们县种的地是越来越少了，是不是可以从治沙的过程当中能产生效益。当时县上领导其实也一直在琢磨这个事情。我们副县长就说你看那些梭梭比较好，给你无偿承包一些，你先来搞。你先把这些林子管护好，之后你去发展肉苁蓉产业。刚开始林业局给我承包了 2000 亩地，当年我就种了 600 亩。当时对我来说资金上害怕呢，投资大得很！一旦投出去回不来咋办呢？从 2016 年开始就有收益了，肉苁蓉就开始挖了，卖掉以后手里就有钱了，然后又开始扩大种植面积，实际上就是滚雪球这样滚起来的，就像老人们说的：羊毛出在羊身上！还是那些肉苁蓉上出来的东西。

6.3.1.3　技术革新之路：自我摸索

　　如上所述，肉苁蓉的种子当时是 HDR 从内蒙古购进的，其价格基本和黄金价格持平，对于刚开始尝试种植肉苁蓉的他来说，无疑是一个沉重的负担和风险。在实践中，他开始摸索如何自己生产种子，这在很大程度上降低了种植肉苁蓉的生产成本和风险。

　　肉苁蓉种子的出苗率大概是 4‰~5‰，我自己采种的话 1 亩地 400~500 块钱的成本就省下来了。我这个人文化水平不高，但是我喜欢学习。我在内蒙古的时候就有意识去学习他们种植肉苁蓉的经验，来 M 县后我就认真实践，在他们种植的基础上根据我们 M 县的自然情况加以改造，摸索总结出我们自己的种植经验和技术。我们现在的种植模式最好学、最简单，而且是最好的。我根本不用他们采用的那些材料，你种庄稼的心里就得想着种庄稼的事情，在实践当中得慢慢地摸索着做，你想通了这个道理其实非常简单！兰州大学生命科学学院的刘教授，他在种子方面很有研究，他就说种子需要处理，要不然种上达不到它的休眠期出不来，可是通过我的实验发现，实际上根本不是那么回事，我们采下来的种子放下，到了一定的时期它的休眠期自然就结束了，我们不处理的种子的发芽率其实还要高一点，采下来放一年时间第二年就能种，我们一年下来卖一些种子、卖一些肉苁蓉，剩下的地想种就种点其他的，不想种就算了。

2011年县里出台承包治理沙漠的政策，我无偿承包了4600亩地。我是M县大面积种植肉苁蓉的第一人，我有这个吃苦耐劳的决心呢，事实上搞这个产业半途而废的多。一个原因是投资大，另一个原因是投资的周期很长，不像我们种庄稼，春天种上，秋天就可以收获了，特别是我们做这个产业不坚持是根本不行的。不论是我们M县搞红枸杞也好、葡萄也好，你不坚持几年根本就没办法见效益。搞这个特色林果业是谁上来搞谁的一套，一届领导上来就会有自己的一套呢，谁上来唱的是谁的调子，但是农业上不是那么个玩法，你必须得现实。

真正干旱的时候，我们在梭梭上得补水，成本挺高的，基本上两亩地得一车水，6方左右，成本得200元钱。我们有些领导说，不能发展肉苁蓉这个产业，对梭梭有损害呢！有影响还是没有呢？当然是有的，我们要发展这个产业，想让它的品质好的话，我们这些承包者肯定得想尽一切办法让梭梭往好了长呢，梭梭长好肉苁蓉也会长好！肉苁蓉长好了我们的经济效益才会好啊！其实就是这种简单的双赢关系啊！

6.3.1.4 生态效益与经济效益的融合：现实与期望

在HDR承包的4600亩生态林里，目前嫁接肉苁蓉有产值的达到1000亩左右，采挖100多吨，以后产量会越来越大，因为种下的肉苁蓉种子三年后才能成熟采挖。2021年他们的收入概算是300多万元，相较往年价格有所下降，产品主要销售给一些商贩和肉苁蓉加工企业，这些企业收购回去以后进行深加工，做成化妆品、肉苁蓉粉、酒等高附加值的产品。

这个产业要能往好的方向发展的话，我觉得还需要政府大力支持，毕竟这个产业投资太大。就我们风沙区来说，嫁接肉苁蓉真正是个好产业，不管是管护梭梭，还是增收，当地的老百姓肯定能做好。沙压上、树栽上、管护上不去肯定还是不行啊！交给我们当地企业来做的话，树种上、产业发展上、管护上，一方面带动当地经济发展，带动当地群众增收；再一个当地企业能把生态林管护好，能给他们带来效益，他肯定会尽心尽力去管护林木啊！发展这个产业必须得把这些关系搞清楚，你产生效益了就会保护好梭梭，就像养羊一样，你管护好了它给你下羊羔呢，实际上就是这么一个关系。

这个产业就不是个急功近利的产业，从植树造林到种植肉苁蓉产生效益你最少得六年的时间，你梭梭种上不到三年的话不能接种，必须得是三年的树才能接种，肉苁蓉的种子种上差不多得三年的时间才能出苗。我们这边肉苁蓉的品质和内蒙古是一样的，50 厘米长的我们可以装礼盒，比国家药典上面的标准还要高，药典成分标准是 3%，我们是 7%，我们这边和阿拉善那边一样都是沙漠地带，气候各个方面的条件都是一模一样的，我们这边除了种植肉苁蓉，还有种沙葱、红枸杞、红枣、甘草这些，也都属于沙产业的范畴。从我们的角度来说是为了效益，梭梭长好了，生态自然就好了啊！所以这就需要我们的政府在这方面有一定的激励政策，你刺激一下，这个产业它就会搞得更好！

2017 年，我们治沙企业要贷款的话，地方政府就会出面和银行协商，这个真的挺好的。不论发展哪个产业，都需要政府进行扶持，我那时候做的时候，县长比较感兴趣，他和我坐到一起没少说这个事情。现在肉苁蓉产业被国家纳入药食同源了，但是纳入药食同源是有一个过程的，不是说马上就能见效，人吃上以后到底有什么效果，有什么副作用，必须得先拿到相关的数据。发展这个产业的话首先得考虑好销路，没有销路的话可以说这个产业就不能发展。以前我们湖区政府号召我们发展特色林果业，枸杞、酿酒葡萄、红枣。但是我们湖区引进的红枸杞品种不行，全是宁夏中宁那边淘汰下来的次品，我们种上了得不到效益，后面就全改造掉了。肉苁蓉你要进行深加工国家是有标准的，你必须得达标才可以，我现在就想着怎么能把这个东西种好，怎么能把它的品质提高上去，怎么能把这个效益提高上去，我们现在也在做有机产品，我注册的商标是"沙乡缘"和"大漠佳蓉"。

6.3.1.5　区别：在地企业与外来企业

我的公司在 M 县效益是最好的，首先我没有债务，以前我们县种肉苁蓉的人比较多，现在少。以前的西大河那边种植肉苁蓉的是外地的企业，后面不弄了，走了。主要是他们种不出来东西，他们产量不好，他们搞的时候比我迟一年，他们搞滴灌，水车把水拉到那边用大塑料桶灌，是中国农科院的一个教授弄的，光种一棵肉苁蓉的材料费就得 18～20 块钱。我是慢慢摸索出了自己种植的一些方法，产量挺好。

他们产业没发展起来，把梭梭也弄坏了，好多被老鼠吃掉，梭梭就成片成片地死掉了，我们县书记发现后就不再给他们承包了。生态林重点是管护，你把地承包上以后，哪怕是你少种一些地，如果是 1 万亩，哪怕是你种植 1000 亩地，但是你得往好了种，那 1000 亩地你种好了让它产生效益，完了你慢慢地发展。他们是贪大求全，所以产量上不去。你企业得追求效益，这是最关键的。作为我们企业来说的话，首先我们考虑的是效益，你不考虑效益以后怎么发展呢？有了效益以后，你灭鼠也好，浇水也好，干啥也好就有了心劲了，你没效益的话，你投资啥的就都没心思做了！

资金问题是制约 M 县荒漠化治理的主要因素之一。企业参与荒漠化治理，在一定程度上可以缓解荒漠化治理资金短缺问题。随着沙产业的发展，企业参与荒漠化治理可以获得盈利，可以通过沙产业的发展来推进荒漠化治理和生态恢复，实现生态与经济的共赢。同时，企业参与荒漠化治理有利于荒漠化治理主体的多元化。并且，企业参与在一定程度上有利于保证当地农民在荒漠化治理方面的利益，农民的利益能否得到保障是衡量荒漠化治理政策是否可持续的关键。企业参与防治荒漠化，还可以为社会创造更多的就业机会，使当地农民逐步从第一产业进入二三产业，拓宽就业渠道，增加居民收入，提高农民抵御自然灾害的能力。再者，企业作为"理性经济人"，为获得最大治理利益，便会自己寻求管理的优化和治理技术、方法的改进和创新，在使荒漠化治理成本降低的同时，也会提高其治理项目运行效率及治理的科技水平（郭秀丽和周立华，2018）。

但目前参与荒漠化治理的 M 县企业较少、规模较小。同时，荒漠化治理问题的公共性、外部性与企业目标的盈利性之间也存在一定的矛盾。所以，如何实现荒漠化治理与企业盈利的良性耦合，是企业参与荒漠化治理能可持续发展的关键。

6.3.2 从"拯救 M 县"到"吃瓜群众"：一位公益治沙者的故事

MJH，出生于 1981 年 2 月，汉族，甘肃 M 县人。M 县国栋生态沙产业专业合作社负责人，法定代表人。"拯救 M 县"志愿者协会总干事，负责志愿者联络任务以及互联网植树项目在 M 县的运行。他参与 M 县荒漠化治理的故事可以让我们看到在新的历史时期里多主体参与荒漠化治理的未来走向和可能的变迁路径。

6.3.2.1　参与"拯救 M 县"：互联网里的摸索之路

2000 年以后，M 县的生态问题引起了 M 籍有识之士的强烈关注，他们注册网站，宣传 M 县，2005 年，民间网站有 10 家，影响较大的有"共同努力网""M 县大众信息网"。

2004 年，MJH 23 岁，在昆明打工。他的一个朋友 HJR 在兰州大学读计算机专业的研究生，他做了一个"拯救 M 县"网站。2005 年，MJH 回到兰州后就跟着 HJR 做网站，在网上发帖。他发帖子的动力来自对 M 县环境恶化的担忧。

2004 年，M 县治沙站站长徐先英提出一个观点，说按照当时 M 县地下水的开采量，最多开采 17 年，M 县将无地下水可用。那时候我 20 岁出头，一听这个就热血沸腾，觉得不得了了，就开始做网站。M 县出去的学生很多，所以跟年轻人相关的当地的吃的、喝的、玩的，包括荒漠化这些，大家就在 BBS 上开始讨论、发帖子。

那几年是 M 县生态环境恶化比较凶的时候，正好我们通过教育等各种方式出去之后，总体的知识水平比父辈们要高嘛，互联网又是属于比较平民化的这么一个载体。我们在网上讨论得最多的还是 M 县的生态问题，那时候随便拍个刮沙尘暴的照片，写些文字就发出去了。2010 年 4 月 24 日那天的沙尘暴报道就是我跟 HJR 传上去的。我们写了 100 多字的简讯，题目是"17 年来最大沙尘暴袭击河西走廊"。我们先找新浪，新浪的编辑没找见就找腾讯，腾讯也没找见我们就找搜狐，搜狐的编辑把稿子发了出去。那时候联系这些媒体好联系，就把这个事情报道出去了。后来微博啥的也多了，加上手机这个视频拍照等功能越来越方便了，包括后来出现的公众号、微信这些，我们做起来就更方便了。

2004～2005 年做论坛的时候都年轻，大家都觉得网上可以毫无顾忌地畅所欲言，我觉得这个事情向东去合适，他觉得向西去合适，互相闹着闹着就彼此不顺眼，就开始吵架。我们觉得组建的论坛好不容易聚集了一点人气，就这么吵没意思，对于我们的目标来说也没有任何好处嘛，后来我们不想吵了，反正坚持自己的观点。我们觉得还是自己实践一下，不管 M 县在 17 年之后消失还是不消失，作为在本地生存的年轻人，自己要做点事情，而不只是吐吐口水。

6.3.2.2　村子里种梭梭——以社区为基础

根据经典的集体行动理论，环保社会组织必须满足三个基本条件，才能实现最大的社会动员目标。第一，提供有效的选择性激励，让响应者获得额外的精神或物质回报；第二，在社会动员过程中团体成员能形成有效的符号、意义及文化认同体系；第三，动员活动嵌入组织网络中，能更有效地发挥其动员功能。为了同时达成上述条件，环境社会组织须在贴近公共生活的治理网络中开展活动，并有效地将其纳入符号意义系统的生产领域（嵇欣，2018）。

在当代中国，社区无疑是达成上述三个基本条件的最便捷的场域。首先，社区同时控制着居民动员的制度化（非制度化）渠道以及各类资源。所以，立足社区进行动员能帮助环境社会组织深入到有效的治理网络中来。其次，社区也是最接近居民生活的公共空间，是符号和意义体系建构和再生产的重要场域，因此，在基于社区的社会倡导基础上形成社会认同更容易。最后，社区所蕴含的丰富的社会资本和人际互动网络更有可能为环保志愿服务提供潜在的"选择性激励"，在响应动员的过程中，居民可以在社区的社会网络和社会评判系统中获得额外的激励。环保社会组织能否有效地嵌入社区治理网络是其社会动员的重要制度基础，只有当他们成为社区多元化管理体系的重要组成部分，并始终与居民保持密切的互动时，这些组织才能具有实质性的动员能力（嵇欣，2018）。

我小的时候村子旁边有个很大的柴湾。村子里的沙枣树是我们爷爷那代人他们年轻的时候响应毛主席的号召栽下的，村子的东面原来是河滩，河滩在他们年轻的时候水就已经少了，到我们记事的时候，那个河里面就没水了。爷爷那代人种沙枣树，父亲那一代人砍掉沙枣树种籽瓜，发展经济，到了我们这一代人的时候黑瓜子种不成了，因为沙太大了，水太少了，而种瓜类是很耗水的，但是你不种那个东西就生活不下去。一方面是这个地方缺水，你要搞生态治理；另一方面你只能通过变卖水资源来维持自己的生存。实际上瓜卖得越多，等于就是把本地的水资源往外输送得越多，要么你就把人全部迁到有水的地方，但是这是不现实的！

实际上从 2000 年开始，政府就已经意识到要在生态环境这方面搞限制了。2007 年，石羊河流域综合治理开始就限水，一开始限水地就没法种了，本地人就开始外逃，加上后来高校扩招，年轻人大部分都走掉了，确实走不开的和老人们就还在村子里面待着。

因为是熟人社会，村里面的事还是好办些，加上我们投资很小，当时的村委会书记是我的远房亲戚，村主任是我本家叔叔，文书是我姑父，都是一帮熟人，他们一听我要种梭梭这个事，觉得也没啥利害关系，你要有本事把梭梭种上对村子里面只有好处，种不上村子里面也没啥损失，而且当时那个地就是已经是撂荒地，现在好不容易有人说不讲任何条件来搞治理，村子里面很欢迎！

2007 年的正月初一，我和 HJR 两个骑着摩托车跑到村子东边勘察地块，正月初六就跟村委会把这个事情定了下来，把村子里面的几百亩地以个人承包的名义签了下来，那时候的费用很低，因为是荒地。承包下来后我就回兰州上班，在 QQ 群里面招呼大家去植树。2007 年 4 月以自驾游的这种形式，AA 制就凑了点钱，村子里面以派工的形式也出了一些人，总共是五六十人吧，弄了一天，我们的种树就是这么开始的。当时投入不大，那时候梭梭种得少，也就几十亩地，几百块钱就够了，以这种形式我们治了好几年。

在推进环境治理的过程中，社会组织带头人的价值观十分重要。他的公私心在很大程度上关系着环境治理志愿服务的发展走向。当整体利益与个人利益相冲突时，是选择维护个人利益还是维护社区的整体利益，关系着这一志愿服务的发展和前途。

随着对这个事情的认识程度加深，觉得这个事情做是肯定有效果的。2007 年整个河西走廊这一带降雨量多，到了秋天的时候，梭梭就长到五六十厘米高了，春天看的时候，沙滩是光秃秃的，到了秋天，整个沙滩就被绿色覆盖掉了。当时我在兰州，每个月回到 M 县拍个照片，回去发一下，变化大家就都能看得见，大家就很高兴，自己也很兴奋，围观的人也觉得有效果，一起参与种树的那些人当然很激动，就更愿意做这个事情。那时候也没想到说是要怎么样，但是就是这种动力让我们坚持下来了。

2009 年，我就从兰州回来专门做这个事情，但也比较艰难，因为放弃兰州的工作回来之后意味着没有收入，而且待在村子里面，舆论环境不好，他们觉得你待在城市里面，不管你干啥工作，总觉得你出去了，有出息啊！当时在村子里就很孤独，那段时间没事干，村子里面也没有网络，就是闷头读书。一边读书，一边就想这个事情怎么做。实际上很现实的（问题是），你首先自己要生存下去，你要生存不下去，你本来是想着解决生态环境问题的，回来把自己搞成一个问题，这个就很麻烦，所以就在2010年注册成立了一个合作社，合作社成立了发现要钱没钱要人没人啊，庄稼自己也不会种。也是那年运气好，当时上海南都集团南都公益基金会有一个项目叫"银杏伙伴成长计划"，有人推荐我去报他们的资助性项目，如果你在某个领域有一定的基础和潜力就给你资助，资助是不定向的，拿到他们这个资助，就把我个人的生活问题解决了，一年10万元，给了三年，这笔钱对我来讲真是雪中送炭！

2010年4月24日，M县刮了一场沙尘暴。当时《杭州日报》的一名记者在W市采访一位西路军的老战士，正好就碰上这个沙尘暴了。一个浙江人以前没见过，觉得天怎么能成这样了，然后他就在网上搜这方面的信息，一搜就把我搜出来了，他就打电话和我联系，后来《杭州日报》编辑室决定，搞一个公益活动，帮一下我们M县。2011年推出了"西湖无法复制，绿色可以传递"大型公益活动，在《杭州日报》上拿出整版，持续半个月进行报道，筹集到资金后拿到我这边来种梭梭。这两件大事：一是南都基金会的年轻伙伴成长计划，把我个人的生活问题解决了；二是《杭州日报》这个公益活动把项目执行的经费解决了。一下子种梭梭这个事情就撑起来了，生活不愁了我就可以有更多的时间和精力去把这个事情做得更好。

那时候互联网的应用属于爆发期了。我们从刚开始一直对互联网这块应用得就比较多，从最早的BBS到后来的博客、微博、视频、微信、公众号，所有这些只要出来的东西，大众型的这种我们都在用。南都基金会跟国内公益界、学术界对接的资源也比较多，像《人民日报》的资源等，2012年《人民日报》就专门来做过我们治沙的报道。现在回过头来讲的话，早期实际上地方上对我们也不放心啊，不知道你要干嘛，而且他觉得你老是不受控制，弄不好不知道你给他是否会捅个篓子。

地方政府早些年的时候给过梭梭苗子。2007年的时候我邀请县长参加我们的种树启动仪式，他问我苗子从哪里来的，我说是我们自己买的，他说你明年继续搞的话，政府给你支持苗子，最多的时候一年拿过10万株苗子。

2011年之后，经费就相对宽松一些，我们就完全自己去市场上买梭梭苗子，我们一直市场观念比较强一点。我觉得任何事情只要市场上能解决的就用市场的方式解决，大家在市场里面能找到各自的位置，才有人愿意去动脑筋！早期我们做这个事情没啥经费，都是AA制，村子里面就以派工的这种形式帮助我们，村子里也觉得反正在我地界上种树，也是在帮村子里面搞治理做好事嘛！我们外面的志愿者来，一路上的吃和住，大家都平摊，后来经费稍微好一点了，就给村民们发工资让他们来种树。

后来互联网、媒体报道的越来越多，支持我们治沙的人越来越多了。现在我们基本上春秋两季种树，一年能种四五千亩，春天是 3 月、4 月，一直到 5 月 10 日左右结束，秋天从 10 月开始到 11 月底。志愿者他们来了就在村民家里住，村民栽树就让他们把工钱挣上，工钱按照市场价格开，这样做的话他们既能把家里面人照顾上，还能挣些劳务费，补贴家用，他们心里也高兴。对我来讲这边的成本也低，属于皆大欢喜的事儿。我一直讲市场化，这样来做的话，什么扶贫啊这些就都在里面了，不用去刻意地说我要去做什么，现在我们的收入来源主要是通过"电商"渠道赚来的。

6.3.2.3　资源链接的扩展：电商的助力

农村社区要在市场经济条件下走上一条致富发展之路，就需要有经商经验丰富和眼界开阔的村落精英主持村落公共事务。因此，市场经验就成为村落精英的首要条件和特征。在市场经济条件下，村落发展面临的内外部环境快速变动而又愈加复杂，村落精英需要有足够的知识和技术，能够应对村落外部条件的变化，尤其是在市场浪潮的进一步冲击下，知识型精英能够快速适应市场发展形势，带领村民走上致富与环境善治之路。

那时候因为电商这些发展得比较好，快递县城里面也多了，整个大环境就好了。2010 年左右的时候，我们政府在搞特色林果业。2007 年开始关井压田之后农民的收入还是个问题，当时就搞枸杞、红枣、葡萄这些特色林果，到 2013 年之后，枸杞也有了，红枣也有了，可是卖不出去啊！当时我一个朋友在 XQ 渠镇做技术员，就给我讲枸杞卖不掉怎么办。我就放到朋友圈子里面去吆喝，可能是这些年志愿压沙植树积累下来的人脉吧，我就说大家试一下看怎么样，他们一尝觉得这个东西好，就互相推荐，这样就卖开了。

第二年开始我就把红枣、枸杞、羊肉、挂面、面粉、醋、蜜瓜、南瓜、人参果都放到了淘宝网、朋友圈和微博上。2016 年的时候我给蜜瓜拍了一个视频，一个多亿的播放量，2017 年在互联网上搞了一个众筹，对我们县蜜瓜带来的好处是什么呢？我一搞众筹之后引进了三十几个圈，都是那种几百人的大群，三十几个群的话，等于就把全国范围内能搜罗来的这些网红、瓜贩子什么的这些大平台就全收集到这个里面了。这样一来，他们觉得 M 县原来还有这么好的瓜，而且这个概念还很好，就是生态治理跟产业发展是紧密结合的。

2017 年下半年弄完之后，7 月就开始有人进来了，到 2018 年的时候，大资金进来之后，就把蜜瓜像金红宝的价格从一斤五六毛钱拉到一块五六了。农民原来一亩地大概毛收入就是两三千块钱，到 2018 年的时候，能多卖三四千块钱出来，蜜瓜种植面积从 2017 年的 3 万亩暴增到今年的 20 万亩了。外面很多的平台一看 M 县的东西好啊，就通过各种渠道采购，农民的收入好了，我自己也是生存问题解决了，甚至还能拿出一定的利润去支撑种植梭梭这个事情，团队也稳住了，要不然的话我自己和团队的生存解决不掉，这个事情就没法持续。

6.3.2.4 "吃瓜群众"：种梭梭的创新之举

在工业化、城市化与市场化大规模推进的时代背景下，一个村落带头人要带领村民走上共同致富和环境善治的道路，需要具备以下几个能力：创立"合作预期"，凝聚民心民力；整合领导力量，组建精英团队；挖掘本土资源，发挥比较优势；有效领导，正确决策，适应市场。

社区精英的"企业家精神"和"创新能力"是推动村落发展的内驱力，荒漠化治理也是如此。只有将其"创新行动"转化为环境治理与农民增收的内在驱动力，才能带领群体走上集体发展之路（莫艳清，2014）。村民们在"治沙带头人" MJH 的带领下，以"吃瓜群众"为主题，充分利用互联网链接外部资源，形成"治沙共同体"。这通常可以用"找门路"这一俗语来表达。门路找不对，仍遵循旧的治理内容或方法，荒漠化治理志愿服务就很难推进和扩大，其实质是探寻新的发展门路（陈光金，1997）。

制度变迁理论认为，"制度创新"是收益驱动的结果，"技术创新"必然受潜在利益的驱使（莫艳清，2014）。这对国内其他生态脆弱区环境治理的发展和再造有着重要的借鉴意义。

我们开创了一个非常成功的销售模式，我们的做法是：你吃我一箱蜜瓜，我在 M 县种一棵梭梭树，我们把它叫作"吃瓜群众"（见图 6-11）。后来所有在网上卖 M 县的东西的都说会种梭梭，到底种不种可话都是这么说的。我们在 2010 年的时候就拿了一个民政部的社会创新奖。蚂蚁森林在我们这边跟石羊河林场有合作（见图 6-12），我这边没有，但实际上蚂蚁森林现在做的种梭梭这个事情，我们当时就想做，我们是跟北京谷歌谈的，是麻省理工学院的一个教授给我们引荐的，但是后面一些特殊情况，这个事情就没做成，我们自己当时也是考虑得不是很好，个人能力这些东西还是跟不上。

图 6 – 11　即将收获的蜜瓜

资料来源：M 县档案馆。

图 6 – 12　2017 年 M 县"蚂蚁森林"公益造林项目

资料来源：M 县档案馆。

　　我们主要是在朋友圈卖。因为众筹弄下去之后你得弄供应链，要做供应链的话对资金、能力这些方面的要求就高了，对我来讲就是把不住，所以还是回到我的朋友圈了。现在销售一年下来能养活得住自己，电商这块主要是我来做，种梭梭是我和 HJR 来组织做，现在来 M 县种梭梭的志愿者全国各地的都有。《杭州日报》从 2011 年开始就每年整版整版地关注支持我们，到今年整整 11 年了。他们找一些基金会、企业对我们进行赞助。我们自己对自身的定位还是认识得比较清楚，毕竟是一个民间组织，我们种梭梭更大的原因还是在于社会影响，你想中央财政、省财政、市财政一年投入多少钱，林业局一年几万亩地种，我们撑死了也就做个几千亩地。但是我们的长处就在于这种社会的影响，具有政府不具备的优势，从我们的角度对目前的生态治理做一些事情，就是把生态治理跟产业发展结合起来，互相促进，共同发展。这么做就把我们自己养活了，农民也跟着能得到好处，生态也治理好了，而且社会公众的参与实际上现在也越来越多了。

做了这么多年，难办的事肯定有，但是有啥问题我就解决啥问题。我觉得我们的荒漠化治理最要紧的还是要走社会化、市场化的路子，始终就是跟市场结合，跟社会结合，根据自身能力、条件去做一些事情。早期的话，不治理沙漠的话风沙就吹过来了，地埋掉了，庄稼埋掉了，农庄埋掉了，那你就需要去做治沙这件事情，做的过程中间这些村民你又不能把他们忽视和抛弃掉，你要带着他们一起来做。这样的话我们也就找到自己的生存位置了，找准自己的位置做自己能做的事情，发挥各自最大的能力，而且加上民间组织的这种身份，能尽可能地把各种资源整合在一起，咱们对某个事情有一定的作用就可以了。毕竟各种限制条件太多了，任何人、任何事都有局限性，任何实践也都是有局限性的。

6.3.2.5　政府的支持："墙里开花墙外香"

影响社会组织参与环境治理的两个最重要因素是政治机会和资源（Zhan X & S Tang，2013）。所谓政治机会，是指政府改革带来的某些政治条件，这些政治条件有利于环境社会组织参与环境治理。所谓资源，是指环境社会组织为了维持生存和发展，从外界抽取的资金、人力、场地和信誉。一般来说，假如环保社会组织能够获得政治机会和资源，那么参与环境治理的空间就会扩大。与其他类型的社会组织一样，中国的环境社会组织不仅自我生存能力有限，而且受到政府的严格控制。在这种情况下，环保社会组织可利用的政治机会和资源主要来自政府的让渡，而让渡的程度则通过具体的制度安排进行调整（叶托，2018）。

环境保护社会组织的发展不仅要处理与政府的关系，还要面对如何与企业、产业链、市场等不同组织形式形成和谐共生关系的问题，这就对环保社会组织的战略管理能力及专业化提出了更高的要求，也意味着环境社会组织的健康发展将对环境治理体系提出更严格的要求，政策设计者不能按照一般社会组织的发展逻辑制订其发展规划（嵇欣，2018）。

政府对我的支持主要是各种荣誉。我先后获全国绿化奖章、第八届全国母亲河绿色卫士奖、第十二届中国青年志愿者优秀个人、第19届甘肃省青年五四奖章、市劳动模范等荣誉称号。

2022年8月，我被评为全国绿化劳动模范。早期政府给过我三四十万株的梭梭苗子，在网络时代，我们这种治理模式和外界的知名度，对提升M县治沙的外界参与度特别重要。我们的政府在治沙，个人也是，外界对我们的支持度在扩展，我们能吸引他们主动积极参与进来，这就是典型的墙里开花墙外香！以我们现有的条件的话就是尽可能多地通过技术也好、治理模式的改变也好、方式的改变也好，尽量提高单方水的产值；另外就是减少对水和土地的依赖，通过这种方式慢慢去进行转变。我觉得发展地方经济要走社会化、市场化的路子，我们的志愿服务组织也是一样，只有社会化和市场化了，才能更好地生存下去（见图6-13）。

图6-13　MJH在拍摄沙生植物生长过程

资料来源：作者拍摄。

环保社会组织的功能主要体现在三个方面：一是发挥社会宣传作用，动员公众支持环境保护；二是直接参与环境治理，实施专业化、技术化治理；三是发挥政策网络的作用，促进或监督政府的环境政策改革。由MJH发起的环境治理社会组织动员志愿者自下而上地参与荒漠化治理，通过公民参与来培育社会资本和促进社会融合，增强社会凝聚力，提高社会群体和个人福祉（嵇欣，2018）。这一组织在政府和市场之外，为M县民众提供了一种灵活有效地供给公益服务的途径。不仅是作为有形服务的直接提供者，而且还充当中介，在政府、市场、基层组织、捐助者和其他社会组织之间建立联系，在M县的荒漠化治理中发挥了重要的作用。

从政府治理转型的视角和M县环境治理社会组织的演化过程来看，环境社会组织的定位应该为：国家与社会的关系不是制衡、对抗关系，而是伙伴关系，两者共同存在于"大社会"中，是共生共强的关系。具体而言，政府与社会组织是治理团队关系。这包含以下几层意思：

第一，政府与环境社会组织共存于"社会"这个有机体之中。双方的分离并非是绝对的，双方始终统一在"社会"这个大共同体中，是合中有分的关系。

第二，政府是治理团队中的领袖，是唯一的权威中心。政府和环境社会组织在治理过程中的地位并非完全平等的，政府拥有更大的权威，并且需要承担更大的责任。

第三，政府和环境社会组织之间是团队的长期协作关系。环境社会组织也对团队的产出承担一定的责任，也拥有参与决策的权利。

从 M 县环境社会组织参与荒漠化治理的历程中可以看出，我国环境社会组织的发展与政府权力的下放、中介机构的发展和资源再分配格局的形成紧密相关，也就是说，与经济、社会、政治改革的大趋势密切相关。随着经济全球化和政治民主化的发展、中国加入世界贸易组织、社会主义市场经济的逐步建立，中国政府在社会政治、经济、文化等领域发挥的作用日益变化，中国社会逐步走向开放化、市场化、多元化，多年的经济和政治改革为现代中国社会走向自我服务和自我管理的新型治理模式奠定了坚实的基础。

6.4　小结：荒漠化治理中的主体、主体行为及其相互关系

本章主要对 M 县 1950～2019 年社会转型过程中的民众、政府、治沙企业、环境社会组织这四类核心治理主体的演化过程进行阐释。民众这一治理主体的演化过程选择了 SH 村和铁姑娘治沙队的治理实践进行了分析；政府层面主要分析了林业产权制度的变革、林业政策施行的过程、财政困局中的政府行为、《规划》实施中的国家和社会关系的表现和产业结构调整以及荒漠化治理投入机制的创新过程；企业层面，深入分析了以 HDR 为代表的治沙企业"点沙成金"的实践过程；环境社会组织层面，通过对 MJH 从"拯救M 县"到"吃瓜群众"故事的阐释，揭示了在地化的环境社会组织在社会转型中的逐步发育、成长过程及其与政府互动关系的演化机制。

从中国社会结构转型的视角来看，经济市场化、政府职能转变、社会多元化、公民意识的觉醒，都在呼唤着新的社会组织形式和社会治理机制。一方面，社会组织就其本身的功能定位来说，是社会发展与进步的辅助力量，

构成社会的桥梁、纽带或中介；另一方面，社会组织也面临着改革和创新的历史性任务。他们不仅受到旧体制的束缚，还存在严重的先天缺陷和制度缺陷。因此，社会组织的发展应与整个社会的发展和进步保持同步，使后者能够为前者提供一个较好的社会政治环境，同时也使后者敢承担必要的成本和风险。

　　总之，民众、环境社会组织、政府和企业之间广泛而深入的合作将为建立一个多元化、丰富、民主、美丽的社会奠定坚实的基础。

第7章　荒漠化治理机制的变化

中国的执政者需要在提高中国人民生存机会和生活水平的经济政策与认识和改善环境日益恶化的趋势之间寻求平衡。

——〔美〕马立博：《中国环境史：从史前到现代》（2015）

M县地处沙漠前沿，历史上风多沙狂，田舍遭风沙袭击，民受其患，苦不堪言。1950年春天，M县人民政府组织召开第一次防风治沙誓师动员大会，吹响了"向沙漠进军"的冲锋号角，在百废待兴，经济基础薄弱的情况下，以群体的力量，迎接风沙的挑战。从20世纪50年代初期开始到80年代末期，一场由党政主导社会参与的绿化工程正式打响。在国家层面，1994年，我国签署了《联合国关于在发生严重干旱和/或荒漠化的国家特别是在非洲治理荒漠化的公约》，全国荒漠化、沙化监测工作开始有组织、有计划地全覆盖，采用统一的技术、统一的标准，对荒漠化沙化进行统计。通过监测不光摸清了荒漠化沙化的底数，也为国家从顶层制订规划、制订计划，有序推动沙化的治理发挥了重要的作用。2001年，国家开始实施林业六大重点工程，这是国家对中国林业建设的一次系统整合和林业生产力布局的战略性调整，防治荒漠化成为国家重大战略，行动力度大幅度提升。自2000年以来，国家陆续启动了京津风沙源治理、退耕还林还草、草原生态保护补助奖励等一系列行动计划并颁布政策措施，中央财政也加大了投入力度，荒漠化防治行动规模空前。

2002年1月1日，《中华人民共和国防沙治沙法》的施行是我国防沙治沙工作走上法治化轨道的重要标志。禁止滥牧、滥开垦、滥樵采，全面实施天然林保护一系列法律法规，为美丽中国建设开辟了康庄大道。自党的十八大以来，党中央强化了生态文明建设在国家治理中的重要地位，生态环境成为中国经济社会发展的瓶颈在更深层次上被广泛认同，中国开始把生态环境问题有机地融合到国家政治、经济生活中，谋求经济社会的可持续发展，并采取各种措施来消除环境问题的影响，党的十九大以来更是将生态文明建设提升到前所未有的高度。

经过多年的生态建设，M 县荒漠化治理项目区的大部分流动沙丘转变为固定沙丘，沙地已缩小，植被扩大，生物多样性增加，生态状况得以显著改善。更重要的是，在党和政府的积极主导下，已初步建立起防治荒漠化的长效机制。从中央到地方，从政府到民众，从法制到实践，从科技到市场，从经济到社会，基本上构成了一套全方位、综合性、可持续的防治体系，治理荒漠化开始成为一种自觉、自愿和有利的行动。

从 M 县荒漠化治理实践案例可以看出，一方面，社会各界已充分认识到荒漠化危害的严重性。地方政府积极主动地调整产业结构，转变经济发展方式，并配合国家的扶持政策，推行退耕还林、退牧还草、减人减畜等措施，从而有效地减轻了生产活动对土地的压力，使土地开始有了一定程度的休养生息，生态机能有所恢复；另一方面，在政府的积极努力下，根据自身的实际条件，将荒漠化治理与经济发展紧密地结合起来，科学调整种植结构，取得了经济效益与生态效益的共同提高。总之，荒漠化治理不再是单纯的投入，已开始产生一定的经济效益，使治理行动有了内在动力。

在 M 县，荒漠化治理逐步从单一的政府推动机制转向了政府推动和市场利益驱动相结合的新型运作机制。落实了集体林权和草场使用权制度改革，进一步明晰了权益分配制度，实行"谁营造、谁所有、谁看护、谁受益"，并积极推行个体承包造林、管护等方式，鼓励各种所有制主体参与荒漠化治理来弥补国家投资的不足，加快了治理步伐。通过改革和制订新政策改善了现有的管理措施，社会团体、企业和个人已成为防治荒漠化的积极力量。M 县的荒漠化治理实践，自 20 世纪 50～80 年代中期的"边治理、边破坏"和20 世纪 90 年代的"破坏大于治理"以来，经过 21 世纪初期的"治理与破坏相持"，目前已步入"治理与发展良性互动"阶段，荒漠化治理模式发生了重大转变。

1950～2019 年，M 县荒漠化治理在国家制度、政策以及地方治理实践的共同作用下，经历了从"沙进人退"到"绿进沙退"的演化过程，这是 M 县几代人艰苦卓绝努力奋斗的结果，也是"勤朴坚韧、众志成城、筑牢屏障、永保绿洲"治沙精神的生动表达。本章对 M 县 70 年来社会结构转型中的荒漠化治理机制演化过程进行阐述和分析。

7.1 政府主导、社会参与的权威
治理机制（1950～1992年）

  1950～1977年，M县荒漠化治理是总体性社会下的群众运动式治理时期。中华人民共和国成立后，M县党和政府发动组织广大群众，以群体的力量防治风沙进逼，进入了有计划和有规模的治沙时期。如前所述，自20世纪50年代以来，M县一直是全国防沙治沙先进典型，多次被国家、省、地区评为"治沙造林先进县"和"造林绿化先进县"，先后建成了三角城林场、BSH村、红崖山水库西线、勤锋滩等具有示范带动作用的治沙样板点，实践创造了适宜干旱荒漠化地区规模连片治沙的"三角城治沙造林模式"和"宋河模式"。从大炕沿农业合作社、铁姑娘治沙队到薛万祥、杨可畅和石述柱，涌现出众多坚守防沙治沙一线的先进单位和模范个人，谱写了一曲曲战天斗地、守卫家园的时代赞歌（甘肃日报，2018）。

  1978～1992年，群众运动式治理势能减弱，但前期治理的许多特征依然在发生着"路径依赖"的效果，不过在政府主导的方式上发生了许多的变化。这一时期社会控制体系发生变化，国家与社会开始逐步分离，总体来看，这一历史时期我国的政府管理体制的权威型治理特征非常鲜明，这一体制的运行机制表现为自上而下的科层化权力运作（命令—服从）。虽然环境治理开始得到中央层面的重视，在荒漠化治理方面，启动了三北防护林体系建设工程，陆续制定相关法律法规且采取了一些行动，但政策的着眼点依然是经济发展优先，也就是说所有环境政策的考量都必须在不对经济发展产生影响的前提下运行。在"发展优先""效率优先"的功利价值促动之下，中央和地方两个层面所追求的利益开始一致化；同时，虽然在国家层面制订了一系列环境保护的法律制度，但这些制度具有标准低、范围广、软约束等特点；此外，如果没有中央权威的有效监督，这些保护程度较低的法律制度往往是地方政府无法有效实施的。这一历史时期，尽管中央权威在环境治理领域作出了许多努力，但在实质层面上却失去了价值合理性。因此，此阶段环境治理模式的本质特征是功利性的，治理边缘化、象征化、末端化等特征都是由此衍生出来的（郝就笑和孙瑜晨，2019）。

  这一阶段，生态治理并未充分考虑生态和生计的结合。从历史视角来看，只有生态没有生计,治理将不可持续;没有生态,只考虑生计,则治理没有基础。荒漠化区域群众贫困的主要根源是荒漠化,贫困又引致群众过度利用自然资源,导致荒漠化加剧。改革开放后,M 县走上了一条高度"压缩型现代化"的道路(刘敏和包智明,2019),加剧了森林破坏及水资源短缺等生态问题,影响了可持续生计的发展。

20 世纪 80 年代初期到 90 年代初期,M 县开始逐步调整种植结构,经济作物开始广泛种植。1981 年,家庭联产承包责任制的实施打破了长期集体劳动和集体分配的格局,形成了家庭生产模式,激发了村民致富的积极性,在国家政策和市场力量的推动下,种植高耗水、高效益的黑瓜子等经济作物所带来的可观收入成为村民增收的主要来源。20 世纪 90 年代初期,随着在经济作物(如黑瓜子)市场价格上扬激励下种植规模的扩大,"万元户"数量日益增加,黑瓜子在带来经济效益的同时,也导致了开垦规模的扩大和地下水资源的过度开发,M 县经济的快速发展伴随着生态环境的恶化。

在国家主导的农村经济发展逻辑中,集体时代的粮食作物种植是为了满足民众基本生存需求和国家征购粮指标,改革开放后,农业种植结构的调整则体现了初步市场环境影响下经济至上的发展目标。然而,M 县黑瓜子种植规模的扩大以及种植技术的变革在促进经济发展的同时,也加剧了 M 县生态环境的进一步恶化(包智明和曾文强,2021)。

总之,M 县荒漠化是长期发展的结果,是经济结构不合理、环境负载能力和社会发展速度不一致等因素合力造成的。而这一阶段治理资金的短缺是 M 县荒漠化治理的一个主要的瓶颈,呈现为被动式的"治标"过程。

7.2 逐鹿沙场:市场经济中利益分离的多主体治理机制(1993～2006 年)

市场是流通领域或供求领域,而市场行为是市场经济条件下市场主体的生产、经营、流通等各种活动;从社会学的角度来看,市场不仅是一个利益交换的场所,是市场主体追求自身利益最大化的行为场域,更是某种社会关系的体现。无论从哪个角度看,市场经济体制都是市场主体独立运行、自负盈亏、公平竞争、实现自身利益最大化的经济运行机制,是一种不同于计划经济模式的通过市场机制配置资源的经济体制。1993～2006 年,在追求经济效益最大化的过程中，导致 M 县荒漠化问题呈严峻态势。20 世纪 90 年代末期，M 县走在了成为第二个"罗布泊"的边缘。在生态恶化问题现实倒逼和地方政府、媒体、社会多方信息构建之下，M 县的生态治理问题引起了中央高层的关注。

20 世纪初，生态环境问题逐渐从一个区域性问题转变为全球性问题。严重的环境危机不仅影响区域社会的可持续发展，也构成了一个国家和区域的环境安全问题（肖建华和游高端，2011）。2007 年，经济合作与发展组织（Organization for Economic Cooperation and Development，OECD）认为中国的中央政府已对生态环境问题投入了很大关注，主要是制订了包含一系列现代环境保护法律的政策纲领及不断地增加环境保护支出，这表明中央权威的治理逻辑开始转向。加强环境保护和实施可持续发展战略在党的十六大提出，党的十六届五中全会提出建设资源节约型和环境友好型社会战略，党的十七大强调坚持全面、协调、可持续发展，建设生态文明，我国的发展理念得以进一步深化。开始从"发展优先"向"兼顾公平"的价值转向，从"工业文明"向"生态文明"转型，虽然这一历史阶段的治理机制比前一阶段的环境治理机制有了很大的进步，但仍然保留着传统环境治理机制自上而下的治理逻辑。有学者指出，我国环境问题上的政府失灵是地方政府的失灵（许庆明，2001）。环保的困境有目共睹，地方政府一定程度上的"不作为""不当作为"仍在加剧这种困境（李金龙和游高端，2009）。由此可见，如果中央政府和地方政府对利益和目标的追求存在差异，那么环境治理的效果就会大大削弱，这正是这一阶段环境治理不力的最大症结所在（郝就笑和孙瑜晨，2019）。在这一历史阶段，中国社会转型速度加快，区域、阶层之间分化明显，伴之而来的是各种矛盾的交织与利益的调整。

在 M 县，20 世纪 90 年代的"抽水竞赛""开荒"与"禁开荒"的博弈过程就生动地阐释了这一阶段在利益分化、经济理性促动之下的生态破坏和治理过程。有研究表明，环境治理效率低下的主要原因是在建立了相对完整的环境法律法规体系的情况下，地方政府没有充分执行中央政府的环境政策（Wang H，Mamingi N，Laplante B，et al.，2003）。

20 世纪 90 年代末期，M 县风沙危害严重，水资源奇缺，农民生计难以为继，地方政府在环境逼迫下开始从"商品粮基地"向"生态县"转型。在这一过程中，特色林果业和暖棚种植养殖成为支柱产业。2002 年开始，荒漠化治理资金主要来源于退耕还林工程的项目建设资金和中央财政森林生态效益补偿建设资金，2006 年，省列防沙治沙项目在 M 县实施，2009 年完成。

省财政累计下达防风治沙项目资金 5820 万元，其中省财政专项资金 3800 万元，地方配套及自筹资金 1820 万元，但治理资金短缺依然是制约当地荒漠化治理成效的一个重要因素。

在这一历史阶段，一方面，虽然中央政府对环境效益有强烈需求，与计划经济时期的高度总体性控制相比较，政治系统体现了松散和流动性，地方多样性和自主空间很大，但地方政府优先发展经济的压力也巨大。因此，对环境法律法规的执行非常有限，环保部门处于以短期的经济增长而非长期可持续发展为目标的地方政府的领导之下（冉冉，2013）。另一方面，民众的需求开始走向多元化，开始重视环境保护和追求环境公正以及环境参与，然而公众参与的范围和深度仍然有限，固定的参与渠道容易受到政治权威的干涉，并且受到不完善的公众参与程序和缺乏符合公众利益的环境法律制度的制约。

7.3　聚力治沙：结构转型的耦合性治理机制（2007 ~ 2019 年）

面对生态环境危机，国外学者们提出的解决之道无外乎"利维坦"和私有化两种方案。但理论和实践证明，私有化—市场、中央集权—利维坦作为环境问题的解决方案均已遭遇失败（肖建华，2020）。埃莉诺·奥斯特罗姆运用博弈论探讨了在政府和市场之外的自主治理公共池塘资源理论上的可能性，提出了自主组织和自主治理公共事务的集体行动理论（埃莉诺·奥斯特罗姆，2000），此外，还有很多的学者从各自的学科视角提出了不同的观点。本部分主要对 2007 ~ 2019 年这一治理时期，M 县荒漠化治理中的政府、市场、社会这三类核心治理主体的角色与权力结构的变化过程进行阐释。

第一，政府角色的转变。有学者认为，解决中国环境问题的关键在于环境政策制定后是否及时实施，地方政府对环境法的宽松执行可能是因为地方一级对环境法缺乏认可，这是中央政府立法者和地方利益相关者之间利益冲突造成的，中央政府给地方政府太多的权力，但无法控制其政策的执行。中央的环境政策之所以不能有效实施，是因为地方政府官员的反对或者阳奉阴违。2014 年修订后的《中华人民共和国环境保护法》中将政府角色定位为具备管制者和被监督者双重身份的环境治理参与者（王曦，2014），强化了地方政府在环境治理中的责任，建立了相应的压力型奖惩机制，如目标责任制、考核评价制度等，这些制度对地方政府产生了较强的刚性约束。

在 M 县荒漠化治理中，开始探索和实践政府引导、社会参与的治理机制和生态建设长效机制。特别是 2007 年《规划》实施以来，当地政府将生态立县和防沙治沙作为推动经济社会发展的一项战略任务，纳入全县领导干部实绩考核范畴，M 县上级政府 W 市于 2018 年取消了对 GDP 的考核。M 县把推进农业结构调整作为保护生态的核心举措和长效机制，配套出台扶持政策、技术规程、考核办法、责任追究制度等一系列制度措施（马顺龙，2014）。村民开始积极改善生计策略，并逐步融入国家主导的环境治理实践。在当地政府的组织动员下，他们将农业生产、市场需求以及国家生态治理目标相结合，通过种植特色林果、暖棚养殖等途径，促进生计方式的绿色转型，经济效益和生态效益"双赢"的目标正在逐步实现。

生计方式的绿色转型提高了土地利用效率和经济效益。常见作物和特色林果产业的多样化种植适应了 M 县生态环境现状及民生要求。与此同时，环境问题也逐步得到改善。这一巨变中，国家、市场、社会力量共同参与，并从合作中受益。对国家而言，农民从事特色林果产业和暖棚养殖、种植业降低了环境修复成本，提高了环境治理的效果；对于市场而言，绿色产品促进了绿色市场的运行和绿色经济的发展；对村民来说，绿色经济效益激发了他们对环境保护和美丽家园建设的热情，促进了生计和生态的融合发展（包智明和曾文强，2021）。

总之，随着绿色生态农业的发展，M 县农民生计发展与环境保护之间的矛盾关系正在发生变化。在这个过程中，无论是国家生态治理的目标、村民经济发展的需要，还是市场的有效运行，绿色农业在许多方面实现了多赢，实现了经济发展，促进了环境保护与社会发展的统一；经济发展模式的转变要求人们改变对自然的态度，忽视生态效益的生计转型对生计和生态都是难以为继的。

第二，市场实现了环境经济手段的法治化。在环境治理体系中，市场具有重要的作用。2007 年《规划》实施以来，M 县实行了水权制度改革，开征地下水资源费，实行分类水价和累进加价制度，建立了有利于节约用水和产业结构调整的分类水价机制，重点推进农业用水分类水价、城乡供水分类水价改革，政府引导、市场调节。大力加强政府对节约用水的规制和引导，保障各行业基本用水需求；建立水权交易市场，充分发挥市场在水资源配置中的决定性作用，利用价格杠杆来增强全社会节水的内生动力。同时，M 县先后于 2010~2011 年制订颁发了《沙漠承包治理管理办法》《沙区及治沙生态林承包治理经营的实施意见》。这些措施的实施，明确了社会成员及其他各类组织在荒漠化治理（承包）中的主体地位，使其各种权力得以明晰（如所有权、使用权、经营权、处置权、收益权），这对于激发各类治理主体的积极性、聚合各方治理资源、加快荒漠化治理进程起到了重要的推动作用。

第三，社会层面，公众参与环境治理的制度趋于完善。在公众参与环境治理方面，环境社会组织可以提高公众知识水平，为公众参与提供组织渠道，与公众形成的利益共同体可以成为监督政府环境治理的外部力量（杜辉，2013）。拯救 M 县志愿者生态林基地的建设就是一个鲜明的例子。这一在地化的公益组织利用互联网招募全国各地的志愿者来 M 县种梭梭，推出购买认领梭梭树的模式，志愿者活动规模越来越大，组织者 MJH 的思路也越拓越宽：不单要种绿固沙，还要让当地人分享生态治理的红利。2013 年，MJH 创办了"梭梭农庄"和"乐活沙宝"特色农产品品牌，帮当地农民打开了互联网销售的渠道。[①] 这样的环境社会组织提高了公众对治沙事业的关注度，搭建了企业、社会与治沙社区之间合力治沙的桥梁，有力地推动了公众环境保护意识与行为的提升。

这一时期，M 县高度重视环境宣传教育，通过建设防沙治沙纪念馆、制作系列专题片、举办大型公益活动、开设政府网林业专栏等诸多形式开展生态文明价值观宣传和教育活动（马顺龙和侍文元，2016），治沙造林、保护生态逐步成为当地民众的基本共识和自觉行动。国内外媒体在 M 县荒漠化治理中也发挥了重要的作用，如中央电视台、《人民日报》、新华社、《中国青年报》等国内知名媒体大力宣传 M 县防沙治沙成效和先进典型，扩大了荒漠化治理的社会影响。各类生态援助项目也逐步增多，如小渊基金、奇瑞汽车、甘肃烟草、省委组织部及澳门镜平中学等募集资金近 1000 万元，完成治沙造林 1 万多亩；企业承包国有荒沙地 56 万亩，承包经营治沙生态林 20 万亩；2008 年以来，亿利集团等企业治沙投资达 3 亿元；2017 年，中国绿化基金会"蚂蚁森林"公益造林项目正式落户 M 县；2019 年，中国绿公司年会碳中和林落户南湖镇，政府、企业、社会共同参与防沙治沙的治理体系在逐步完善。

政府、市场、社会三方权力结构的演变导致出现了新的环境治理机制。这一治理机制与前两个阶段治理机制之间存在明显的不同，各方之间形成了相互合作且能相互制衡及约束的关系。政府与社会之间，政府通过规范环境

---

① 何欣禹. 片片绿色，片片都是"民勤"[N]. 人民日报（海外版），2020 – 06 – 24.

社会组织和公民的行为，培养公众环保意识，逐步完善与公众生产生活密切相关的环境信息公开制度，促进环境公民社会的形成。公众可以通过多种途径表达自己的环境诉求，政府与社会之间实现了较深层次的互动与制衡。政府与市场之间，政府利用市场化的治理手段和措施，加强了两者之间的合作和制衡。在政府内部，中央及地方政府、各级政府部门之间的制约关系得到加强；市场内部，治理能力的大小成为荒漠化治理企业竞争力的核心要素，优胜劣汰的市场竞争机制将成为实现市场内部制衡的手段；在社会内部，荒漠化治理公益组织将成为民众表达他们诉求的一个重要渠道。同时，通过市场化运作吸引社会各种力量的广泛参与，以承包、公私合营、公益捐赠等方式激发各种社会组织和个人参与植树种草、防风固沙、管护等治理活动的积极性。

总之，《规划》实施以来所形成的环境治理机制体现了现代西方意义上所提出的多中心、网状化、合作型的现代化环境治理的特征。但这一治理机制又具有自身鲜明的特色，它不仅强调政府的权威治理①，并且在权威治理的基础上追求多元治理主体之间的合作与互动，从而塑造出了一种更具开放性、包容性、适应性的环境治理机制，本书中称其为结构转型的耦合性治理机制，如图7-1所示。

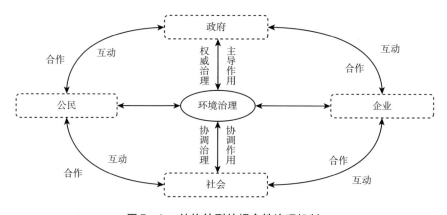

图7-1　结构转型的耦合性治理机制

资料来源：郝就笑，孙瑜晨．走向智慧型治理：环境治理模式的变迁研究［J］．南京工业大学学报（社会科学版），2018（5）．

---

① 文中"权威治理"系指政府部门主要依靠官僚体系的权威来制订和执行各种规则，以实现政府的意志与国家治理目标。

7.4　小结：荒漠化治理机制的变迁过程及其特征

在分析荒漠化治理理念、治理主体演化过程的基础上，本章论述了 M 县 70 年来荒漠化治理机制的演化过程和不同历史阶段治理机制的具体特征。从历史演化的角度来看，M 县荒漠化治理机制可区分为三种类型：第一，政府主导、社会参与的权威治理机制（1950～1992 年）。这一治理机制的治理主体主要由民众和政府两部分构成，在 1950～1977 年这一阶段主要依赖政府主导下的群众运动进行治理；在 1978～1992 年这一阶段，随着社会控制体系的变革，政府在主导环境治理的方式上发生了诸多变化。总体上，1950～1992 年这一时期的治理机制运行的特征是自上而下的科层化权力运作（即命令—服从）。第二，市场经济中利益分离的多主体治理机制（1993～2006 年）。随着中国社会结构转型的加速运行，中央与地方的利益以及区域内主体间利益的分化和冲突弱化了环境治理的效果，同时，受制于地方政府对 GDP 的追求和个体经济理性的充分发育以及治理资金的短缺，这一阶段的治理呈现为"抽水竞赛"的快速展开以及"开荒"与"禁开荒"之间的博弈过程。第三，结构转型的耦合性治理机制（2007～2019 年），这一机制的环境治理主体由民众、政府、治沙企业、环境社会组织四部分构成。治理理念从经济理性逐步向生态理性转变，政府角色从管制者转变为具备管制者和被监督者双重身份的环境治理参与者，在市场层面逐步实现了环境经济手段的法治化，在社会层面，公众参与环境治理的相关制度开始优化。这一机制的内涵是合作、协商与制约，具有以社会参与为基础，多元主体法律地位的平等性、利益的协调性和参与的有序性特征。治理机制的演变是治理理念、治理主体、治理手段协同演化的体现，是中国社会结构转型进程中环境治理的社会影响诸多因素合力作用的结果。

第8章 社会转型因素对荒漠化治理模式转变的作用

> 确立历史的真实,需要一种比较疏松但仍然是相当吃力的分析。它不是对因果之际的严格确定,而是对那些微妙的、相互作用关系富含想象的把握。
>
> ——[美]唐纳德·沃斯特:《帝国之河:水、干旱与美国西部的成长》(2018)

自近代以来,M县成为我国内陆河流域生态环境最为脆弱的地区之一,其中绿洲荒漠化以其剧烈性、典型性更加引人注目。1950年以来,M县人民探索出了一系列防沙治沙技术和生态治理模式,实践创造了一整套防沙治沙经验和做法,这些防沙治沙的实践对同类型地区具有重要的示范意义。"社会转型"是社会学对于中国社会持续发生结构性巨变的一个高度概括性概念工具与分析视角。本书中使用"社会转型"这一概念,意指在中国社会整体转型的背景下,1950~2019年M县关涉其荒漠化治理实践的产业经济结构、政府—社会互动结构、辖区居民组织动员结构以及当地居民价值观念等带有明显节点性特征的变迁与震荡过程。在本书中,依据M县域发展阶段及制度与环境治理政策的演化过程,将M县环境治理转型过程划分为四个阶段。第一阶段,以政府权力全面渗透为特征的治理探索时期(1950~1977年);第二阶段,以政府力量逐步撤出社会事务为特征的治理调整时期(1978~1992年);第三阶段,以市场分化为特征的利益博弈治理时期(1993~2006年);第四阶段,以国家深度干预为特征的治理重构时期(2007~2019年)。本章主要对M县荒漠化治理模式转变的社会转型影响因素进行分析,具体包括社会转型过程中政府自身转变、经济体制转变(市场化发展)、市场主体发育、社会分化、技术进步、居民生计演变、环境价值传播、国家干预变化对环境治理的影响。

8.1　政府自身转变对环境治理的影响

计划经济时代，地方政府的经济作用在于实施中央政府的经济（工业）发展计划，更多地发挥着一级管理者的作用。M 县作为一个农业县域，主要是完成国家的征购粮任务指标。20 世纪 80 年代初，中央与地方政府的财政分配由原来的利润上缴转变为"财政大包干"；1994 年，中央与地方政府开始实施"分税制"。这两项财政分配机制改革强化了地方政府的财政激励效益，促使地方政府从原来的国家经济的执行和管理者转变为具有自身利益追求的经济发展组织者和推动者。这种财政分权之下的经济激励再加上政治系统中对地方官员晋升激励的叠加形成了"以经济目标为主导的压力型体制"（荣敬本、崔之元等，1998）。

21 世纪初期，中央层面制订了《体现科学发展观要求的地方党政领导班子和领导干部综合考核评价试行办法》《地方党政领导班子和领导干部综合考核评价办法（试行）》，2013 年又印发了《关于改进地方党政领导班子和领导干部政绩考核工作的通知》。这些制度的建立，很大程度上对地方政府单一追求经济发展速度的偏向进行了纠正。从 M 县的实践来看，生态政绩考核制度得到了县政府的重视，2007 年《规划》实施以来，M 县政府将生态立县和防沙治沙作为推动经济社会协调发展的一项重要战略任务，生态治理的实绩被纳入对各级干部考核的重要指标体系。

地方政府主要有两种能动性：其一是经济发展的能动性。在以经济发展为主要目标的情况下，政府在地方经济发展领域里表现出了强大的治理能力。如 M 县 20 世纪 80 ~ 90 年代的"打井开荒""抽水竞赛"、大力发展乡镇企业就生动地表现了这一点；其二是社会服务能力。地方政府在影响人们日常生活的问题上难以提供有效的治理，呈现出经济发展"强治理"和公共事务"弱治理"的格局（欧阳静，2018）。经济基础决定上层建筑，从 M 县财政收入历史发展来看，M 县财政能力一直比较薄弱，其提供社会服务的能力也比较弱。

在解决荒漠化危机和经济发展的关系问题上，M 县政府并不是抽象的"经济人"，而是在特定的历史阶段的具体"能动者"。如前所述，在面对市场经济条件下过分依赖行政方式越来越不适应社会发展的现状，M 县开始探索政府驱动与利益驱动相结合的荒漠化治理运作机制，集合各方力量和资源进入到当地荒漠化治理中来。面对 20 世纪 90 年代的地方"财政困局"，地方政府在既要保持经济快速增长又要遏制生态环境恶化的现实危机中充分地展示了治理主体的"能动性"。进入 21 世纪以来，在国家环境治理势能增强的促动下，M 县政府的"能动性"与国家环境治理的"规制性"发生了良性耦合。

M 县 70 年来的荒漠化治理实践经历了政府主导、群众运动式参与；任务分担式治理；市场经济条件下的利益分离式治理；结构转型的耦合性治理几个阶段。在这几个历史阶段的治理中，政府自身治理理念和方式方法的转变对荒漠化治理产生了重大的影响。前已述及，M 县荒漠化治理理念经历了计划经济时期的"征服沙漠、向沙漠要粮、做大自然的主人"到"从经济理性到生态理性"的演变过程；治理手段上，在管制型环境治理框架下，政府通过"命令和控制"来规范其他主体的行为。随着经济社会的发展，这种独特的治理主体单中心化、依赖其行政资源、强制力量与权威触及社会生活各个方面的治理模式开始发生变迁（郝就笑和孙瑜晨，2019），政府角色转型为兼具管制者和被监督者双重身份的治理参与者；从政策工具的变迁过程来看，从单一的命令—控制型管制工具向多元化的市场激励性工具、自愿性环境协议工具以及基于公众参与的信息公开工具进行演化。

综上所述，地方政府在环境治理中的角色转变是适应社会结构转型和环境善治的必然要求，地方政府如何摆脱环境治理陷入"无动力、无能力和无压力"的困境，是生态脆弱区生态恢复与重建的核心和关键。

8.2 经济体制转变（市场化发展）对环境治理的影响

1949 年以后，以对资源的全面垄断为基础，我国建立了一个对社会进行深入动员和全面控制的总体性社会，国家力量以前所未有的深度和广度深入基层社会生活，将社会动员提升到前所未有的高度。政治上，西部地区被纳入中央直接控制之下并成为中国社会动员机制的一部分；经济上，中央对西部地区（如 M 县这样的产粮区）的聚集抽吸能力大为加强，边疆经济从此进入几乎与内地步调一致的高强度开发时期；社会和文化方面，一方面西部与内地固有的文化差异性仍然明显，另一方面其共同点较历史时期大大增加了。

在计划经济体制下，由于单位面积的劳动投入减少，土地产量下降，农民的收入大幅下降，解决薄收的办法只能是广种。集体土地在这一时期开始快速扩张，在强制性的集体劳动下，农民不可避免地对土地进行私自开发，转移到牧场，挖掘药材和发菜等，以获得个人收入维持现实生存需要。加之在"以粮为纲"政策的促动下，垦荒力度得以强化，耕地面积快速增加，然而上游来水量逐年快速减少，因此，M 县只能继续开采地下水来能保证农业用水，保证粮食总产量的持续增长，这直接导致了荒漠化的扩大和速度的加快（黄珊等，2014）。

党的十一届三中全会后，M 县在乡村经济体制改革下出现了多种经济形式。这些新的经济形式不仅释放了农村地区的剩余劳动力，而且还促进了劳动力的自由流动，提高了劳动力的利用效率，推动了农村经济的发展。经济作物的种植在促进农业经济发展、提高农户经济收入的同时，对当地的生态环境产生了巨大的破坏，是在付出过多的社会代价和生态代价的前提下得到的。

1992 年开启的市场化改革使 M 县这样的西部县域与全国、全球的经济联系空前地紧密化了。市场化改革最直接的效果，是使中国社会在此前处于严格禁锢压抑中的"物欲"以空前的强度喷涌而出，与此同时，也翻开了 M 县人地关系史新的一页，它在推动 M 县域 GDP 迅速增长的同时，也使社会群际之间、人地之间在物质交换过程中所凝聚着的贪欲和不和谐，迅速达到新的空前的高度。M 县农业经济以市场调节作用为主，极大地调动了农户农业生产的主动性。M 县通过进一步提高经济作物（黑瓜子、蜜瓜、茴香、食葵等）种植面积比重，使农业在各种自然灾害的影响下仍能得到很大发展，但这一时期的作物主要是黑瓜子等高耗水作物。此外，20 世纪 90 年代末，机械化耕作的广泛使用大大推动了农业现代化。种植结构调整使经济作物成为农业生产最重要的部分，从经济作物中实现的收入已成为农业收入的主要来源。市场化的发展对 M 县生态环境的恶化产生了负面影响。同时，也为其他各类治理主体进入荒漠化治理场域奠定了制度基础，提供了资源、空间与机遇。

8.3 市场主体发育对环境治理的影响

M 县荒漠化治理的历史实践中，主要的社会主体从计划经济时期的政府、民众二元参与演化为现阶段的政府、民众、治沙企业及社会公益组织多元参与。环境治理历史实践中，新的行动者的产生和变革是伴随新身份产生的主体构型过程，它产生了新的主体性和关于环境治理的新观点，其具备三个主要特征："第一，主体性，即能动者的行事能力；第二，位置性，即能动者所处的时空与社会位置；第三，策略性，即能动者能力的表现形式。"（朱立群和聂文娟，2013）市场经济的发展促进了县域社会结构的深刻变化，形成了多层次、多渠道的外部社会互动关系，县域社会的主动性日益凸显。有切身体验的主政者将县级权力运行的最大特点概括为"行无定则"（李克军，2014）。这是地方政府和官员在快速现代化过程中能动性的典型表现。从治理主体的视角来看，需要处理好政府、市场和社会之间的关系，将治理体系和机制转变为一种能力（陆喜元和丁志刚，2019）。

前已述及，为吸引不同经济成分投资和参与荒漠化治理，M县于2010年发布了《沙漠承包治理管理办法》，尝试引入市场化投入机制，发挥群众、治沙企业的主体作用和国有林场、林业科研单位的主力军作用。这样既弥补了工程建设和管护经费的不足，又调动了生态建设和管护生态治理工程的积极性。

企业被认为是经济效益发展与生态环境治理的核心主体，其治理能动性基于追求经济效益和追求伦理两个层面。一方面，治沙企业面临盈利以及企业发展的需求，治理动力来自市场层面中与其他企业的竞争；另一方面，其治理的能动性来自伦理层面的追求。如甘肃省青土湖沙产业开发有限公司"点沙成金"的故事即是探索经济发展与环境保护双赢的典型案例。这样的治沙企业在政府支持下不断进行技术革新，实现了生态效益和经济效益的融合，改善了当地居民的生产生活环境，提高了居民的生活水平。从M县荒漠化治理中MJH组织参与"拯救M县"以及"吃瓜群众"的故事中，看到了在新的历史时期社会组织参与荒漠化治理的实践过程及可能的变迁路径，这一环境社会组织目前在M县治理荒漠化方面取得了较好的成绩。在与当地政府、企业、民众的共同努力下，通过互联网发动、组织全国各地的志愿者来M县压沙植树，截至2021年底，已面向社会募集资金660万元，种植梭梭等各类林木5万余亩。全国150多家媒体、企业、基金会等机构在此建了生态林。这一环境社会组织在荒漠化治理实践中密切与当地农户的经济利益相结合，并充分尊重当地居民的意愿，激发当地居民荒漠化治理的内生动力，在治理过程中总结出的方法和措施具有开创性，对其他地区的荒漠化治理实践具有一定的借鉴意义。

M 县这样的生态脆弱区，推动环境治理需要各类市场主体的发育和壮大，来避免国家、市场、社会三者结构的严重失衡和社会大多数成员处于一种原子化的状态。

综上所述，政府要加大对治沙企业、民间环保组织等市场主体的引导、支持和监督力度，使其逐步健康发育成长，促进社会主体性和能动性的良好发挥，只有这样，国家、市场与社会三者才能由此形成良性的制衡和互动，荒漠化治理同样如此。

8.4　社会分化对环境治理的影响

1949 年后，行政性社会整合几乎成为社会整合的唯一模式。通过中央—省市—县的行政体制，通过单位制和从公社—生产大队—生产小队的政社合一、半军事化的行政设置，行政社会一体化格局在全国形成。这种整合模式使得下面二者拥有了高度的统一性：社会整合与政治整合。首先，在这样的整合机制下，社会动员迎来了前所未有的高潮。但这种社会整合模式是高度刚性的，它的有效必须建立在对现有社会的独立性和自主性的破坏上才能实现；其次，这种整合模式非常地不灵活，一定要以连续不断地克制社会分化为前提（孙立平，2005）。计划经济体制有效地将农村劳动力排除在城市就业范畴之外，基本上只能从事农业，在农业内部又基本上是从事种植业，种植业内部又基本上是从事粮食生产。由于片面的种植业偏向、极低的劳动效率，最终形成了对耕地的几乎永无止境的需求与压力。这种遏制生产力的制度安排，导致耕地面积的外延式扩张，并导致生态环境（荒漠化）的恶性变迁。

1978 年开启的改革开放，尤其是 1992 年市场化经济改革的启动，以其势不可挡的裹挟力将中国社会的方方面面、种种领域卷入其中，M 县域同样如此。由于经济开发和现代交通、通信等发展加速，千百年来因自然因素限制与东部内地相距遥远的 M 县地区，与内地空前地一致化了。社会转型期中国发生的重要变化之一，是社会转型中社会流动模式的转变和人们地位的激烈变化。区域分化的扩大，是当代中国社会结构转型的一个重要特征，也对环境产生严重的消极影响。其一，发展冲动强，发展无序，这二者都会对当地的生态环境造成很大的影响。其二，区域分化其实也一定程度地暴露出了社会经济制度的不公平以及社会经济体系的不平等。它使落后地区陷入不利的经济地位，不利于环境的保护。其三，区域之间的分化有利于污染从发达区域转移到欠发达区域（洪大用，2000）。

集体经济时期，农村社会关系（交往）呈现内向性、同质化特征，在农村中大部分都是以血缘、地缘亲属关系为主体核心而构建起来的社会关系网络。20世纪80年代开始，M县开始对其农业产业结构进行调整，一些农户逐步从事副业，如从事养殖、运输、建筑业等。乡村农户家庭的职业分化不可避免地使得家庭经济收入不均，导致了家庭收入差距以及社会关系网络的不同。

20世纪90年代以来，户籍制度放开，M县域人口流动加速，社会交往空间范围扩展。农户收入来源由之前的以粮食作物种植为主转变为以经济作物种植为主，经济作物种植的相对高效益显著提高了农民的生活水平，促进了人们消费需求的不断提高，饮食开始追求营养，追求服装的风格和时尚。家庭中日常耐用品数量不断增加，电话、摩托车、农用车、小汽车等拥有量逐步扩大。各种新型耐用消费品不断增多，空调器、移动电话、数码照相机、私家小汽车及各种新型电器炊具进入城乡居民家庭。对教育、交通、旅游、医疗保健等投入不断增长。消费的增长推动了生产（超采地下水）的进一步扩大，加剧了M县荒漠化的危机。家庭规模的细化导致了农民关系网络的复杂性，个人利益和私欲松动了稳定的社会关系网络，农民之间在交往的形式上，"金钱色彩"变得越来越强烈，以馈赠为主的关系网络开始转变为相互经济利益交换的关系网络（陈佳，2018）。

2007年起，随着以教育移民、生态移民、劳务输出为主的农村人口外迁和城镇化进程的推进，2007~2019年，M县农村人口减少91100人，其中仅2007年就有8166人完成生态移民，外输劳动力82500人次①，农村人口总体减少，显著减轻了环境的承载负担，有利于当地生态环境的逐步恢复，但也存在不利的影响，特别是湖区人口的急剧减少，造成了湖区村庄和沙漠边缘村庄的严重空心化，农村地区的空心化和人口外流削弱了农村社区应对灾害和恢复生态的能力（陈佳，2018）。

_____

① 《2007年M县国民经济和社会发展统计资料汇编》。

8.5　技术进步对环境治理的影响

科学技术在荒漠化治理中的作用已为国内外的诸多研究所强调。杨立华等学者通过对西北 7 县治沙的实证调查和文献整合分析，发现科技知识和科技治理在这些县的治沙中确实发挥了重要作用；同时，科技知识要与社会科学和地方知识相结合（杨立华和杨爱华，2011）。

M 县荒漠化治理中的技术演进主要表现在打井技术和防沙治沙技术方面。打井技术的进步，在促进生产力发展的同时，也对当地的荒漠化扩展起到了促进作用。M 县挖井取水的历史悠久，1933~1934 年时任县长牛 ZK 首次从兰州引进木制水车，发动农民凿井置车，提水灌溉，一改辘杆漏斗汲水困难，创提水工具引进之首，但未普遍推广。中华人民共和国成立后，自 20 世纪 70 年代后，随着石羊河径流的逐年减少，为了解决农业用水供需矛盾，大力发展井灌，有土井、镶井、涝池、继而锅井、冲机井、钻机井（见表 8 - 1）。随着地下水位的下降、井型的变更，提水工具也由辘杆漏斗、木制水车、解放式水车、离心式水泵，发展到潜水电泵。截至 1989 年，全县先后成井（指锅锥井、冲机井、钻机井等各种类型的混凝土管壁井）13803 眼，因地下水位下降和成井质量等影响陆续淘汰 5858 眼，实际保有使用 7945 眼，年提取地下水量为 5.087 亿立方米（M 县水利志，1994）。

表 8 - 1　　　　　　　　　　　　　　　灌区打井之最

名称	时间	地点	说明
县打井队成立	1956 年		首任队长：张有锦
第一眼人工大口井	1963 年春	大滩北中	历时 15 天，井深 10 米
第一眼锅锥井	1965 年 11 月	大滩下泉	历时 2 个月，井深 30 米
第一眼冲击井	1959 年 9 月	新河西茨	省打井队协助，井深 51 米
第一眼钻机井	1974 年 6 月	城关北街	历时 7 天，钻深 101 米，成井 65 米
第一眼深井	1974 年 11 月	中渠明珠	历时 18 天，钻深 282.32 米，成井 120.56 米

资料来源：M 县水利志编纂委员会 . M 县水利志［M］. 兰州：兰州大学出版社，1994：58.

过量开采地下水导致地下水位不断降低，2000 年地下水位为 13.6 米，比 1978 年下降约 10 米，地下水开采直接促使地下水盐度升高，各种植被大面积死亡（颉耀文和陈发虎，2008）。

从 M 县防风治沙技术演化过程来看，主要有构筑风墙、封育、沙丘造林、设置沙障、生物技术造林固沙几种方式。

20 世纪 50 年代，M 县人民政府采取人播育草、植树造林的措施，封育柴湾，使长达 210 千米，面积 103 万亩的柴湾发挥了防风固沙、卫护农田的天然屏障作用。21 世纪初，实施退牧还草、围栏封育工程，用水泥桩和铁丝网做成封育围栏（见图 8 - 1），提高天然草原自然修复能力，沙丘造林治沙是中华人民共和国成立后 M 县的创举。

图 8 - 1　早期木制栅栏风墙

资料来源：M 县档案馆。

设置沙障主要有柴草沙障、黏土沙障、麦草"双眉式"沙障（1995 年创造，可就地取材、成本低廉、技术成熟、防护效果明显，是 M 县治理流沙最普遍有效的沙障模式）、尼龙网格沙障、土工编织袋沙障、生态垫沙障、鹅卵石沙障（见图 8 - 2）。

图 8 - 2　沙障技术演进

资料来源：M 县档案馆。

生物技术造林固沙主要有化学配方材料治沙、抗旱造林粉造林治沙、喷播、树穴种植法造林治沙、营养袋育苗雨季造林治沙、戈壁种草治沙、丘间低地种草治沙、盐碱湖盆种草造林治沙。在治沙实践中创造出的这些技术，对于 M 县的荒漠化治理起到了重要的作用。随着信息技术的飞速发展，大数据、人工智能等技术工具逐渐渗透到经济生活中，除了政府提供的制度环境保护外，良好的管理过程还需要良好的科技环境支持（李云新和韩伊静，2017）。大数据、3S 技术、人工智能等技术工具在荒漠化治理中的应用，能够有效解决在良好制度基础下由信息不对称引致的"软件"运行不畅问题。因此，通过技术和制度理性的结合，有可能解决环境问题的根源，并促进 M 县荒漠化治理模式的不断升级。

8.6   居民生计演变对环境治理的影响

M 县荒漠化形成是环境和社会因素长期共同作用的结果。中华人民共和国成立后采取军垦、农垦等方式，为实现粮食生产"跨黄河""过长江"① 目标，建立商品粮基地，大规模开垦荒地。1978 年以来家庭联产承包责任制的实行和粮食价格上涨进一步强化了农户开荒种粮的行动。虽然曾一度提出了"种草种树""治沙、治山、治河""大念草木经、发展畜牧业"等新战略（刘治彦，2004），但由于特定时间和空间的历史条件限制，没有得到很好的遵守。土地荒漠化是沙区群众贫困的主要根源，贫困又导致过度利用自然资源。改革开放后尤其是市场化改革以来，"跨越式发展"的追求使森林破坏和缺水等生态问题加剧，使农户的可持续生计受到严重影响。如果说 M 县集体时代全力进行粮食种植是为了满足基本的生存需求和国家粮食征购目标，改革开放后种植结构的变化则反映了早期市场环境影响下经济收益至上的发展目标。但是，M 县黑瓜子等高耗水经济作物在带来经济收益的同时，也加剧了 M 县生态环境进一步恶化。如何处理好环境治理主体"治理者"和"逐利者"双重角色，实现生计的以超采地下水维持转向生计与生态效益的"双赢"是 M 县荒漠化治理得以良性运行的关键。

---

① 当时对粮食生产提出的口号是"上纲要""过黄河""跨长江"，"上纲要"是每亩地产量为400 斤，"过黄河"是 600 斤，"跨长江"是 800 斤。

21 世纪初，尤其是《规划》实施以来，村民们开始改善生计策略，在政府的引导下，结合农业生产、市场需求和国家生态治理目标，大力实施生态移民、外出务工等政策，推动农户生计方式的绿色转型。这一转型过程提高了土地利用效率和经济效益，也促进了 M 县生态环境的逐步恢复（减少了总用水量，提高了水资源利用效率）。在这一变化过程中，国家、市场、社会和其他多种力量并存，互利合作。国家方面，农民主动从事特色林果和暖棚养殖等产业，降低了生态环境修复成本，提高了环境治理的效果；对于市场而言，绿色产品促进了绿色市场的运行和绿色经济的发展；对群众来说，绿色经济效益激发了他们参与生态环境保护的积极性，推动了生计与生态的协同发展。

8.7　环境价值传播对环境治理的影响

环境价值是对"人类中心主义"的超越，环境价值将"人与自然"的关系融入"人与人"的关系之中。也就是说，人类如何对待自然，本质上是人类如何对待自己，以及人类的部分和整体，现在与未来的关系问题，为了全人类的幸福与发展，必须走可持续发展的道路。

环境问题（沙漠化）的危机使人们认识到，需要重新思考增长的价值和与环境的关系，进步不是无限的增长，而是适度的增长，需要与环境相协调的增长。即使增长具有一定的价值，每个国家对增长价值的认识也不同，在同一个国家的不同地区也是如此。一个地区的发展水平如何，如何分配增长的收益和成本（包括环境成本的分配），人们感受到的环境问题程度或环境影响程度等因素，是如何看待增长与环境之间关系的关键（赵闯，2022）。

M 县在 20 世纪 50 ~ 90 年代虽然认识到了保护环境的价值，但受制于地方生计需求和自然环境的限制及政府发展经济的强烈诉求等因素，对于环境保护价值的认识和传播停留在"文本规范"层面。21 世纪初期，在荒漠化危机逼迫和国家环境治理的规制下，开始通过各种形式传播环境价值及进行环境教育，逐步形成了"干部谋治沙、人人懂治沙、群众齐治沙"的荒漠化治理氛围。

前已述及，M 县荒漠化的扩大与"现代性及其后果"密切相关，即把环境和社会视为对立的两极。其实，现代性的很多价值仍然是我们需要的，现代性的负面后果主要不是来自价值观本身，而是来自极端的或者固执己见的价值观。"绿水青山就是金山银山"的环境价值传播和绿色转型是一个渐进的过程，也许更好地接受和平衡这些现代价值观，形成价值共存的框架，是明智而长远的环境选择。

8.8　国家干预变化对环境治理的影响

计划经济时期，M 县作为商品粮基地为国家的工业化和城市化作出了重大贡献，其代价是地下水资源的耗竭。市场经济时期，M 县进入了加大超采地下水资源、发展经济的"压缩型现代化"进程，之后，在可持续发展理念的促动下发生了"环境转向"。在这一历史进程中，国家层面的环境治理理念、方式方法的转变对地方的环境治理产生了重大的影响。

21 世纪初期，M 县到了即将"成为第二个罗布泊"的边缘。2007 年，《规划》开始实施，其总体目标是：强化水资源管理，调整产业结构，保护上游水源、修复中游生态与环境、抢救下游 M 县绿洲。《规划》总投资47.49 亿元。涉及 M 县属区 11.46 亿元，其中灌区节水改造工程 9.79 亿元，地下水计量设施安装工程 0.29 亿元，M 县下段河道治理工程 0.75 亿元，生态移民工程 0.63 亿元。[①]

《规划》实施以来，M 县荒漠化治理态势发生了结构性变化，治理绩效明显提升：一是农业结构得以调整。实行了最严格的水资源管理制度，推动了高效节水农业和灌溉设施大规模推广。大幅减少了小麦、洋葱等的种植面积，农牧业设施户均 2.36 亩；发展特色林果业 47.12 万亩，人均 2.01 亩，发展高效节水灌溉面积 45.88 万亩，节水作物生产面积占种植业总种植面积72% 以上，初步形成了现代农业的雏形。二是促进了农民收入增长。最严格水资源管理制度的落实，使农田灌溉用水系数从 0.589 提高到 0.617；每立方米农业用水效率从 7.05 元提高到 17.24 元；[②] 2019 年，全县农村居民人均

---

① 《石羊河流域重点治理规划》。

② 《规划》实施以来，M 县以农业种植灌溉用水效益为控制目标，进行种植结构优化调整。现状是：平均农业灌溉用水单方产值约为 8.2 元/立方米，M 县规划 2022 年实现全域单方水农业产值 27元/立方米；远期 2035 年实现单方水农业产值 36 元/立方米。同时，分地块以及大种植户，每两年核算一次单方水产值，按照单方水产值实施"红黄绿"差别化管理。单方水农业产值在 36 元立方米以上的种植区，实施鼓励、扶持"绿色"政策；单方水农业产值在 18 元/立方米以下的种植区，实施限制发展的"红色"管理政策。2022 年后，实施灌溉效益准入，灌溉效益低于 18 元/立方米的作物，即贴红色牌子的地块儿，限期调整种植种类。如有必须耕种的低效益作物，需县政府特批。

可支配收入达到 14414 元，其中设施农牧业和特色林果业收入占农村居民人均可支配收入的 60%；城乡居民个人存款余额为 108.81 亿元，人均 4.51 万元。三是促进了生态持续好转。最严格水资源管理制度的落实（见图 8 − 3、图 8 −4），促使在农业用水效益不断提高的同时，节约下来的水用于生态恢复，近年来用于生态恢复的水量年均在 3000 万立方米以上，地下水位开始逐步回升，森林覆盖率从"十一五"末的 11.52% 提高到 17.91%，每年平均沙尘暴天数从 17.9 天降至 1 天，2015 年被列为国家生态保护与建设示范区和国家高效节水灌溉示范县。

图 8 − 3　大田滴灌

资料来源：作者拍摄。

图 8 −4　温室滴灌

资料来源：作者拍摄。

M 县环境治理绩效的提升反映了环境治理势能的变化。环境治理势能是一种结构化和整体性力量，它既与社会结构存在内在关联，更受经济发展水平和政治压力传导机制驱动。当地方环境问题呈现为国家和地方政府的中心工作，荒漠化治理被集中关注时，不仅国家层面的治理资源投入明显增加，而且自上而下的政治压力、政治问责以及自上而下的治理资源获取、环境问题构建和环境价值传播也明显增加，这对当地的环境治理过程产生了深远的影响（陈涛，2020）。《规划》实施之初采用的"命令—控制"型环境治理模式，符合 M 县特定历史条件下的环境治理需求，它将国家层面的政治优势和压力型体制下的资源优势以及环境问责制嵌入到政府的运行模式中，这是一种自上而下的环境监督，它强调服从和接受，环境治理效率很高，但这也是事后补救的模式，限制了环境治理的绩效。这主要表现为两个方面的问题：其一，其信息成本、执行成本和监督成本巨大。其二，容易遭到民众的抵制。《规划》实施后期，正在逐步走向"耦合性"治理模式，它强调治理理念的包容性、治理主体的多元性、治理工具的综合性、治理机制的协同性和治理制度的系统性。

综上所述，M 县荒漠化治理是时空限制下环境问题与治理需求的社会性建构（董海军和郭岩升，2017）。其治理主体在不同社会阶段和条件下的组成、能力、关系变化及合作策略的选择是受特定历史阶段条件制约的，环境治理利益主体的有效互动是治理绩效产生的基础（闫春华，2018）。环境治理的本质是"一个多主体实现公共事务治理的动态过程"（Thomson，Ann Marie & James L. Perry，2006）。环境治理是一个以时间、地点、条件为转移的实践过程，顺应实践趋势发展的治理更能发挥其治理效果。

8.9 小结：环境治理模式演化中的社会转型影响诸因素

本章在以上各章分析的基础上，对影响 M 县荒漠化治理模式演化的社会转型因素做了进一步的深入分析。政府自身转变、市场化发展、市场主体发育、社会分化、技术进步、居民生计转变、环境价值传播和国家干预变化这八个因素对荒漠化治理模式的变迁产生了重要的影响。其中，政府自身转变（从注重经济发展到发展经济与环境治理良性耦合）、居民生计演变、环境价值的传播与嬗变、国家干预的变化对环境治理发挥了正向作用；社会分化对环境治理产生了负向影响；市场化发展、市场主体发育、技术进步对环境治理产生了双重（正向与负向并存）影响。在这八类影响因素中，政府（中央政府与地方政府）环境治理理念和行为的变化是最为核心的影响因素。

总之，环境治理模式演化是一个实践发展的过程，它总是与特定历史条件下的主体发育、行动能力、关系模式和资源配置机制密切相关。其中，社会自身的变化影响着环境治理模式的变化，行动者意识和行为的改变也导致了社会的改变。社会主体总是在对环境的不同认知中去塑造和改变环境，环境的变化也在不停地改变各类治理主体对于环境的认知和行动策略的选择，构建多元主体参与的耦合性治理机制是中国社会转型进程中环境治理模式优化的必由路径和历史选择。

第9章 结论与讨论

9.1 主要结论

本书以 1950～2019 年 M 县荒漠化治理实践演变为研究对象，以荒漠化治理的历史变化为分析重点，以治理模式走向优化的逻辑揭示为核心问题，主要通过访谈法、参与观察法和口述史等方法收集研究资料，以环境问题研究的社会转型范式和环境史视角阐释了 M 县荒漠化治理实践转型的社会动力机制。70 年来荒漠化治理的社会学研究，对理解生态脆弱地区环境演变的社会影响因素及其环境治理机制的演化有重要的理论与现实意义。

作为一个以农业生产为主的西北县域，保护农业是其荒漠化治理的逻辑起点，而绿洲垦殖是导致荒漠化的重要因素之一。20 世纪 50 年代末，M 县几乎没有开荒现象，而进入 80 年代中期开荒异常迅猛，至 20 世纪 90 年代末发展到最高峰，2001 年开始减少。急剧增长的人口、急剧发展的生产力、人们提高生活水平的强烈愿望，以及社会转型加速期市场化发展下经济利益的驱动是绿洲趋于扩大的主要因素；而地表水资源的减少乃至绝对短缺、地下水位的降低、沙尘暴的频发和沙漠化的入侵、土地盐碱化的大面积扩展、国家政策的干预与人们生态环境意识的增强又是限制绿洲扩大的主要因素。在这两类相互矛盾的因素作用下，M 县域绿洲呈现出从环境衰退到环境治理有效的总趋势，是一场深刻的、系统的、史无前例的绿色变革。

9.1.1 社会转型是影响 M 县环境、环境治理变迁的关键变量

M 县域经济社会发展和环境（环境治理）变迁说明，环境治理模式的变

化与社会转型的历史进程是密切相关的。环境治理实践总是与特定历史条件下的主体发育、行动能力、关系模式和资源配置紧密关联。政府自身转变、经济体制转变（市场化发展）、市场主体发育、社会分化、技术进步、居民生计演变、环境价值传播、国家干预变化均对 M 县荒漠化治理产生了重要的影响。

M 县经济发展与环境变化表明，经济发展与环境保护并不一定矛盾，经济发展可能会导致严重的环境问题，也可以规避环境问题，关键是采取什么样的发展模式。比如 20 世纪 80 年代至 90 年代末期，M 县因打井种植黑瓜子，地下水资源过度开发导致生态恶化；而采用生态型的发展模式是可以实现经济发展和环境保护双赢的，2007 年以来的种植结构调整和水权分配就是一个实例，面对已经出现的环境问题，通过生态修复和生态经济发展是可以恢复生态环境，实现协调发展的。

中国在经济发展的过程中不断强化环境保护，追求经济发展与环境保护的双赢，具有生态现代化的取向，但也面临很多困难和风险。一个国家的生态现代化进程和效果必须与其他国家联系起来才可以持续推进，生态现代化应有多种路径与模式。从生态现代化的视角来看，M 县在第四个历史阶段的荒漠化治理中所追求的经济发展与环境保护互利共赢目标体现了经济发展和环境保护之间具有一定的融合性。在这一治理阶段，M 县的生态现代化表现出经济理性和生态理性能够趋于平衡，社会结构的转变和改革能够围绕生态利益进行等几个方面的特征。这些都充分说明生态现代化是现代化进程的生态转向过程，在 M 县这样的生态脆弱区域通过特定的手段是能够实现生态现代化的。

生态现代化理论认为，技术创新、市场机制、环境政策和预防性原则是生态现代化的四个核心要素，环境政策的制订与执行能力是其中的关键。M 县荒漠化治理中的生态转向实践支持了这一论点，但同时也具有自身的特色。经过 40 多年的改革开放，我国现代化发展面临全面升级和转型的时代要求，生态文明建设被放在更加突出的位置，我国是在现代化尚未完成的情况下进行生态转型的，这是党和政府在日益严重的环境危机面前作出的自主选择。如果说这种转型可以被称为"生态现代化"，那么它具有独特的历史路径和国情特色，是中国道路的重要组成部分，这些路径和模式是中国生态现代化研究者需要不断思考的问题。

9.1.2　荒漠化治理是嵌入在特定的政治、经济和社会系统中的社会行动

环境治理是多元利益主体对人类社会活动的引导和规制。在注重生态修复和污染治理的同时，它更加注重通过制订社会规范（包括法律和政策）来提升企业和公众的环境意识，改善人类的环境友好型行为，促进人类经济社会的可持续发展。

从 M 县荒漠化治理实践来看，从早期的政府动员、群众运动式治理走向后期利益导向的多元主体参与治理；从早期的零敲碎打走向后期的系统化、规模化治理；从政府主导逐步走向政府引导、市场、社会力量聚合参与；这一历史实践过程生动体现了荒漠化治理的"嵌入性"。环境治理利益主体的有效互动是治理绩效产生的基础。2007 年 M 县实施《规划》以来，环境治理绩效显著提升，这反映了环境治理势能的变化。在经济发展水平较低历史阶段，经济增长是当地的主基调。因此，M 县荒漠化治理中对超采地下水和打井开荒的规制和信息公开等机制难以发挥实质性作用。当荒漠化治理成为国家和地方政府的中心工作，国家层面对 M 县的各类治理资源投入大幅增加，同时，自上而下的政治压力和政治问责力度也大大加强，这对荒漠化治理进程产生了深远影响。因此，从 M 县荒漠化治理实践的变迁可以看出，环境治理在不同的历史阶段有其自身的特殊性，而且环境治理会受到特殊阶段社会转型因素的影响和制约，这对环境治理的推进提出了不同的要求和路径选择，不论环境治理主体之间的权力结构如何演化，政府这一核心主体仍然需要发挥其主导性的作用。

9.1.3　国家、市场与社会多元参与是荒漠化治理善治的必然要求

环境治理在实践层面，呈现出复合型治理特征。在环境治理的社会机制方面，从不同学科角度大多都认同多元共治这一取向。对环境治理而言，要大力构建国家、市场与社会等多元利益主体参与且相关利益主体能进行充分互动的复合型治理（王芳，2016）。随着国家生态文明建设的大力推进，环境治理的势能增加，但还存在诸多限制环境治理的体制和机制性障碍。除此

之外，环境治理还存在复杂性和反复性问题。例如，近年来虽然国家的治理力度在逐步加强，但在一些地区仍然时有"乱作为""治理秀"等问题的发生（新浪财经，2022），① 因此，我国环境治理依然任重道远。

9.1.4 生态脆弱区地方社会的发育是荒漠化治理可持续的基础

20 世纪 50～70 年代 M 县荒漠化治理所取得的成效，是总体性社会计划体制下高度社会动员的成果，而该区域生态环境的变迁及相应的环境问题，在很大程度上也是这一社会机制的结果。进入 20 世纪 80 年代、90 年代初期，随着市场化进程的加速，在计划经济下所实行的群众运动式治理模式已逐渐不适应现代社会的要求。一个健康的社会和可持续的治理结构，需要政府、市场、社会的相互协调，M 县荒漠化治理的市场化改革和探索充分地说明了这一点。

改革开放以来，随着放权让利和社会控制体系的变革，社会力量开始逐步发育。但是，在既有体制的束缚下，社会力量并没有充分发育起来。相对于强势政府和资本势力而言，社会力量呈现为一种极度孱弱的状态。这不仅造成既得利益集团畸形发育，不公正的社会秩序得以形成，也导致对包括生态环境资源在内的各种资源的任意挥霍，以及对全社会生态环境利益的蔑视和践踏。

社会是与国家和市场两者紧密相关的一个制度空间和行动场域。在公共领域，社会在法律制度和民主协商的框架下独立运作，按照自组织和自我调节的原则与国家权力形成制衡。社会动用各种社会规范和制度安排来抵制和约束市场的侵蚀。

在 M 县的荒漠化治理实践中，看到了诸如 MJH 等组织的生态治理志愿者公益组织的逐步成长，也看到了其他环境社会组织在 21 世纪初期参与到荒漠化治理中来。这些公益组织通过互联网＋治沙的模式，带动外界更多志愿者参与到治沙中来，同时，将本地农产品通过互联网推向外界，带动了当地农产品价格和销量的上涨，无疑是当地荒漠化治理的一个创新之举。但总体来看当地社会的发育还处于较低水平。可以说，如果缺少常规化的制度安排，

---

① 沙漠违规建粮仓，陕西被督察［EB/OL］．［2022－04－23］．https：//finance. sina. com. cn/jjxw/2022－04－23/doc－imcwipii6061188. shtml? finpagefr＝p_115.

为应对当地荒漠化危机而产生的社会自组织力量，往往无法转化为促进社会成长发展的可持续动力。

在未来的环境治理中，进一步强化 M 县环境治理社会组织的发育，促进社会的主体性和能动性的逐步成长是至关重要的。人与自然和谐的前提是人与人的和谐，因为呈现为原子化状态的社会个体，显然是难以制约强势的政府和资本的，更难以关照全社会（包括子孙后代）的生态环境利益。

9.2　政策启示

9.2.1　重构良性运行的系统发展模式

从 M 县荒漠化治理实践案例来看，只有构建以资源可持续利用、经济稳定增长、生态环境良性循环、社会全面进步为特征的系统发展模式，才能最终使这一地区融入中国式现代化的浪潮中。改革开放以来，M 县在很大程度上沿袭了"传统发展观"，即片面地把经济量的增长作为区域社会发展的主要目标，而忽视了经济的增值式发展，在社会发展上，只关注宏观性的社会发展而忽视微观性的社区社会发展。在微观性的社区社会发展上，又过多地依赖区外动力推动式发展，而忽视依靠区内本体力量的自我发展，尤其是经济、社会、生态、环境和资源的可持续发展。因此，重构二元动力聚合的良性运行系统发展模式是类似地区的现实选择（见图9-1）。

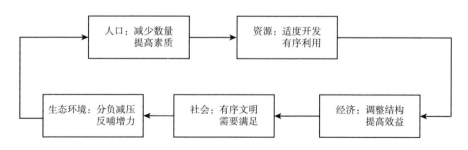

图9-1　良性运行的系统发展模式

在这一模式中，任何子系统都可作为系统运行的始端或终端。然而，实现社会系统良性运行的主体是人，人的能动作用的性质及大小对大系统和子系统运行的影响既可以是正面的也可以是负面的。因而，一旦将这一模式运用到具体的社区操作过程时，人的主体作用已不再是传统意义上的无规则行为，而是组织化、规范化了的群体或个体行为。

环境治理发展的过程、层面、规模和形态，可概括为三种类型：一是区外动力嵌入型治理，即治理动力源于社区外部，社区内部的动力要素处于被动状态。这种治理的领域是局部的；治理过程是间断的，治理成果是有限的。二是内外源动力聚合型治理，即治理过程由外源动力输入而起，但主要动力源于社区内部，表现为外、内源动力的有序聚合。三是内源动力扩张型治理，即在内外源动力聚合治理的基础上，社区内部的动力要素不断强化和扩张，日益成为环境治理的主体性力量，这时外源动力输入减缓，社区发展主要表现为高度组织化的群体自主行为。这种治理涉及经济和社会生活的各个领域，治理状态是持续的，治理成果是全面的（赵利生，2003）

从一般意义上讲，任何社区环境治理的主体性力量源于其内部，外源动力要通过内源动力而发挥作用。但在偏僻落后的 M 县县域，排斥外源动力输入的治理和发展是根本不可能的，唯一有效的途径是促使外内源动力的聚合和转换。这一转换过程可区分为三个阶段：第一为外源动力要素输入阶段，即区外组织（政府）通过行政手段，向这一地区推行宏观性的治理政策、发展战略及其计划，以及输入必要的治理资金等。动力源于政府的明政，表现为单一的区外组织行为；第二为外、内动力要素聚合阶段，即外源动力要素输入后，以社区组织为载体，与社区居民、家庭的需要相结合，形成社区环境治理的"二源合力"（赵利生，2003），表现为社区自组织行为；第三为内源动力扩张阶段，即在"二源合力"的基础上，动员区域成员广泛参与环境治理规划、治理决策和区域发展，使内源动力不断发展、扩张，外源动力要素输入相对减弱，区外组织的功能由"输入"转向"服务"，区域环境治理主要表现为组织化了的社区群体自组织行为。

目前，M 县荒漠化治理处于第二阶段向第三阶段的过渡过程，只有加快动力要素向第三阶段的转换，促使内源动力的生长和扩张，才能加速该地区荒漠化治理的良性运行。

9.2.2 加快发展沙产业

钱学森先生于1984年提出了沙产业的概念。早期的沙产业是指在"不毛之地"上，利用现代科学技术，包括物理、化学、生物等科学技术全部成就，通过植物的光合作用，固定转化太阳能，发展知识密集型的农业型产业。沙产业的核心思想是"多采光、少用水、高技术、高效益"（张雪萍等，2003）。但广义的沙产业包括利用沙漠或沙地资源发展起来的所有产业。沙产业是持续发展的必由之路，也是寓防沙治沙于经济发展之中的科学选择。

要大胆借鉴国内外先进地区发展沙产业的经验，结合各地沙地资源环境特点，科学选择发展沙产业的路径，循序渐进，找准特色，以点带面，务求实效：一是做好沙产业发展规划，科学确定沙产业发展的目标，优选沙产业发展的主要行业和主要地区，将沙产业发展的任务分解到各地；二是制订沙产业发展的政府支持政策。任何产业发展都有一个孵化并壮大的过程，沙产业也不例外。根据沙产业发展特性，制订金融、财政、人才、土地等一揽子优惠政策体系，吸引社会资金投资沙产业；整合扶持一批龙头企业。对已有相关企业进行整合，提高资产集和技术含量，并引进区外大型骨干企业，形成一批沙产业骨干企业，带动沙产业发展，进而实现生态改善和农牧民增收的双赢，最终形成荒漠化治理的良性循环。

9.2.3　着力提高教育科技水平

荒漠化地区是我国经济欠发达区域，也是少数民族聚集区，整体来看教育科技文化水平不高，人才特别是高层次人才十分匮乏，制约着当地经济社会发展质量提高和生态环境改善。尤其是农牧区居民文化教育水平较低，迁徙能力和就业竞争力较弱，不利于生态移民和城镇化，难于摆脱对传统农牧业生产的依赖。对荒漠化地区的大学生给予就业安置等优惠政策，以减少返乡、返原籍比例。要鼓励国家级科研院所到荒漠化地区开展科学研究，特别是加强对濒危珍稀树种、耐寒抗逆植物的保护、开发和利用推广研究，以及开展现代沙产业、新能源和新材料研发等，促进科技与生产的紧密结合，带动区域生态建设和产业发展。树立一批按标准设计、施工、验收的生态工程建设示范区，建立一批依靠科技进步治沙富民强区的样板，产生一批具有市场竞争力的林业品牌产品。通过项目的示范带动，使荒漠化地区科技进步率明显提高，农牧民林业收入显著增加，真正迈向科技推广、生态改善、产业带动、百姓致富的多赢发展道路。

9.2.4　强化对荒漠化地区的生态管理

通过制订和利用法律、法规、政策等措施，积极开展荒漠化防治工作。特别是通过土地利用结构、经济结构、产业结构调整，实现土地可持续利用。在当前，政府仍是指导和组织荒漠化治理最重要的主体。政府所制订的关于防治土地荒漠化的政策措施是否科学十分重要，对于防沙治沙起着决定性的作用。科学和切实可行的有关防沙治沙的法律、法规等政策无疑会促进土地荒漠化防治。同样，有了好的政策措施还必须依靠政府组织实施才能够发挥作用。因此，政府组织的作用也是十分重要和不可缺少的。

此外，评价生态建设工程，不仅要看地表植被，更要看地下水位变化。生态建设工程，应注重长期效应，短期内难以评价得失。一些地区只管植树造林，不管地下水涵养，甚至大量抽取地下水养护地表植被，以博取上级检查团的好评。这种行为的后果不堪设想。在 M 县这样的北方荒漠化地区，水系是生态系统的中枢神经。破坏了水系，也就破坏了生态系统，因此，地下水位的变化更能科学地反映生态建设工程的得失。应加大监测研究资金投入和荒漠化监测信息系统建设力度，强化监测研究队伍建设，定期评估荒漠化治理成效，并向社会公布实情，以此作为政策调整和公众支持的依据。同时，大数据、人工智能、物联网、区块链、云计算、雾计算、量子计算等技术工具的逐步运用，使人类社会由信息时代迈向了更加智能化和数字化的智慧时代。因此，政府要大力强化环境治理工具的革新来提升自己的治理能力。

9.3　理 论 启 示

9.3.1　环境治理转变的理论意义

本书中详细阐释了 70 年来 M 县荒漠化治理中治理理念、治理主体、治理机制的转变过程，分析了治理转型的社会动力机制。环境治理实践是社会行动主体依据特定的结构和制度环境来实施的治理环境的行为，社会的变化导致了环境治理模式的变化。从计划经济体制到市场经济体制；从"命令—控制"型治理模式到"耦合性"治理模式；从"封闭社会"到"开放社

会"；从"总体性社会"到"社会分化"，M 县荒漠化治理中的参与主体随之
发生变化，职业同质化很强的农民开始分化，生计来源发生变化；社会组织
从无到有，从发育不全到参与荒漠化治理更多一些；企业把治理荒漠化作为
一种经营的方式等。反过来，环境治理的实践也推动了社会结构的转型。比
如 M 县社会结构、社会体制和价值观念等方面发生的一系列的变化。这表明
环境治理本身也能导致社会的分化和转变。在环境治理的促动下，M 县社会
主体的环境意识得以强化、生活方式得以转变。当荒漠化治理成为一种有利
可图的事业的时候，当地农民以雇工的形式来参与荒漠化治理的时候，对当
地农民的生计、环境观念都带来了巨大的变化。

　　本书综合社会学和环境史的视角，把 M 县荒漠化治理模式转型置于社会
变迁中进行考察，依据当地的文化、制度、社会发展阶段、公民意识、经济
类型、资源配置方式等来理解 M 县荒漠化治理模式。这样的一种解读可弥补
荒漠化治理纯技术研究的不足和传统社会学特别是环境社会学既有的理论对
于环境治理关注的不足。笔者认为要重视对环境治理的具体历史条件的分析
和把握，细致考察不同时空条件下环境治理实践的多样性和创造性，而不是
用抽象的所谓理论裁剪和限制环境治理实践。

　　在推进生态文明建设的进程中，迫切需要促进环境保护和环境治理模式
创新，将新理念和新思路引入环境治理，来克服政府、市场和社会任一单一
化主体进行治理的缺陷，迫切需要建立一种基于分工协作基础上的新型环境
治理模式，形成一个由多元治理主体组成的治理共同体。[①] 真实世界中的环
境治理是复杂的，是在特定历史条件下的治理。在不同历史阶段条件下，环
境治理受地方政府治理能力、市场和社会组织发展、公民环境参与意识、社
会资本培育等诸多因素的影响。如何发挥政府（权威治理）、市场（契约治
理）社会组织（协同治理）和公民（参与式治理）的作用及其发挥程度是对
治理能力的巨大考验，要在充分考虑环境问题性质的基础上，灵活筛选和选
择，最大限度地提高环境治理模式的效力。

　　M 县的荒漠化治理实践经验表明，治理并不意味着政府的退出和政府在
环境治理中作用的弱化，一个强大有力的政府恰恰是确保治理有效的一个基
本条件。随着社会转型的发展，政府在环境治理中的规制手段在逐步走向市

---

　　① 詹国彬，陈健鹏. 走向环境治理的多元共治模式：现实挑战与路径选择［EB/OL］.［2020 -
12 -25］. https：//m. gmw. cn/baijia/2020 - 12/25/34493164. html.

场化、社会化和多元化，但政府仍然需要发挥其在环境治理中进行直接监督的主导作用，这种有效的环境监督恰恰是环境治理善治的重要基础。不论是学界构建起来的环境治理"协同治理理论"模型，还是"多中心治理理论"模型、"自治理论"模型，必须摒弃和警惕"去国家中心化"的倾向（高世楫，2017）。在不同社会发展阶段基于治理实践构建出来的治理模式仅仅意味着政府干预环境治理的方式、手段和程度的变化，而政府这一核心治理主体的元治理功能反而进一步强化，从而避免多元主体参与治理所带来的耗散、低效与失序。只有建立一种新的、更具包容性、适应性和有效性的环境治理模式，并有效加强环境治理的"制度执行能力"，才能提高环境治理能力的现代化水平（王绍光，2018）。

9.3.2   环境治理历史视角的意义

引入历史视野是社会学有效面对当前重大社会变迁的必然选择。每一个社会学者都能在面对当下问题时自然而然地涌现出某些历史的感触，从而进一步丰富经验感，即在一切历史都是当代史的理念之下，实现历史感在社会学中的渗透，这才是"历史转向"的真正目的（肖瑛，2016）。环境问题本身在发展，环境与社会互动的关系也在发展。注重从动态的角度把握事实，一是可以更加全面地认识和描述环境问题；二是能够看到社会应对环境问题的动态努力；三是可以对环境问题的未来发展作出合理的预期；四是可以辩证地认识环境问题的社会影响（洪大用，2017）。

从 M 县荒漠化治理实践来看，环境治理实践总是根据不同阶段环境问题的不同表现、对社会的不同影响、社会可用的治理资源和治理技术来应用的，包括社会的环境意识的觉醒程度、社会力量的发育程度等，它是一个历史的过程。阐释荒漠化的治理实践演化过程，就要求将历史视角带回当地治理的具体政治、经济、社会演化背景中，才能挖掘出不同历史阶段下环境治理的"困境"与"可能"，才能细致地梳理出荒漠化治理的阶段性、连续性、创造性特征以及治理效果的辩证性特征。影响荒漠化治理的因素复杂多样，历史视角的引入可增强对荒漠化治理（环境治理）影响因素的地方性的详细考量。

总之，将历史视角（中国社会结构转型）引入环境治理理论的构建，是具有重要的现实和理论意义的，其作为分析环境治理动态和辨识变化的潜在路径的有力框架，可以更加深刻地理解计划、策略化和调控的多种效果，并分析不断变化着的治理系统，为理解环境治理实践和环境治理理论构建作出一定的贡献。

9.3.3　环境治理的约束与发展可能

从 M 县荒漠化治理实践的演化过程来看，环境治理是在一个有限的、既定的社会政治经济条件下，持续不断创新的过程。同时，环境治理的实践效果是具有辩证性的。从环境治理实践的成效上来看，M 县 20 世纪 50～60 年代的兴修水利、80～90 年代的打井开荒行动从长时段来看破坏了当地的生态环境，但若从特定的时空背景下来看却对当地的生产与生活具有重要的作用和现实意义。因此，荒漠化治理的成效不能简单地等同于环境质量的改善，需要结合不同时空下不同环境问题的制度与社会背景进行具体分析。因此，从 M 县荒漠化治理的实践案例来看，环境治理是一种实践的、过程性的、动态发展的治理过程，受制于特定的社会条件、环境状况和治理手段。其中，社会自身的变化影响着环境治理模式的变化，从这个意义上讲，环境治理理论建设需要考虑其演化的维度，把握其动态变化的特点。从 M 县荒漠化治理实践的演化过程来看，其治理过程具有鲜明的四个特征：第一，历史性；第二，连续性；第三，治理成效的辩证性；第四，治理主体的创造性。

总体来看，M 县荒漠化治理转型过程体现出两个最基本的逻辑：其一，个人与社会之间的关系演化；其二，环境与社会之间的关系演化。M 县荒漠化治理的实践创新和模式演化，是由于当代中国社会结构的转型导致了行动者的环境意识和行为的改变；反过来，行动者意识和行为的改变也导致了社会的改变。从环境与社会关系演化来看，二者紧密互动、不断演化，社会主体总是在对于环境的不同认知中去塑造和改变环境，而环境的变化也在不停地改变各类治理主体对于环境的认知和行动策略的选择。

因此，观察环境治理的实践、建构环境治理理论时应该从一种实践、发展、辩证的视角去看待，讨论环境治理的理论创新或者建构，也要从历史的、发展的角度进行分析。从 M 县荒漠化治理的历程来看，推动环境治理的创新，调动和激发环境治理相关主体的能动性是至关重要的。同时，一个健康的社会和可持续的治理结构，需要政府、市场、社会之间的相互协调。

9.4 创新与不足

9.4.1 创新之处

本书的创新主要体现在以下三个方面：

（1）对"环境治理"概念作了新的补充。从 M 县荒漠化治理实践来看，"环境治理"本身不是一个固化的概念而是一种实践的形态，它本身是不断发展变化的。本书中阐释了特定历史条件限制下的"环境治理"的历史变迁特征，把看待治理实践发展变化的历史维度、环境社会学研究的社会转型范式、治理主体的能动性结合起来理解"环境治理"这一概念。从其本质意义上来说，"环境治理"在每个时期都有自己的治理形态。西方现代意义上提出的"环境治理"这一概念，对于 M 县最新阶段治理模式的参考价值仅在于 M 县 70 年的环境治理发展过程中，政府在环境治理中发挥作用的手段和形式发生了变化。随着市场经济体制的逐步完善，市场机制在荒漠化治理中开始发挥更重要的作用；公众参与环境治理的意识、行为和组织化程度在不断提高。因此，只有当一个社会发育到特定的阶段后，西方现代意义上形成的"环境治理"概念与理论才具有可资借鉴的价值。

（2）本书从社会转型和环境史视角论述了 M 县荒漠化治理的实践过程，分析了荒漠化治理与不同历史时空下的政治、经济、社会状况之间的关系，提出在构建环境治理理论时要更加重视实践发展的历史维度，揭示了环境治理实践是一种能动的、多方主体在特定历史条件下的创造过程。环境治理实践可以借鉴理论与经验，但是不可简单复制。本书中梳理了 M 县荒漠化治理不同治理阶段之间的联系和差异，基本上立体、动态地反映了 M 县荒漠化治理的阶段性特征和治理模式的演化过程。这对于看待既有的环境治理理论的各种分析、解决各种理论之间的分歧提供了一种比较清晰的思路。本书体现了环境治理时间序列的连贯性，还原了 M 县荒漠化治理的流变发展，这对于把握我国环境治理事业发展历程提供了新的认知视角，能够更深入地理解环境治理不同阶段间的传承和推进特点，增加了环境治理的新的"中国经验"内容。

（3）本书弥补了既有荒漠化治理研究未能深入对环境治理过程中的社会

转型因素、地方性治理情境等因素进行历史脉络分析的不足。洪大用提出的"社会转型范式"是对中国环境状况不断恶化在特定时间和空间内的社会环境变化的描述和解释，考察了中国社会结构、社会体制、价值观念转型与日益恶化的环境状况间的互动关系和未来出路。笔者持辩证立场，认为中国社会的特殊转型过程确实增加了环境压力，但也孕育了缓解环境问题的机制和方向，在多元治理主体的合作之下，是能够走出一条中国特色的环境治理之路的。

　　本书中采用"社会转型范式"，对 M 县 70 年来的荒漠化治理实践演化进行了详细梳理和分析，对环境治理的社会转型影响因素进行了操作化。从政府自身转变、经济体制转变、市场主体发育、社会分化、技术进步、居民生计演变、环境价值传播、国家干预变化八个方面重点考察了社会转型与环境治理之间的关系，讨论了这种关联对于环境问题分析的社会转型范式的理论意义以及对建构环境治理理论的启示，使得"社会转型范式"在分析具体环境治理实践演变时有了一个具体的分析框架，充实了这一范式对社会转型过程孕育了化解环境问题机制的展望性论述，弥补了其对环境治理实践过程关注的不足，连接了从 M 县环境衰退与环境改善过程中荒漠化治理的历史流变梳理和特定历史阶段环境治理的横截面分析，基本上立体、动态地阐释了 M 县环境治理的阶段性特征和其治理模式演化的社会动力机制，在一定程度上拓展了"社会转型范式"的研究范围。

9.4.2　研究不足

　　M 县荒漠化治理历史实践过程错综复杂，涉及面广、时间跨度长，受笔者的科研素养所限，本书中还存在以下不足之处。

　　（1）本书在 M 县环保社会组织的对比分析方面还存在一定的不足。M 县的环保社会组织虽然较少，但还有其他的类型，其实不同类型的环保社会组织结构、运行机制方面是存在一定差异的。后续笔者将对此问题作进一步深入研究。

　　（2）本书在调查对象的选择范围和对比研究方面还存在一定的不足。本书中主要采用深入访谈及参与观察的方法来收集研究资料，调查区域主要涵盖了 M 县历史时期受风沙影响较大的治理当事人和从事沙产业的企业主、相关政府官员、治沙公益组织负责人以及受荒漠化影响严重的典型乡镇与村庄。

M县域从历史上来看，是一个"渠系社会"，① 根据水利灌溉情况可以划分为三个区域：上游、中游、下游。不同区域受荒漠化的影响程度不同，经济发展水平和种植业结构不同，不同区域的行动者对荒漠化的认知和参与度也是不同的，笔者将在后续研究中进一步补充和完善。

（3）研究范围有待进一步拓展。研究环境治理是理解中国社会和中国社会转型的重要窗口。本书中主要探究了 M 县荒漠化治理实践的历史演变过程，对民众环境意识与行为二者之间的关系未作深入的分析；对 M 县荒漠化治理中各层级政府之间的互动关系，以及荒漠化危机呈现时的信息构建和传播过程；M 县荒漠化治理如何从一个县域问题上升为国家工程的过程缺少深入的考察和分析；对各级政府环境治理能力的现状及如何提出提升地方政府环境治理能力的对策缺少相关分析。这些问题有待下一步更加深入地进行研究。

---

① 本区域降水稀少，蒸发强烈，虽田野广袤，然无灌不殖。水是关乎生死存亡的大事。民间谚云："有水斯有木，有木斯有土，有土斯有财，有财斯有用。"随着石羊河中游灌溉的发展，分段截引水量越来越多，致使 M 县下游来水越来越少。春夏之交，自然河流甚至完全断流。清朝末年，中下游争水矛盾已十分尖锐。水事纠纷的调处，已经渗入河西走廊以绿洲为基本的经济社会的骨髓之中。乾隆《古浪县志》记载："河西讼案之大者，莫过于水利。一起争讼，连年不解，或截坝填河，或聚众毒打，如武威之吴牛、高头坝，其往事可鉴也。"中华人民共和国成立后，争水仍然是社会的主题之一，曾有过 M 县的县长和书记，因为争水而受到处分的事件。王忠静认为，M 县是一个典型的由于社会发展改变了自然水循环规律，自然水循环规律的改变又使既有用水秩序"时间水权"失效的案例。参见：王忠静. 水权分配——开启石羊河重点治理的第一把钥匙 [J]. 中国水利，2013(5).

参考文献

[1] 奥斯特罗姆. 公共事物的治理之道——集体行动制度的演进 [M]. 上海：上海三联书店，1999.

[2] 艾尔·巴比. 社会研究方法 [M]. 邱泽奇，译. 北京：华夏出版社，2018.

[3] 奥兰·杨著. 直面环境挑战：治理的作用 [M]. 赵小凡，邬亮，译. 北京：经济科学出版社，2014.

[4] 包慧娟，赵明，闫丽，等. 奈曼旗沙漠化及其防治中的政策影响因子分析 [J]. 干旱区资源与环境，2008 (7).

[5] 包慧娟. 沙漠化地区可持续发展研究——以科尔沁沙地奈曼旗地区为例 [D]. 北京：中国科学院研究生院，2004.

[6] 包智明，曾文强. 生计转型与生态环境变迁——基于云南省 Y 村的个案研究 [J]. 云南社会科学，2021 (2).

[7] 包智明，等. 环境公正与绿色发展 [M]. 北京：中央民族大学出版社，2020.

[8] 保尔·汤普逊. 过去的声音——口述史 [M]. 覃方明，渠东，张旅平，译. 沈阳：辽宁教育出版社，2000.

[9] 曹永森. 后工业化时代生态治理的理念、方式与组织 [J]. 南京师大学报 (社会科学版)，2014 (3).

[10] 昌敦虎，白雨鑫，马中. 我国环境治理的主体、职能及其关系 [J]. 暨南学报，2022 (1).

[11] 常厚春. 民勤县水利志 [M]. 兰州：兰州大学出版社，1994.

[12] 常兆丰，韩福贵，仲生年，等. 石羊河下游沙漠化的自然因素和人为因素及其位移 [J]. 干旱区地理，2005 (2).

[13] 陈阿江. 文本规范与实践规范的分离——太湖流域工业污染的一个解释框架 [J]. 学海，2008 (4).

[14] 陈阿江. 次生焦虑：太湖流域水污染的社会解读 [M]. 北京：中

国社会科学出版社，2009.

 [15] 陈阿江，等. 面源污染的社会成因及其应对：太湖流域，巢湖流域农村地区的经验研究 [M]. 北京：中国社会科学出版社，2020.

 [16] 陈德中. 能动性、反思性与政治——威廉斯与韦伯 [J]. 现代哲学，2018 (5).

 [17] 陈改君，吕培亮. "生态正义"何以实现？——基于环境库兹涅茨曲线的检验性分析 [J]. 湖南社会科学，2022 (3).

 [18] 陈光金. 中国农村社区精英与中国农村变迁 [D]. 北京：中国社会科学院研究生院，1997.

 [19] 陈海秋. 转型期中国城市环境治理模式研究 [D]. 南京：南京农业大学，2011.

 [20] 陈怀录，姚致祥，苏芳. 中国西部生态环境重建与城镇化关系研究 [J]. 中国沙漠，2005 (3).

 [21] 陈佳. 干旱乡村人地系统演化的脆弱性——恢复力整合研究 [D]. 西安：西北大学，2018.

 [22] 陈利珍. 牧区沙漠化与绿洲沙漠化比较研究 [D]. 兰州：兰州大学，2017.

 [23] 陈涛，郭雪萍. 显著性绩效与结构性矛盾——中国环境治理绩效的一项总体分析 [J]. 南京工业大学学报（社会科学版），2020 (6).

 [24] 陈涛. 1978 年以来县域经济发展与环境变迁——以当涂县为个案 [J]. 广西民族大学学报（哲学社会科学版），2009 (4).

 [25] 陈涛. 产业转型的社会逻辑：大公圩河蟹产业发展的社会学阐释 [M]. 北京：中国社会科学出版社，2014.

 [26] 陈涛. 环境治理的社会学研究：进程、议题与前瞻 [J]. 河海大学学报（哲学社会科学版），2020 (1).

 [27] 陈向明. 质的研究方法与社会科学研究 [M]. 北京：教育科学出版社，2000.

 [28] 慈龙骏. 中国的荒漠化及其防治 [M]. 北京：高等教育出版社，2005.

 [29] 崔凤，唐国建. 环境社会学 [M]. 北京：北京师范大学出版社，2010.

 [30] 崔凤，王伟君. 国外海洋社会学研究述评——兼与中国的比较

[J]．中国海洋大学学报（社会科学版），2017（5）．

[31] 戴维·奥斯本，特德·盖布勒．改革政府：企业精神如何改革着公营部门 [M]．上海：上海译文出版社，1996．

[32] 道格拉斯·诺斯．制度，制度变迁与经济绩效 [M]．刘守英，译．上海：上海三联书店，1994．

[33] 蒂姆·佛西，谢蕾．合作型环境治理：一种新模式 [J]．国家行政学院学报，2004（3）．

[34] 董海军，郭岩升．中国社会变迁背景下的环境治理流变 [J]．学习与探索，2017（7）．

[35] 董玉祥．我国半干旱地区现代沙漠化驱动因素的定量辨识 [J]．中国沙漠，2001（4）．

[36] 杜辉．论制度逻辑框架下环境治理模式之转换 [J]．法商研究，2013（1）．

[37] 杜健勋，廖彩舜．论流域环境风险治理模式转型 [J]．中南大学学报（社会科学版），2021（6）．

[38] 杜焱强．农村环境治理70年：历史演变、转换逻辑与未来走向 [J]．中国农业大学学报（社会科学版），2019（5）．

[39] 樊胜岳，高新才．中国荒漠化治理的模式与制度创新 [J]．中国社会科学，2000（6）．

[40] 樊胜岳，马永欢，周立华．甘肃民勤绿洲近年来生态治理政策在农户中的响应 [J]．中国沙漠，2005（3）．

[41] 樊胜岳，聂莹，陈玉玲．沙漠化政策作用与耦合模式 [M]．北京：中国经济出版社，2015．

[42] 樊胜岳，徐裕财，徐均，等．生态建设政策对沙漠化影响的定量分析 [J]．中国沙漠，2014（3）．

[43] 樊胜岳，张卉．1949年以来中国农村土地制度变迁对土地沙漠化变化的影响 [J]．干旱区地理，2009（2）．

[44] 樊胜岳，张卉．草地使用权制度对牧民经济收入和草地退化的影响 [J]．甘肃社会科学，2007（5）．

[45] 樊胜岳，周立华，赵成章．中国荒漠化治理的生态经济模式与制度选择 [M]．北京：科学出版社，2005．

[46] 樊胜岳．中国荒漠化治理的生态经济模式与制度选择 [D]．兰州：

兰州大学，2003.

[47] 饭岛伸子. 环境社会学 [M]. 包智明，译. 北京：社会科学文献出版社，1999.

[48] 范叶超，刘梦薇. 中国城市空气污染的演变与治理——以环境社会学为视角 [J]. 中央民族大学学报（哲学社会科学版），2020（5）.

[49] 方小玲. 污染治理中文本规范和实践规范分离的生态环境分析 [J]. 管理世界，2014（6）.

[50] 风笑天. 社会学研究方法 [M]. 北京：中国人民大学出版社，2009.

[51] 风雨兼程四十载，防沙治沙树丰碑——武威民勤县防沙治沙纪实 [N]. 甘肃日报，2018 – 11 – 27.

[52] 冯杰. 协议保护在我国生态补偿中的应用研究——基于要素投入的视角 [D]. 成都：四川省社会科学院，2009.

[53] 冯仕政. 中国国家运动的形成与变异：基于政体的整体性解释 [J]. 开放时代，2011（1）.

[54] 付文. 民勤县治沙之变 [N]. 人民日报，2018 – 06 – 04（14）.

[55] 甘肃省水利厅，甘肃省发展和改革委员会. 石羊河流域重点治理规划 [EB/OL]. https://www.ndrc.gov.cn/fggz/fzzlgh/gjjzxgh/200806/P020191104623858217901.pdf.

[56] 淦述敏. 石羊河流域水资源管理体制研究 [D]. 兰州：兰州大学，2008.

[57] 高国荣. 什么是环境史 [J]. 郑州大学学报，2005（1）.

[58] 高世楫. 创新国家治理体系与话语体系 [J]. 中国发展观察，2017（4）.

[59] 高芸. "以粮为纲" 政策的实施对陕北黄土丘陵沟壑区水土保持工作影响——以绥德县为例 [D]. 西安：陕西师范大学，2007.

[60] 耿国彪. 甘肃民勤，将荒漠化防治进行到底 [J]. 绿色中国，2018（20）.

[61] 耿言虎. 跨社区生态补偿机制的实践困境与构建策略 [J]. 河海大学学报（哲学社会科学版），2018（3）.

[62] 中共中央组织部关于改进推动高质量发展的政绩考核的通知 [EB/OL]. （2020 – 11 – 05）. http://www.12371.cn/2020/11/05/arti16045506253214

14. shtml.

［63］顾向一，曾丽渲. 从"单一主导"走向"协商共治"——长江流域生态环境治理模式之变［J］. 南京工业大学学报（社会科学版），2020 (5).

［64］郭承录. 石羊河流域综合管理策略研究［D］. 兰州：甘肃农业大学，2009.

［65］郭婷，周建华. 中国荒漠化防治政策沿革及问题对策研究［J］. 内蒙古农业大学学报（社会科学版），2010 (4).

［66］郭晓娜. 近20年蒙古高原荒漠化演变趋势、驱动机制及生态效应［D］. 上海：华东师范大学，2021.

［67］郭秀丽，周立华. 企业参与沙漠化治理的相关建议［J］. 环境保护，2018 (11).

［68］三北工程：久久为功筑牢"祖国北方绿色生态屏障"［EB/OL］. (2020 – 12 – 01). http：//www. forestry. gov. cn/main/216/20201201/225449208832948. html.

［69］我国荒漠化和沙化面积连续15年"双缩减"［EB/OL］. (2020 – 01 – 06). https：//www. gov. cn/xinwen/2020 – 01/06/content_5466784. htm.

［70］中国荒漠化沙化土地面积持续减少［EB/OL］. (2023 – 01 – 10). https：//www. forestry. gov. cn/main/4170/20230111/155612459265204. html.

［71］中国荒漠化和沙化状况公报［EB/OL］. https：//www. forestry. gov. cn/uploadfile/main/2011 – 1/file/2011 – 1 – 5 – 59315b03587b4d7793d5d9c3aae7ca86. pdf.

［72］关于在国民经济调整时期加强环境保护工作的决定［EB/OL］. (1981 – 02 – 24). http：//www. reformdata. org/1981/0224/16843. shtml.

［73］哈斯，盖志毅. 基于政策过程的我国荒漠化治理研究述评［J］. 科学管理研究，2021 (2).

［74］韩林. 环境变化对民勤绿洲边缘区农村家庭生计的影响研究［D］. 兰州：兰州大学，2013.

［75］韩哲. 中国共产党生态治理模式的演进与启示［J］. 江西社会科学，2021 (7).

［76］郝就笑，孙瑜晨. 走向智慧型治理：环境治理模式的变迁研究［J］. 南京工业大学学报（社会科学版），2019 (5).

[77] 郝世亮. 生态环境脆弱地区农民生存行动研究——以甘肃省民勤县东湖镇为例 [D]. 兰州：西北师范大学，2010.

[78] 河连燮. 制度分析：理论与争议 [M]. 北京：中国人民大学出版社，2014.

[79] 洪大用，马国栋. 生态现代化与文明转型 [M]. 北京：中国人民大学出版社，2014.

[80] 洪大用. 当代中国社会转型与环境问题——一个初步的分析框架 [J]. 东南学术，2000 (5).

[81] 洪大用. 复合型环境治理的中国道路 [J]. 中共中央党校学报，2016 (6).

[82] 洪大用. 环境社会学：事实、理论与价值 [J]. 思想战线，2017 (1).

[83] 洪大用. 经济增长、环境保护与生态现代化——以环境社会学为视角 [J]. 中国社会科学，2012 (9).

[84] 洪大用. 绿色社会的兴起 [J]. 社会，2018 (6).

[85] 洪大用. 社会变迁与环境问题——当代中国环境问题的社会学阐释 [M]. 北京：首都师范大学出版社，2001.

[86] 洪大用. 实践自觉与中国式现代化的社会学研究 [J]. 中国社会科学，2021 (12).

[87] 洪大用. 西方环境社会学研究 [J]. 社会学研究，1999 (2).

[88] 侯深. 文明演化的另一种叙事——反思环境史中的衰败论 [J]. 社会科学战线，2022 (7).

[89] 胡静霞，杨新兵. 我国土地荒漠化和沙化发展动态及其成因分析 [J]. 中国水土保持，2017 (7).

[90] 胡溢轩，童志锋. 环境协同共治模式何以可能：制度、技术与参与——以农村垃圾治理的"安吉模式"为例 [J]. 中央民族大学学报（哲学社会科学版），2020 (3).

[91] 胡中应，胡浩. 社会资本与农村环境治理模式创新研究 [J]. 江淮论坛，2016 (6).

[92] 郇庆治，耶内克. 生态现代化理论：回顾与展望 [J]. 马克思主义与现实，2010 (1).

[93] 黄珊，周立华，陈勇，等. 近60年来政策因素对民勤生态环境变

化的影响 [J]. 干旱区资源与环境, 2014 (7).

[94] 黄树民. 林村的故事: 一九四九年后的中国农村变革 [M]. 素兰, 纳日碧力戈, 译. 上海: 上海三联书店, 2002.

[95] 黄月艳. 荒漠化治理效益与可持续治理模式研究: 以干旱区湿润区为例 [D]. 北京: 北京林业大学, 2010.

[96] 黄宗智, 龚为纲, 高原. "项目制" 的运作机制和效果是 "合理化" 吗? [J]. 开放时代, 2014 (5).

[97] 黄宗智. 探寻中国长远的发展道路: 从承包与合同的区别谈起 [J]. 东南学术, 2019 (6).

[98] 黄宗智. 重新思考 "第三领域": 中国古今国家与社会的二元合一 [J]. 开放时代, 2019 (3).

[99] 黄宗智. 再论内卷化, 兼论去内卷化 [J]. 开放时代, 2021 (1).

[100] 黄宗智. 长江三角洲的小农家庭与乡村发展 [M]. 北京: 中华书局, 1992.

[101] 霍国庆, 顾春光, 张古鹏. 国家治理体系视野下的政府战略规划: 一个初步的分析框架 [J]. 中国软科学, 2016 (2).

[102] 嵇欣. 当前社会组织参与环境治理的深层挑战与应对思路 [J]. 山东社会科学, 2018 (9).

[103] 贾举杰, 李锋. 荒漠化地区复合生态系统管理——以阿拉善盟荒漠化治理为例 [J]. 科学, 2020 (6).

[104] 今日民勤 [EB/OL]. https://www.minqin.gov.cn/col/col455/index.html.

[105] 姜帆. 从农业合作化到家庭联产承包责任制的进步 [J]. 边疆经济与文化, 2006 (4).

[106] 颉耀文, 陈发虎. 民勤绿洲的发展与演变 [M]. 北京: 科学出版社, 2008.

[107] 卡尔·波兰尼. 巨变: 当代政治与经济的起源 [M]. 黄树民, 译. 北京: 社会科学文献出版社, 2017.

[108] 克里斯托夫·范·阿斯切, 等. 进化治理理论: 导论 [M]. 北京: 中国社会科学出版社, 2019.

[109] 米尔斯. 社会学的想象力 [M]. 陈强, 张永强, 译. 上海: 上海三联书店, 2016.

［110］李慧．荒漠化治理的"中国药方"［N］．光明日报，2017 - 01 - 23.

［111］李金龙，游高端．地方政府环境治理能力提升的路径依赖与创新［J］．求实，2009（3）.

［112］李克军．县委书记们的主政谋略［M］．广州：广东人民出版社，2014.

［113］李培林，李强，马戎．社会学与中国社会［M］．北京：社会科学文献出版社，2008.

［114］李培林．另一只看不见的手：社会结构转型［J］．中国社会科学，1992（5）.

［115］李薇辉．马克思主义物质利益理论的深刻性：金融危机下的重新认识［J］．马克思主义研究，2010（1）.

［116］李伟伟．中国环境政策的演变与政策工具分析［J］．中国人口·资源与环境，2014（24）.

［117］李文珍．当代中国环境治理的社会学视野——洪大用、陈阿江、包智明等学者对话录［J］．中国社会科学评价，2017（2）.

［118］李小云，靳乐山，左停，等．生态补偿机制：政府与市场的作用［M］．北京：社会科学文献出版社，2007.

［119］李友梅，刘春燕．环境社会学［M］．上海：上海大学出版社，2004.

［120］李玉寿．天下民勤［M］．兰州：敦煌文艺出版社，2011.

［121］李云新，韩伊静．国外智慧治理研究述评［J］．电子政务，2017（7）.

［122］李周，等．中国天然林保护的理论与政策探讨［M］．北京：中国社会科学出版社，2004.

［123］林兵．对环境社会学范式的反思［J］．福建论坛（人文社会科学版），2017（8）.

［124］刘彩云，易承志．多元主体如何实现协同？——中国区域环境协同治理内在困境分析［J］．新视野，2020（5）.

［125］刘立波．从共生、制约到共赢——东北老工业区一个污染企业发展历程的社会学阐释［D］．长春：吉林大学，2016.

［126］刘敏，包智明．西部民族地区的"压缩性现代化"及其生态环境

问题——以内蒙古阿拉善为例 [J]. 云南社会科学, 2019 (2).

[127] 刘世增. 石羊河流域中下游河岸植被变化及其驱动因素研究 [D]. 北京: 北京林业大学, 2010.

[128] 刘蔚. 武威生态环境保护的巨变哪里来? [N]. 中国环境报, 2020 - 01 - 16.

[129] 刘亚秋. "总体性" 与社会学的历史视野——"中国社会变迁与社会学前沿: 社会学的历史视野"学术研讨会综述 [J]. 社会, 2013 (2).

[130] 刘亚秋. 口述史作为社区研究的方法 [J]. 学术月刊, 2021 (11).

[131] 刘玉贞, 等. 丝绸之路经济带沿线典型地区荒漠化动态变化遥感监测 [J]. 中国水土保持科学, 2017 (2).

[132] 刘治彦. 人类不合理经济活动对荒漠化影响分析 [J]. 江西社会科学, 2004 (8).

[133] 刘治彦, 宋迎昌, 黄顺江, 等. 中国荒漠化治理研究 [M]. 北京: 社会科学文献出版社, 2019.

[134] 刘祖云. 社会转型: 一种特定的社会发展过程 [J]. 华中师范大学学报 (哲学社会科学版), 1997 (6).

[135] 柳平增, 王雪, 宋成宝, 等. 基于大数据的西藏荒漠化治理植物优选与验证 [J]. 农业工程学报, 2020 (10).

[136] 陆大道, 刘毅, 樊杰. 我国区域政策实施效果与区域发展的基本态势 [J]. 地理学报, 1999 (6).

[137] 陆喜元, 丁志刚. 西部地区县级政府治理能力现代化: 以 H 县为例 [M]. 北京: 社会科学文献出版社, 2019.

[138] 陆学艺, 景天魁. 转型中的中国社会 [M]. 哈尔滨: 黑龙江人民出版社, 1994.

[139] 陆益龙. 定性社会研究方法 [M]. 北京: 商务印书馆, 2011.

[140] 陆益龙. 流动产权的界定: 水资源保护的社会理论 [M]. 北京: 中国人民大学出版社, 2004.

[141] 罗伯特·基欧汉, 悉尼·维巴, 加里·金. 社会科学中的研究设计 [M]. 陈硕, 译. 上海: 格致出版社, 2014.

[142] 罗伯特·B. 登哈特. 新公共服务: 服务, 而不是掌舵 [M]. 丁煌, 译. 北京: 中国人民大学出版社, 2006.

[143] 罗亚娟. 生态嵌入视角下地方政府动员型水环境治理的实践逻辑及优化路径 [J]. 河海大学学报（哲学社会科学版），2020（2）.

[144] 马骓，吕永龙，刑颖，等. 农户对禁牧政策的行为响应及其影响因素研究——以新疆策勒县为例 [J]. 干旱区地理，2006（6）.

[145] 马克思，恩格斯. 马克思恩格斯全集（第 2 卷）[M]. 北京：人民出版社，1957.

[146] 马立博. 中国环境史：从史前到现代 [M]. 北京：中国人民大学出版社，2015.

[147] 马顺龙，侍文元. 筑绿色屏障，保生态安全 [N]. 甘肃日报，2016 - 05 - 04.

[148] 马顺龙. 防污节水治沙造林，推进生态文明建设 [N]. 甘肃日报，2015 - 08 - 12.

[149] 马顺龙. 构筑生态安全绿色屏障 [N]. 甘肃日报，2016 - 09 - 21.

[150] 马顺龙. 探索生态保护与治理新路径 [N]. 甘肃日报，2014 - 07 - 30.

[151] 马文瑛，何磊，赵传燕. 2000—2012 年阿拉善盟荒漠化动态 [J]. 兰州大学学报（自然科学版），2015（1）.

[152] 马中刚，孙华，王广兴，等. 基于 Landsat 8 - OLI 的荒漠化地区植被覆盖度反演模型研究 [J]. 中南林业科技大学学报，2016（9）.

[153] 曼瑟·奥尔森. 集体行动的逻辑——公共物品与集团理论 [M]. 陈郁，郭宇峰，李崇新，译. 上海：格致出版社，2017.

[154] 孟和乌力吉. 游牧知识视域下"山—原"复合理解范式的应用思考——基于内蒙古的田野调查 [J]. 内蒙古社会科学（汉文版），2017（2）.

[155] 莫艳清. 村庄再造的内驱力：社区精英及其创新——基于城市化背景下 W 村跨越式发展的观察与阐释 [J]. 浙江社会科学，2014（12）.

[156] 民勤县编纂委员会. 民勤县县志 [M]. 兰州：兰州大学出版社，1994.

[157] 民勤县编纂委员会. 民勤县县志 [M]. 兰州：兰州大学出版社，2015.

[158] M 县档案馆. 确保 M 县不成为第二个罗布泊——M 县生态建设纪实. 2018.

［159］民勤县革命委员会. 民勤县人民战风沙［M］. 北京：农业出版社，1975.

［160］M 县林业局. M 县林业志.

［161］M 县统计局. 分年度 M 县历年统计年鉴（1949—2019）.

［162］M 县县委党史资料征集办公室等. 石羊河志（M 县卷）. 2014.

［163］鸟越皓之. 环境社会学——站在生活者的角度思考［M］. 宋金文，译. 北京：中国环境科学出版社，2009.

［164］聂国良，张成福. 中国环境治理改革与创新［J］. 公共管理与政策评论，2020（1）.

［165］欧阳静. 强治理与弱治理：基层治理中的主体，机制与资源［M］. 北京：社会科学文献出版社，2018.

［166］彭贵才. 论政府在纠纷处理中的作用及模式［D］. 长春：吉林大学，2008.

［167］彭远春. 环境身份、环境态度对大学生环境行为的影响分析［J］. 求索，2020（4）.

［168］齐晔. 中国环境监管体制研究［M］. 上海：上海三联书店，2008.

［169］清华大学社会学系社会发展研究课题组. 重建权力还是重建社会［N］. 南方周末，2010 - 09 - 16.

［170］渠敬东，周飞舟，应星. 从总体支配到技术治理——基于中国 30 年改革经验的社会学分析［J］. 中国社会科学，2009（6）.

［171］冉冉. "压力型体制"下的政治激励与地方环境治理［J］. 经济社会体制比较，2013（3）.

［172］任克强. 政绩跑步机：关于环境问题的一个解释框架［J］. 南京社会科学，2017（6）.

［173］任勇. 生态环境治理体系和治理能力现代化需要关注的问题［N］. 中国环境报，2019 - 11 - 19.

［174］任志宏，赵细康. 公共治理新模式与环境治理方式的创新［J］. 学术研究，2006（9）.

［175］荣敬本，崔之元，等. 从压力型体制向民主合作体制的转变——县乡两级政治体制改革［M］. 北京：中央编译出版社，1998.

［176］商波，杜星，黄涛珍. 基于市场激励型的环境规制与企业绿色技

术创新模式选择 [J]. 软科学, 2021 (5).

[177] 史念海. 两千三百年来鄂尔多斯高原河套平原农牧业的分布及其变迁 [J]. 北京师范大学学报, 1980 (6).

[178] 史培军, 严平, 袁艺. 中国北方风沙活动的驱动力分析 [J]. 第四纪研究, 2001 (1).

[179] 舒心心. 马克思主义生态文明视域下沙地生态治理研究——以科尔沁沙地为例 [D]. 长春: 吉林大学, 2020.

[180] 孙桂仁. 新形势下民勤创建生态治理示范区任务及意义 [J]. 甘肃科技, 2020 (12).

[181] 孙佳艺, 谭德庆. 沙漠治理的政策调控 [J]. 系统管理学报, 2021 (1).

[182] 孙建国, 王涛, 颜长珍. 气候变化和人类活动在榆林市荒漠化过程中的相对作用 [J]. 中国沙漠, 2012 (3).

[183] 孙立平. 现代化与社会转型 [M]. 北京: 北京大学出版社, 2005.

[184] 谭九生. 从管制走向互动治理: 我国生态环境治理模式的反思与重构 [J]. 湘潭大学学报 (哲学社会科学版), 2012 (5).

[185] 汤建华. 民勤县: 做好"绿色文章", 描绘"生态画卷" [N]. 甘肃日报, 2020 - 04 - 17.

[186] 汤蕤蔓. 理念、权力、行动者: 新中国乡村治理的制度逻辑 [D]. 北京: 中共中央党校, 2020.

[187] 唐经纬, 李宁. "群众运动"的马克思主义中国化路径阐释——1949 年以来中国群众运动研究综述 [J]. 河海大学学报 (哲学社会科学版), 2011 (3).

[188] 唐静. 民办高等教育领域中政府治理机制研究 [D]. 武汉: 华中科技大学, 2017.

[189] 陶传进. 环境治理: 以社区为基础 [M]. 北京: 社会科学文献出版社, 2005.

[190] 童志锋. "环境—社会"关系与中国风格的社会学理论——郑杭生生态环境思想探微 [J]. 社会学评论, 2017 (3).

[191] 汪红梅, 惠涛. 环境治理模式、社会资本与农户行为响应差异 [J]. 江汉论坛, 2019 (12).

[192] 王春光. 县域社会学研究的学科价值和现实意义 [J]. 中国社会科学评价, 2020 (1).

[193] 王芳, 李宁. 新型农村社区环境治理: 现实困境与消解策略——基于社会资本理论的分析 [J]. 湖湘论坛, 2018 (4).

[194] 王芳. 合作与制衡: 环境风险的复合型治理初论 [J]. 学习与实践, 2016 (5).

[195] 王芳. 结构转向: 环境治理中的制度困境与体制创新 [J]. 广西民族大学学报 (哲学社会科学版), 2009 (4).

[196] 王光耀. 土地沙漠化防治中的环境公平问题研究——基于甘肃河西走廊 5 县沙化土地封禁保护区建设 [D]. 兰州: 兰州大学, 2018.

[197] 王广成, 曹飞飞. 基于演化博弈的煤炭矿区生态修复管理机制研究 [J]. 生态学报, 2017 (12).

[198] 王海芹, 高世楫. 我国绿色发展萌芽、起步与政策演进: 若干阶段性特征观察 [J]. 改革, 2016 (3).

[199] 王虎峰. 群众运动与经济建设: 以大生产运动与大跃进运动为中心 [D]. 湘潭: 湘潭大学, 2008.

[200] 王利华. 中国生态史学的思想框架和研究理路 [J]. 南开学报 (哲学社会科学版), 2006 (2).

[201] 王利华. 作为一种新史学的环境史 [J]. 清华大学学报 (哲学社会科学版), 2008 (1).

[202] 王绍光. 治理研究: 正本清源 [J]. 开放时代, 2018 (2).

[203] 王书明, 蔡萌萌. 基于新制度经济学视角的 "河长制" 评析 [J]. 中国人口·资源与环境, 2011 (9).

[204] 王涛, 陈广庭, 赵哈林, 等. 中国北方沙漠化过程及其防治研究的新进展 [J]. 中国沙漠, 2006 (4).

[205] 王涛, 吴薇, 薛娴, 等. 我国北方土地沙漠化演变趋势分析 [J]. 中国沙漠, 2003 (3).

[206] 王涛, 赵哈林, 肖洪浪. 中国沙漠化研究的进展 [J]. 中国沙漠, 1999 (4).

[207] 王涛. 干旱区绿洲化、荒漠化研究的进展与趋势 [J]. 中国沙漠, 2009 (1).

[208] 王涛. 荒漠化治理中生态系统、社会经济系统协调发展问题探析

[J]. 生态学报, 2016 (22).

[209] 王涛. 中国沙漠与沙漠化 [M]. 石家庄: 河北科学技术出版社, 2003.

[210] 王曦. 新环境保护法的制度创新: 规范和制约有关环境的政府行为 [J]. 环境保护, 2014 (10).

[211] 王向辉. 西北地区环境变迁与农业可持续发展研究 [D]. 咸阳: 西北农林科技大学, 2012.

[212] 王晓毅. 从承包到"再集中"——中国北方草原环境保护政策分析 [J]. 中国农村观察, 2009 (3).

[213] 王晓毅. 环境与社会: 一个"难缠"的问题 [J]. 江苏社会科学, 2014 (5).

[214] 王晓毅. 农业化的畜牧生产——一个沙漠化牧业社的案例研究 [J]. 广州大学学报 (社会科学版), 2006 (12).

[215] 王新军, 赵成义, 杨瑞红, 等. 古尔班通古特沙漠南缘荒漠化过程演变的景观格局特征分析 [J]. 干旱区地理, 2014 (6).

[216] 王岳, 刘学敏, 哈斯额尔敦, 等. 中国沙产业研究评述 [J]. 中国沙漠, 2019 (4).

[217] 韦环伟. 土地制度对沙漠化变化影响的制度经济学分析——以内蒙古自治区乌审旗为例 [D]. 北京: 中央民族大学, 2010.

[218] 维夫克·拉姆库玛, 艾丽娜·皮特科娃, 邰继红. 环境治理的一种新范式: 以提高透明度为视角 [J]. 经济社会体制比较, 2009 (3).

[219] 维维恩·施密特, 马雪松. 认真对待观念与话语: 话语制度主义如何解释变迁 [J]. 天津社会科学, 2016 (1).

[220] 乌日嘎. 内蒙古荒漠化治理制度分析与市场化制度构建 [D]. 北京: 中央民族大学, 2013.

[221] 吴祥云. 荒漠化防治中的恢复生态学研究热点 [J]. 沈阳农业大学学报, 2000 (3).

[222] 吴忠标, 陈劲. 环境管理与可持续发展 [M]. 北京: 中国环境科学出版社, 2001.

[223] 习近平. 决胜全面建成小康社会, 夺取新时代中国特色社会主义伟大胜利——在中国共产党第十九次全国代表大会上的报告 [M]. 北京: 人民出版社, 2017.

[224] 夏光. 论社会制衡型环境治理模式 [J]. 环境保护, 2014 (14).

[225] 肖建华, 游高端. 地方政府环境治理能力刍议 [J]. 天津行政学院学报, 2011 (5).

[226] 肖建华. 省际环境污染联防联控治理的空间逻辑 [J]. 探索, 2020 (5).

[227] 肖瑛. 非历史无创新——中国社会学研究的历史转向 [J]. 学术月刊, 2016 (9).

[228] 甘肃宋和村综合治理沙患成效显著 [EB/OL]. (2007 – 11 – 23). https: // www. gov. cn/jrzg/2007 – 11/23/content_813720. htm.

[229] 徐波. 近400年来中国西部社会变迁与生态环境 [M]. 北京: 中国社会科学出版社, 2014.

[230] 徐建明主编. 昌宁乡志 [M]. 2013.

[231] 许烺光. 美国人与中国人: 两种生活方式比较 [M]. 彭凯平, 刘文静, 译. 北京: 华夏出版社, 1989.

[232] 许庆明. 试析环境问题上的政府失灵 [J]. 管理世界, 2001 (5).

[233] 荀丽丽, 包智明. 政府动员型环境政策及其地方实践——关于内蒙古 S 旗生态移民的社会学分析 [J]. 中国社会科学, 2007 (5).

[234] 荀丽丽. "失序"的自然: 一个草原社区的生态、权力与道德 [D]. 北京: 中央民族大学, 2009.

[235] 亚当·斯密. 国富论 (下卷) [M]. 北京: 商务印书馆, 1972.

[236] 闫春华. 环境治理中 "地方主体" 互动逻辑及其实践理路 [J]. 河海大学学报 (哲学社会科学版), 2018 (3).

[237] 颜德如, 张玉强. 中国环境治理研究 (1998—2020): 理论、主题与演进趋势 [J]. 公共管理与政策评论, 2021 (3).

[238] 杨根生, 拓万全. 关于宁蒙陕农牧交错带重点地区沙尘暴灾害及防治对策 [J]. 中国沙漠, 2002 (5).

[239] 杨光斌. 以中国为方法的政治学 [J]. 中国社会科学, 2019 (10).

[240] 杨立华, 杨爱华. 科技治理: 西北七县荒漠化防治的调查研究 [J]. 中国软科学, 2011 (4).

[241] 杨立华, 张云. 环境管理的范式变迁: 管理、参与式管理到治理

[J]. 公共行政评论, 2011 (6).

[242] 杨敏. 社会学的时代感、实践感与全球视野——郑杭生与"中国特色社会学理论"的兴起 [J]. 甘肃社会科学, 2006 (3).

[243] 杨信礼. 科学发展观研究 [M]. 北京: 人民出版社, 2007.

[244] 杨玉珍. 中西部地区生态环境—经济—社会耦合系统协同发展研究 [M]. 北京: 中国社会科学出版社, 2014.

[245] 叶托. 环保社会组织参与环境治理的制度空间与行动策略 [J]. 中国地质大学学报 (社会科学版), 2018 (6).

[246] 余伟, 陈强, 陈华. 不同环境政策工具对技术创新的影响分析——基于2004—2011年我国省级面板数据的实证研究 [J]. 管理评论, 2016 (1).

[247] 俞海山. 从参与治理到合作治理: 我国环境治理模式的转型 [J]. 江汉论坛, 2017 (4).

[248] 袁方, 王汉生. 社会研究方法教程 [M]. 北京: 北京大学出版社, 1997.

[249] 袁沙, 郭芳翠. 全球海洋治理: 主体合作的进化 [J]. 世界经济与政治论坛, 2018 (1).

[250] 袁颖, 李仰东. 征服沙患, 民勤县"三北"谱写治沙华章 [N]. 中国绿色时报, 2012 – 08 – 27.

[251] 詹国彬, 陈健鹏. 走向环境治理的多元共治模式: 现实挑战与路径选择 [J]. 政治学研究, 2020 (2).

[252] 詹姆斯·C. 斯科特. 国家的视角: 那些试图改善人类状况的项目是如何失败的 [M]. 王晓毅, 译. 北京: 社会科学文献出版社, 2004.

[253] 张宝慧, 张瑞麟. 我国北方沙漠化治理的行为模式与制度安排分析 [J]. 中国人口资源与环境, 2001 (4).

[254] 张超. 洪大用: 社会变迁与环境问题——当代中国环境问题的社会学阐释 [J]. 学海, 2003 (3).

[255] 张殿发, 张样华. 中国北方牧区草原牧业生态经济学透视 [J]. 干旱区资源与环境, 2002 (1).

[256] 张斐男. 当代中国环境问题研究的理论范式 [J]. 南京工业大学学报 (社会科学版), 2017 (3).

[257] 张锋. 环境治理: 理论变迁、制度比较与发展趋势 [J]. 中共中央党校学报, 2018 (6).

[258] 张慧鹏. 大国小农：结构性矛盾与治理的困境——以农业生态环境治理为例 [J]. 中国农业大学学报（社会科学版），2020（1）.

[259] 张劼颖，李雪石. 环境治理中的知识生产与呈现——对垃圾焚烧技术争议的论域分析 [J]. 社会学研究，2019（4）.

[260] 张鹏，郭金云. 跨县域公共服务合作治理的四重挑战与行动逻辑——以浙江"五水共治"为例 [J]. 东北大学学报（社会科学版），2017（5）.

[261] 张雯. 草原沙漠化问题的一项环境人类学研究——以毛乌素沙地北部边缘的B嘎查为例 [J]. 社会，2008（4）.

[262] 张雪萍，曹慧聪，周海瑛. 沙地资源管理理论探析 [J]. 经济地理，2003（6）.

[263] 张艳涛，林倩倩. 论改革开放以来中国社会转型的阶段性特征 [J]. 中共天津市委党校学报，2017（1）.

[264] 张玉林. 农村环境：系统性伤害与碎片化治理 [J]. 武汉大学学报（人文科学版），2016（2）.

[265] 张玉林. 政经一体化开发机制与中国农村的环境冲突 [J]. 探索与争鸣，2006（5）.

[266] 赵闯. 现代性重拾、环境转向与治理：一个价值共存的视角 [J]. 中国地质大学学报（社会科学版），2020（1）.

[267] 赵婧，李琳，等. 新时代环境社会治理体系的构建和创新——中国环境科学学会环境社会治理专委会2020年年会综述 [J]. 中国环境管理，2021（2）.

[268] 赵利生. 二源动力聚合转换机制述论 [J]. 科学·经济·社会，2003（2）.

[269] 赵细康. 引导绿色创新——技术创新导向的环境政策研究 [M]. 北京：经济科学出版社，2006.

[270] 赵媛媛，高广磊，秦树高，等. 荒漠化监测与评价指标研究进展 [J]. 干旱区资源与环境，2019（5）.

[271] 郑杭生，冯仕政. 中国社会转型加速期的义利问题：一种社会学的研究范式 [J]. 东南学术，2016（2）.

[272] 郑杭生，李强，李路路，等. 当代中国社会结构和社会关系研究 [M]. 北京：首都师范大学出版社，1997.

［273］郑杭生．"环境—社会"关系与社会运行［J］．甘肃社会科学，2007（1）．

［274］郑杭生．社会运行学派轨迹：郑杭生自选集［M］．北京：首都师范大学出版社，2014．

［275］郑杭生．现代性过程中的传统和现代［J］．学术研究，2007（11）．

［276］郑石明，方雨婷．环境治理的多元途径：理论演进与未来展望［J］．甘肃行政学院学报，2018（1）．

［277］郑晓，郑垂勇，冯云飞．基于生态文明的流域治理模式与路径研究［J］．南京社会科学，2014（4）．

［278］中共民勤县委党史资料征集办公室．中国共产党甘肃省民勤县历史（1936—1978）［M］．北京：中共党史出版社，2019．

［279］中共 M 县委党史资料征集办公室．光辉的历程（1921.7—2001.7），2001．

［280］中共 M 县委党史资料征集办公室．中共 M 县党史大事记（1949.9—1992.12），1993．

［281］中国环境年鉴编辑委员会．中国环境年鉴（1990）［M］．北京：中国环境科学出版社，1990．

［282］钟兴菊，罗世兴．接力式建构：环境问题的社会建构过程与逻辑——基于环境社会组织生态位视角分析［J］．中国地质大学学报（社会科学版），2021（1）．

［283］周黎安，李宏彬，陈烨．相对绩效考核：中国地方官员晋升机制的一项经验研究［J］．经济学报，2005（1）．

［284］周黎安．如何认识中国？——对话黄宗智先生［J］．开放时代，2019（3）．

［285］周黎安．中国地方官员的晋升锦标赛模式研究［J］．经济研究，2007（7）．

［286］周夏伟．国家沙化土地封禁保护政策可持续性研究——以河西走廊为例［D］．兰州：兰州大学，2018．

［287］周晓虹．国家、市场与社会：秦淮河污染治理的多维动因［J］．社会学研究，2008（1）．

［288］周颖，杨秀春，金云翔，等．中国北方沙漠化治理模式分类

[J]. 中国沙漠，2020（3）.

　[289] 周颖，杨秀春，徐斌，等. 我国防沙治沙政策的演进历程与特征研究 [J]. 干旱区资源与环境，2020（1）.

　[290] 朱立群，聂文娟. 从结构—施动者角度看实践施动——兼论中国参与国际体系的能动性问题 [J]. 世界经济与政治，2013（2）.

　[291] 朱留财，陈兰. 西方环境治理范式及其启示 [J]. 环境保护与循环经济，2008（6）.

　[292] 朱留财. 从西方环境治理范式透视科学发展观 [J]. 中国地质大学学报（社会科学版），2006（5）.

　[293] 朱震达，陈广庭. 中国土地沙质荒漠化 [M]. 北京：科学出版社，1994.

　[294] 朱震达，王涛. 从若干典型地区的研究对近十余年来中国土地沙漠化演变趋势的分析 [J]. 地理学报，1990（4）.

　[295] 朱震达. 中国土地荒漠化的概念、成因与防治 [J]. 第四纪研究，1998（2）.

　[296] Arentsen M. Environmental governance in a multi-level institutional setting [J]. Energy & Environment，2008，19（6）.

　[297] Bao Y S，Lei L C，Yan F B，et al. Desertification：China provides a solution to global challenge [J]. Frontiers of agricultural science and engineering，2017，4（4）.

　[298] Bourdieu P. Outline of a theory of practice [M]. UK：Cambridge University Press，1977.

　[299] Catton JR W R，Dunlap R E. Environmental sociology：A new paradigm [J]. The American sociologist，1978，13（1）.

　[300] Eckerberg K，Joas M. Multi-level environmental governance：A concept under stress? [J]. Local environment，2004，9（5）.

　[301] Emerson K，Nabatchi T，Balogh S. An integrative framework for collaborative governance [J]. Journal of public administration research and theory，2012，22（1）.

　[302] Forsyth T. Cooperative environmental governance and waste-to-energy technologies in Asia [J]. International journal of technology management & sustainable development，2006，5（3）.

[303] Fukuyama F . What is governance? [J]. Governance, 2013, 26 (3).

[304] Gunningham N. The new collaborative environmental governance: The localization of regulation [J]. Journal of law & society, 2009, 36 (1).

[305] Hardin G. The tragedy of the commons: The population problem has no technical solution; It requires a fundamental extension in morality [J]. Science, 1968, 162 (3859).

[306] Hannigan J. Environmental sociology: A social constructionist perspective [M]. London: Routledge, 2006.

[307] Harrison D. The sociology of modernization and development [M]. London: Routledge, 1988.

[308] Hughes J D. Ecology in ancient civilizations [M]. USA: University of New Mexico Press, 1975.

[309] Hume D. A treatise of human nature [M]. Oxford: Oxford University Press, 1987.

[310] Chang K – S. Compressed modernity and Its discontents: South Korean society in transition [J]. Economy and society, 1999, 28 (1).

[311] Lyu Y, Shi P J, Han G Y, et al. Desertification control practices in China [J]. Sustainability, 2020, 12 (8).

[312] Lindskog P, Tengberg A. Land degradation, natural resources and local knowledge in the Sahel Zone of Burkina Faso [J]. Geojournal, 1994, 33.

[313] Meiser M. The Deng Xiaoping era: An inquiry into the fate of chinese socialism 1978 – 1994 [M]. New York: Hill and Wang, 1998.

[314] Mei C Q . Brings the politics back in: Political incentive and policy distortion in China [D]. USA: University of Maryland, College Park, 2009.

[315] Mol A P J . The ecological modernisation reader: environmental reform in theory and practice [M]. London: Routledge, 2009.

[316] Murphy R. Rationality and nature: A sociological inquiry into a changing relationship [M]. USA: Westview Press, 1994.

[317] Newig J, Fritsch O. Environmental governance: participatory, multi - level - and effective? [J]. Environmental policy and governance, 2009, 19 (3).

[318] Newig J, Challies E, Jager N W, et al. The environmental perform-

ance of participatory and collaborative governance: A framework of causal mechanisms [J]. Policy studies journal, 2018, 46 (2).

[319] Olson M. The logic of collective action: Public goods and the theory of groups [M]. Cambridge: Harvard University Press, 1971.

[320] Ostrom E. Governing the Commons: The evolution of institutions for collective action [M]. NewYork: Cambridge University Press, 1990.

[321] Savan B, Gore C, Morgan A J. Shifts in environmental governance in Canada: How are citizen environment groups to respond? [J]. Government and policy, 2004, 22 (4).

[322] Spence D B . The shadow of the rational polluter: rethinking the role of rational actor models in environmental law [J]. California law review, 2001, 89 (4).

[323] Schneider L . Biology and revolution in twentieth-century China [M]. MD: Rowman & Littlefield, 2003, 72 (3).

[324] Smil V. China's past, China's future [M]. London: Routledge, 2004.

[325] Thomson A M, Perry J L. Collaboration processes: Inside the black box [J]. Public administration review, 2006, 66 (1).

[326] Wang H, Mamingi N, Laplante B, et al. Incomplete enforcement of pollution regulation: Bargaining power of chinese factories [J]. Environmental and resource economics, 2003, 24.

[327] Wang S, Van Kooten G C, Wilson B. Mosaic of reform: Forest policy in post − 1978 China [J]. Forest policy and economics, 2004, 6 (1).

[328] Worster D. Transformation of the Earth: Toward an agroecological perspective in history [J]. Journal of American history, 1990, 76 (4).

[329] Zhan X Y, Tang S Y. Political opportunities, resource constraints and policy advocacy of environmental NGO's in China [J]. Public administration, 2013, 91 (2).

附　录

附录一：访谈提纲

日期：

受访者代称：

编号：

尊敬的各位受访者：

我正在进行一项访谈，来研究荒漠化治理实践的历史演变过程。我寻求你们的加入。我只想知道你们的个人观点，并且我将要问的所有问题都没有正确的或不正确的答案。这将至少占用您一个小时的时间。

在本研究中你们的参与完全是自愿的。您的参与不存在可预见的风险，并不会对您的生活造成不良的影响。

大家都知道，M县的荒漠化是非常严重的一个问题，对于我们的生产、生活有着重大的影响，您的帮助对于我们共同理解和解决这个难题是非常重要的。

所有有关此次访谈的记录都将会被严格地保存并完全保密，这与您个人将不会有任何关联。您的回答将会是匿名的。本研究的结果将会被用于论文、报告、演讲或者出版物，但是您的姓名将不会被知晓/使用。研究结果只会以汇总的方式共享。

此致

敬礼

1. 人口统计学问题

1.1 性别

1.2 出生年月

1.3 出生地

1.4 民族

1.5 学历

1.6 职业

1.7 单位

1.8 地址与联系方式

地址：

通讯地址：

邮政编码：

手机号码：

电子邮箱：

2. 荒漠化治理的一般问题

2.1 您对"荒漠化"是怎么理解的？它对您的生产和生活有什么影响？你们县生态环境从您记事起到现在发生了什么样的变化？

2.2 对于你们县荒漠化的严重程度您是怎么看的？和过去相比，荒漠化有什么变化？请举例说明您的观点。

2.3 你们县荒漠化的主要成因是什么？请举例说明您的观点。

2.4 你们县不同历史时期荒漠化治理是如何实施的？不同历史阶段的治理理念、参与主体、治理机制是怎样的？荒漠化治理发生变化的促动因素是什么？

2.5 你们县对抗荒漠化和沙尘暴过程中的主要难题是什么？请举例说明您的观点。

2.6 荒漠化难题怎样可以得到解决？请举例说明您的观点。

2.7 您觉得荒漠化治理和哪些因素相关，应从哪些方面入手？荒漠化治理中有哪些矛盾，是如何化解的？

2.8 您了解不同历史阶段你们县荒漠化治理方面政府出台的相关政策吗？这些政策对荒漠化治理产生了什么影响？您对这些政策的评价是什么？

2.9 现在和过去相比，你们县的生态环境和您的生产、生活发生了什么变化？变化的原因是什么？

2.10 您觉得荒漠化治理和不同历史阶段的政治、经济、社会发展之间的关系是怎样的？环境与社会之间是如何作用、互动的？二者之间的互动产生了什么样的影响？

2.11 你们县的荒漠化治理中，防风治沙都采用了哪些技术？这些技术是如何产生和演变的？荒漠化治理对您的生产、生活产生了什么样的影响？您是如何在治理中完成"生计转型"的？

3. 不同历史阶段荒漠化治理不同主体参与问题

3.1 您参与过荒漠化治理吗？您为什么参与了荒漠化治理？荒漠化治理是如何进行的？您是怎么参与的？具体过程是什么？请详细说明。

3.2 你们县有专家和技术人员参与对抗荒漠化和沙尘暴的活动吗？您是怎样得知的？请举例说明您的观点。

3.3 参与荒漠化治理的都有哪些人？哪些单位和部门及个人发挥了重要的作用？他们在荒漠化治理中的作用具体有哪些？请举例说明您的观点。

3.4 政府、企业、民众、环境社会组织这几类治理主体在荒漠化治理中主要的优势和不足是什么？请举例说明您的观点。

3.5 总体上看，您怎样评价不同治理主体在对抗荒漠化和沙尘暴活动中的作用、重要性及存在的问题？请评价一下他们在 1950～2019 年间不同 10 年的作用和重要性（比如 20 世纪 50 年代、60 年代、70 年代、80 年代、90 年代，以及 21 世纪 10 年代）。请举例说明您的观点。

3.6 你们县荒漠化治理的不同阶段都有哪些治理政策和资源？您认为这些政策和资源对荒漠化治理产生了什么作用？治理的效果有什么不同之处？治理效果不同的原因是什么？

3.7 政府在不同的历史阶段是如何组织荒漠化治理的？不同历史阶段的治理的具体措施是什么？这些具体的措施对你们的生产和生活产生了什么样的影响？请举例说明。

3.8 你们县有哪些企业和环境社会组织参与了荒漠化治理？他们的治理效果如何？请举例说明您的观点。

3.9 您认为是什么原因导致你们县环境衰退和环境改善的？环境治理理念有变化吗？发生了什么样的变化？是什么导致了环境治理理念的变化？请举例说明。

3.10 您认为在荒漠化治理中最需要何种知识？请举例说明你的观点。

3.11 在你们县对抗荒漠化和沙尘暴活动中发挥十分重要的作用，并且在知识、资源和经验方面有比较优势的其他组织和个人有哪些？他们的主要作用是什么？请举例说明您的观点。

3.12 政府和民众在荒漠化及荒漠化治理不同历史阶段中发挥了什么作用？产生了什么影响？请举例说明。

3.13 你们县的荒漠化是如何成为国家关注的一个重大问题的？在"决不能让 M 县成为第二个罗布泊"的话语构建中，有哪些主体参与了这一环境问题的构建？是如何参与的？请详细说明。

3.14 总的来说，您怎样评价政府、治沙企业、社会组织、民众在荒漠化治理中的作用和重要性？治理中存在的问题和不足是什么？请举例说明您的观点。

4. 政府、农牧民、专家、技术人员、治沙企业、环境社会组织的互动和组织问题

4.1 在你们县荒漠化治理的不同历史阶段，农牧民、政府官员、环境社会组织、治沙企业是如何互动的？这几类行动者之间的关系如何？具体是如何互动的？这几类行动者的互动演化与当地的经济社会发展之间存在什么关系？产生了什么样的影响？您如何评价他们之间的关系？请举例说明您的观点。

4.2 当地人的想法、知识、经验和科学知识是如何融合的？如果它们相互冲突，那么怎样解决冲突？请举例说明您的观点。

4.3 你们县对抗荒漠化和沙尘暴的活动中各种人员是怎样组织起来的？组织的动力和阻力有哪些方面？请举例说明。

4.4 您知道你们县治沙的组织（比如林业和草原局、治沙研究站、科研机构、治沙专业企业）吗？它们有何种组织结构？它们是怎样运作的？荒漠化治理活动中这些组织的主要作用是什么？这些组织间是什么样的关系？请举例说明您的观点。

4.5 总的来说，这些组织的主要优势和不足是什么？它们如何克服难题以使之在荒漠化治理中发挥更重要的作用？请举例说明您的观点。

4.6 总的来说，您怎样评价你们县这些组织在对抗荒漠化和沙尘暴活动中的作用？如果可能的话，也请评价一下它们在不同历史阶段的作用和重要性。请举例说明你的观点。

4.7 关于你们县的荒漠化治理您还有哪些想法？

附录二：访谈对象一览表

序号	访谈对象	性别	年龄	访谈时间	单位/职务
1	MJH	男	41	2020 - 12 - 03	治沙公益组织负责人
2	PCX	男	63	2021 - 08 - 11	F 村村民委员会主任
3	SSZ	男	85	2020 - 12 - 05	SH 村退休 党支部书记
4	WXN	男	70	2020 - 11 - 26	A 村委会退休书记
5	HWH	男	58	2020 - 01 - 01	DG 村村民委员会主任
6	XSJ	男	75	2020 - 11 - 30	D 镇 WJ 村退休书记
7	XQ	男	53	2020 - 11 - 30	D 镇 WJ 村村民委员会主任
8	HZZ	男	74	2021 - 01 - 02	X 镇 C 村原村村民委员会主任
9	SZG	男	56	2010 - 01 - 12	原 X 镇 Y 村村民委员会主任
10	LWQ	男	84	2020 - 11 - 26	X 镇 ZX 村村民
11	ZZA	女	78	2020 - 11 - 26	X 镇 ZX 村村民
12	XKY	男	52	2020 - 11 - 30	XQ 镇 WJ 村村民
13	XF	男	51	2020 - 12 - 01	D 镇 C 村村民
14	WXX	女	49	2020 - 12 - 01	D 镇 B 村村民
15	LHY	男	72	2019 - 08 - 11	SH 村村民
16	CSC	男	41	2020 - 01 - 03	D 镇养殖户老板
17	HJW	男	50	2020 - 01 - 02	D 镇养殖户老板
18	SJS	男	55	2021 - 08 - 13	北山放牧人
19	MHJ	男	59	2021 - 01 - 03	H 工业园区书记
20	XXZ	男	47	2021 - 08 - 10	SJC 治沙站站长
21	THX	男	53	2020 - 12 - 04	S 林业站站长
22	HL	男	53	2020 - 01 - 09	治沙站技术人员
23	LXL	女	75	2021 - 08 - 12	原铁姑娘治沙队成员
24	CML	女	70	2021 - 08 - 12	原铁姑娘治沙队成员
25	HDR	男	63	2021 - 08 - 13	XQ 镇治沙企业负责人

序号	访谈对象	性别	年龄	访谈时间	单位/职务
26	WKY	男	72	2021 – 08 – 15	治沙企业负责人
27	SJM	男	45	2010 – 01 – 10	治沙企业负责人
28	WL	男	40	2021 – 08 – 15	MQ 治沙企业工人
29	WHQ	男	39	2021 – 08 – 16	治沙企业工人
30	LHN	男	58	2020 – 12 – 01	M 县治沙纪念馆 负责人
31	LL	女	75	2020 – 01 – 01	DT 镇 C 村村民 原小学教师
32	CXM	男	51	2019 – 08 – 02	县政府副县长
33	LKS	男	54	2020 – 01 – 05	县林业和草原局局长
34	QZR	男	53	2021 – 08 – 17	县林业和草原局副局长
35	WZY	男	57	2020 – 12 – 03	县森林公安局副局长
36	ZSD	男	55	2020 – 01 – 06	县水务局副局长
37	LYS	男	71	2020 – 01 – 08	原县政协副主席
38	SMY	男	53	2020 – 01 – 07	县志办主任
39	LG	男	45	2020 – 01 – 01	XQ 镇副镇长
40	WDM	男	51	2010 – 01 – 10	县农业农村局干部
41	CWR	男	47	2019 – 07 – 30	县林业和草原局干部
42	ZSD	男	43	2019 – 08 – 01	县委宣传部干部
43	LXY	男	54	2019 – 08 – 03	县政府办公室干部

附录三：21 世纪以来国家有关部门出台的防沙治沙政策法规和措施

政策文件	颁布年份	颁布机构	主要内容
《国务院关于进一步做好退耕还林还草试点工作的若干意见》	2000	国务院	对退耕还林还草试点工作中出现的新情况、新问题进行总结分析，提出了"省级政府负总责""完善退耕还林还草政策""健全种苗生产供应机制"等指导意见，对退耕农户提供粮食（长江上游地区每年每亩补助 300 斤，黄河上中游地区补助 200 斤）、现金（每年每亩补助 20 元）、种苗（造林种草每亩 50 元）补助。粮食和现金补助年限，经济林补助 5 年，生态林补助 8 年
《中华人民共和国防沙治沙法》	2001	全国人民代表大会常务委员会	将防沙治沙工作提升到国家战略高度，对防沙治沙规划，土地沙化的预防、治理，法律责任及保障措施等作了相应规定，要求推行省级政府防沙治沙目标责任制
《国务院关于进一步完善退耕还林政策措施的若干意见》	2002	国务院	明确退耕还林包括退耕地还林、还草、还湖和相应的宜林荒山荒地造林。在干旱、半干旱地区，重点发展耐旱灌木，恢复原生植被。要求退耕还林后必须实行封山禁牧、舍饲圈养。要彻底改变牲畜饲养方式，实行舍饲圈养，严禁牲畜对林草植被的破坏。对居住在生态地位重要、生态环境已丧失基本生存条件地区的人口实行生态移民。对迁出区内的耕地全部退耕、草地全部封育，实行封山育林育草，恢复林草植被。中央对生态移民生产生活设施建设给予补助
《国务院关于加强草原保护与建设的若干意见》	2002	国务院	提出要建立和完善三大草原保护制度：一是基本草地保护制度，二是草畜平衡制度，三是轮牧休牧和禁牧制度。要求牧区转变畜牧业经营方式，大力推行舍饲圈养（国家对实行舍饲圈养给予粮食和资金补助），并调整和优化畜牧业区域布局，逐步形成牧区繁育、农区和半农半牧区育肥的生产格局。同时提出对有沙化趋势的已垦草原逐步实施退耕还草（近期重点放在江河源区、风沙源区、农牧交错带和对生态有重大影响的地区），国家对退耕还草的农牧民提供粮食、现金草种补助

续表

政策文件	颁布年份	颁布机构	主要内容
《退耕还林条例》	2002	国务院	条例对退耕还林活动进行规范，明确指出退耕还林应当与国民经济和社会发展规划、农村经济发展规划、土地利用总体规划相衔接，与环境保护、水土保持、防沙治沙等规划相协调。纳入退耕还林范围的土地，主要包括水土流失或沙盐碱化、石漠化严重的土地，并优先安排江河源头及其两侧、湖库周围的陡坡耕地以及水土流失和风沙危害严重等生态地位重要区域的耕地。强调退耕还林必须坚持生态优先原则，因地制宜，宜林则林，宜草则草，规定退耕地还林营造的生态林面积，不得低于退耕地还林面积的80%（以县为单位核算）
《关于下达2003年退牧还草任务的通知》	2003	国务院西部开放办；国家计委；农业部；财政部；国家粮食局	国务院西部开发办和农业部于2003年1月10日联合召开退牧还草工作电视电话会议，全面启动退牧还草工程。会议提出，要用5年时间，在蒙甘宁西部荒漠草原、内蒙古东部退化草原、新疆北部退化草原及青藏高原东部江河源草原，先期集中治理10亿亩严重退化草原（约占西部地区严重退化草原的40%）。2003年先行试点，安排退牧还草任务1亿亩，其中内蒙古3048万亩、甘肃1180万亩、宁夏460万亩、青海1540万亩、云南160万亩、四川1440万亩、新疆2060万亩、新疆生产建设兵团112万亩
《全国防沙治沙规划（2005－2010年）》	2005	国务院	阐述了当前我国沙化土地的现状、成因及危害，将沙化土地治理区划分为五大类型区、十五个亚区，明确治沙的主攻方向，提出治沙的建设内容、总体布局、重点治理工程及区域性示范区、示范点建设等，对投资来源进行说明
《草畜平衡管理办法》	2005	农业部	国家对草原实行草畜平衡制度，在一定时间内，草原使用者或承包经营者通过草原和其他途径获取的可利用饲草饲料总量与其饲养的牲畜所需饲草饲料总量保持动态平衡，各级主管部门应做好草畜平衡的宣传教育培训、建立草畜平衡档案、核定载畜量，定期抽查等工作
《中央财政森林生态效益补偿基金管理办法》	2007	财政部国家林业局	对公益林的营造、抚育、保护和管理进行生态效益补偿，中央财政补偿基金平均标准为每年每亩5元，其中4.75元用于国有林业单位、集体和个人的管护等开支；0.25元由省级财政部门（含新疆生产建设兵团财务局）列支，用于省级林业主管部门（含新疆生产建设兵团林业局）组织开展重点公益林管护情况检查验收、跨重点公益林区域开设防火隔离带等森林火灾预防以及维护林区道路的开支

续表

政策文件	颁布年份	颁布机构	主要内容
《中共中央 国务院关于全面推进集体林权制度改革的意见》	2008	国务院	明确了集体林权制度改革的指导思想、基本原则和总体目标，将明晰产权、勘界发证、放活经营权、落实处置权、保障收益权、落实责任等确定为改革的主要任务
《国家林业局关于进一步加快发展沙产业的意见》	2010	国家林业局	要求正确把握当前沙产业发展的形势，充分认识加快沙产业发展的重要性，准确把握加快沙产业发展的指导思想、原则和目标，科学确定五大类型区沙产业发展的总体布局和重点领域，加大促进沙产业发展的政策支持力度
《国务院关于促进牧区又好又快发展的若干意见》	2011	国务院	分别提出了到 2015 年和 2020 年的发展目标，重点指出要做好基本草原划定和草原功能区划、加大草原生态保护工程建设力度、建立草原生态保护补助奖励机制、强化草原监督管理等工作，草原生态保护补助奖励的标准：禁牧补助为每年每亩 6 元，草畜平衡奖励为每年每亩 1.5 元
《关于完善退牧还草政策的意见》	2011	国家发改委；财政部；农业部	要求合理布局草原围栏，对禁牧封育的草原，不再实施围栏建设，重点安排划区轮牧和季节性休牧围栏建设，并与推行草畜平衡挂钩。配套建设舍饲棚圈和人工饲草地。提高中央投资补助比例和标准。围栏建设中央投资补助比例由现行的 70% 提高到 80%，地方配套由 30% 调整为 20%，取消县及县以下资金配套。青藏高原地区围栏建设中央投资补助由每亩 17.5 元提高到 20 元，其他地区由 14 元提高到 16 元。补播草种费中央投资补助由每亩 10 元提高到 20 元。人工饲草地建设中央投资补助每亩 160 元，舍饲棚圈建设中央补助每户 3000 元。按照围栏建设、补播草种费、人工饲草地和舍饲棚圈建设中央投资总额的 2% 安排退牧还草工程前期工作费
《全国防沙治沙规划（2011 - 2020 年）》	2013	国务院	总结了我国防沙治沙工作取得的重要进展，分析了当前防沙治沙面临的问题、困难、机遇及有利条件，并对五大类型区、十五个类型亚区防沙总体布局和建设重点进行了总体规划

续表

政策文件	颁布年份	颁布机构	主要内容
《中共中央 国务院关于加快推进生态文明建设的意见》	2015	中共中央 国务院	提出要坚持节约优先、保护优先、自然恢复为主的基本方针，加快推进生态文明建设，要求到2020年，资源节约型和环境友好型社会建设取得重大进展，经济发展质量和效益显著提高，生态文明建设水平与全面建成小康社会目标相适应。重点在四个方面取得重大进展：国土空间开发格局进一步优化，资源利用更加高效，生态环境质量总体改善，生态文明重大制度基本确立。强调树立底线思维，设定并严守资源消耗上限、环境质量底线、生态保护红线，将各类开发活动限定在资源环境承载能力之内
《国务院办公厅关于健全生态保护补偿机制的意见》	2016	国务院办公厅	要求按照权责统一、合理补偿及谁受益谁补偿的原则，进一步健全生态保护补偿机制。到2020年，要实现森林、草原、湿地、荒漠、海洋、水流、耕地等重点领域和禁止开发区域、重点生态功能区等重要区域生态保护补偿全覆盖，补偿水平与经济社会发展状况相适应，跨地区、跨流域试点示范取得显著进展，初步建立多元化补偿机制，基本确立符合国情的生态保护补偿制度体系
《关于构建现代环境治理体系的指导意见》	2020	中共中央办公厅、国务院办公厅	提出到2025年，建立健全环境治理的领导责任体系、企业责任体系、全民行动体系、监管体系、市场体系、信用体系、法律法规政策体系，落实各类主体责任，提高市场主体和公众参与的积极性，形成导向清晰、决策科学、执行有力、激励有效、多元参与、良性互动的环境治理体系

资料来源：国务院、财政部、农业部、国家林业局等政府部门网站。

附录四：M 县防沙治沙大事记及制度建设情况

1950 年春，召开全民防沙治沙万人誓师动员大会。

1954 年 8 月，制订《林木统一管理办法》。

1958 年，M 县获周恩来总理签发的"全国造林先进县"奖牌。

1961 年，县人委发布保护森林树木、柴湾的布告。

1978 年，被林业部列为"三北"防护林体系建设重点县，县革委会发布《关于加强管理森林树木保护柴湾草原的布告》。

1979 年 4 月，城市绿化领导小组制订《护林制度》。6 月，林业局制订《M 县"三北"防护林建设和管理办法》《M 县林木抚育和采伐更新管理办法》。

1981 年，县委、县政府做出《关于保护林木和发展林业生产的决定》。

1982 年，县委、县政府做出《关于保护林木、天然植被，发展林业生产的决定》，对分散在绿洲边缘和内部的天然植被和人工林，分类型划分为绝对封禁区、封禁区、半封禁区加以管护。林业局采取人工补植、人工模拟飞播、封沙育林（草）等措施封育柴湾。

1984 年，县政府下发《关于进一步放宽和落实林业政策的意见》。

1985~1988 年，以防沙治沙综合县级示范区建设项目和"三北"四期工程建设项目为重点和依托，在龙王庙等重点地段，坚持生物措施与工程措施相结合，采取群众义务压沙与国营造林相结合的方法，以梭梭、毛条、白刺等灌木树种为主，集中连片，规模推进，突出重点风沙口的规模治理，稳步构筑绿洲边缘防风固沙体系。

1988 年，封沙育林（草）工程建设以绿洲西线和民左公路北山境内两侧为主要建设区域，采取围栏、禁牧、人工模拟飞播等措施，营造绿洲外围天然防护区。

1989 年，县政府发布《关于加强保护林木、树木、柴湾、草原的公告》，下发《关于对毁林毁植被垦荒问题的处理意见》。

1990 年，县政府依据"三北"工程总体规划要求，在绿洲西线等区域连片营造防风固沙林 25 万亩，绿洲外围封育天然林草植被 35 万亩。在绿洲西线建成一道长 330 公里的防护林带。

1991 年，被林业部评为"全国治沙先进县"。

1992 年，县政府发出《关于加强林木种子、苗木市场管理的通知》，制订《关于加强现有林木植被管护的意见和措施》。

1993 年，县政府发出《关于加强水土及林木植被资源管理的通知》。"5·5"风暴之后，县委、县政府把每年的造林绿化和林木管护纳入领导干部任期目标管理。至 2005 年，省、市、县领导累计兴办植树造林绿化点 431 处 9.24 万亩。

1994 年，被省政府评为"造林绿化先进县"。县政府发出《M 县林业管理和建设的意见的通知》。

1996 年，县政府发出《关于在全县木材市场实行经营（加工）许可证制度的通知》。

1997 年，县人大常委会做出《关于坚决制止毁林毁植被打井开荒的决定》，县政府做出《关于坚决制止毁林毁植被打井开荒的决定》。

1999 年，县政府下发《关于加强林业建设步伐加强林木植被资源管理的意见》，发出《关于坚决制止乱砍滥伐农田防护林树木的紧急通知》。

2000 年，县政府制订《M 县林木植被资源保护管理办法》。

2000 ~ 2005 年，县政府每年组织 10 万人（次）开展水库绿色保卫工程，在风沙危害严重地段进行工程压沙。

2001 年，制订《M 县 2001 ~ 2010 年生态环境综合治理规划》。

2002 年，推广应用林业、治沙新技术：假砾石戈壁头年秋季开沟积沙、翌年春季补墒栽植技术，流动沙丘设置麦草沙障、障内栽植灌木、人工灌水补墒栽植技术，红枣、葡萄栽植根系修剪、生根粉浸根、地膜覆盖、红枣截干技术，葡萄日光温室营养袋育苗、电热温床催根技术，杨树地膜覆盖技术，生长调节素催根技术，红枣嫩枝扦插育苗技术。共举办各类培训班 80 多期，培训农林技术人员 2.3 万多人（次）。

2002 ~ 2005 年，先后启动 MW 公路、YD 公路通道绿化和退耕还林工程，累计参加义务植树 140 多万人（次），植树 876 万株。

2003 年，县委、县政府把林业生态项目建设与节水治沙、农业结构调整、扶贫开发、沙产业建设等相结合，开展"爱我 M，绿我沙乡，发展林业，保护"的宣传活动。7 月 10 日，湖区生态环境综合治理项目开工，时任常务副省长徐守盛主持开工仪式。2003 年 9 月 15 日，县政府发布《关于对全县农业乡镇实行常年禁牧的通告》。

2004 年 1 月，启动 MN 路、龙王庙等地义务压沙活动，计划规模 3 万亩。

2004 年 4 月 27 日，县政府批转林业局《M 县封沙（山）禁牧实施细则》。文件中规定，农业乡（镇）行政区域（含国营机关农林场）、农区绿洲边缘、封禁区、自然保护区划定区，实行常年禁牧；连古城自然保护区核心区和缓冲区严禁一切人为开发和利用，试验区内原有牧民逐步进行移民搬迁；3 个牧业乡由畜牧部门和当地乡政府统一划定区域定点放牧，禁止跨区域、无组织放牧。禁牧区域实行常年禁牧，杜绝牲畜破坏植被现象发生；严禁在封禁区域内毁林毁植被和乱开荒、乱打井，严禁樵采、毁林采种、随意挖树根和野生苗木；严禁在封禁区域内狩猎、采石采砂和进行其他毁林毁植被行为。对风沙危害严重、土地生产力低下的已垦耕地有计划组织实施退耕还林；结合国家"三北"防护林工程和退耕还林工程建设对绿洲沿线流动沙地和滩地进行防风固沙林营造和荒沙滩地配套造林；对农区外围天然植被采取工程围栏促进天然更新等措施，实行封沙育林（草）；农区内部完善农田林网体系，加强通道绿化工程建设；对新造幼林及退耕还林地段进行抚育管理。

2005 年 4 月 17 日，驻武部队官兵与干部群众在化音滩、板湖滩栽植梭梭、毛条等 130 万株，营造防风固沙林 3000 多亩。5 月，县委、县政府制订《M 县"十一五"林业发展规划》。9 月，县政府制订《M 县林木采伐管理办法》。

2005 年 5 月 23 日，县委下发《关于落实"三禁"政策，加强生态环境保护的实施意见》。文件中提出，落实农区内全年禁牧政策、维持和促进生态植被的自我修复；落实绿洲内严禁开荒打井政策、切实保护和节约水土资源；落实县境内严禁过量超采地下水政策、促进水资源的持续有序利用；绿洲内部人均超过 3 亩耕地的，决不允许再更新机井，要逐乡、逐村、逐社制订退耕计划；绿洲外部不论任何情况，都不允许再更新机井，凡无证机井一律关闭。

2006 年，在全县严格实施农区及荒漠区全年禁牧、绿洲内禁止开荒打井、县境内禁止过量超采地下水的"三禁"政策。

2006 年 6 月 28 日，县政府向市政府上报《M 县防风治沙项目实施方案（2006~2010 年)》。12 月 8 日，县政府向市政府上报《M 县 2006 年退耕还林工程建设实施方案》。

2007 年，又把荒漠区禁止滥采、滥挖野生资源作为保护生态环境的另一项重要措施强势推进，从"三禁"到"四禁"。

2007 年 3 月，完成龙王庙、青土湖压沙 2 万亩。12 月，《M 县 2007 年退牧还草工程》由国家发改委、农业部批准立项。

2008 年 1 月 30 日，4000 多名干部在风沙沿线抢墒播撒沙生植物种子 15 万亩。3 月 11 日，全县造林绿化暨义务植树动员大会召开。12 月，《M 县 2008 年退牧还草工程》由国家发改委、农业部批准立项。

2009 年 1 月 14 日，全县禁牧工作会议召开。2 月 19 日，全县造林绿化暨义务植树动员大会召开。3 月 23 日，全县机关干部在民西公路 45 公里处参加义务植树活动。4 月 12 日，民间公益环保组织拯救 M 县志愿者协会组织志愿者 57 名，在 JH 乡 GD 村栽植固沙植物 2.3 万株。12 月，《M 县 2009 年退牧还草工程》由国家发改委、农业部批准立项。

2009 年 12 月 29 日，县委、县政府制订《M 县集体林权制度改革实施方案》。总体目标：从 12 月开始，利用一年时间，基本完成明晰产权、承包到户的主体改革任务。主要任务：在保持集体林地所有权前提下，进一步明确集体林地使用权、林木所有权和经营权，将其落实到户，确立农民作为林地承包经营人的主体地位。通过确权，建立以农村家庭承包经营为主、多种经营形式并存的林业经营管理体制。产权明晰后，依法签订林地承包合同，承包期限为 70 年，及时进行林权登记，发（换）林权证，以法律形式保障改革成果和经营主体的合法权益。改革范围：一是县境内所有集体林地，包括集体所有的有林地、疏林地、灌木林地、未成林造林地和集体宜林地、宜林沙荒地、林业辅助生产用地。二是土地承包时未包到户的撂荒地、弃耕地，已经植树造林成为林地的也一并纳入林改范围，明确经营主体，确权承包到户。三是通道绿化工程、环城绿化工程、主干河道两岸护岸林、水库库区不纳入林改范围。四是权属有争议的林地，在争议解决后落实经营主体。五是国有宜林荒山、荒滩、荒沙、荒地，可采取租赁、承包、转让等形式积极探索有益于生态保护的经营管理模式。

2010 年 9 月 9 日，全县 2010 年秋沙大会战启动仪式在老虎口举行。10 月，《M 县 2010 年退牧还草工程》由国家发改委、农业部批准立项。

2011 年 5 月 14 日，县政府制订《M 县沙漠承包治理管理办法》。成立沙漠承包治理管理委员会，主要负责沙漠承包治理、社会宣传、技术交流等活动；管理委员会下设办公室，主要负责受理承包者承包治理申请，筹集、管理和使用好防沙治沙基金；沙漠承包治理的单位、个人，必须向沙漠承包治理管理委员会办公室提出申请，审核批准后，办理其他有关手续；沙漠承包治理采用承包方出资委托沙漠承包管理委员会治理与承包方出资自己治理两种方式；沙漠承包治理的单位、个人提出的承包申请经审核批准后，由林业部门划定承包范围，并与其签订治理承包协议书；沙漠承包治理的单位和个人，必须按照县林业部门的技术要求进行治理；治理取得成效后可以将其所种植的林木委托他人管护或者交由县政府林业行政主管部门管护；沙漠承包治理的单位和个人拥有土地使用权和林木所有权，土地使用权 70 年不变；沙漠得到有效治理的，其相关权利受法律保护，任何单位和个人不得侵犯其合法权益；治理完毕后，由林业部门组织验收，验收合格后颁发沙化土地治理合格证，能够纳入国家林业政策扶持范围的，可以依照政策规定享受各类扶持。

2011 年 11 月 29 日，县政府下发《关于县境内全面实行禁止开荒禁止打井禁止放牧禁止乱采滥伐禁止移民返迁的意见》。提出在县境内全面实行"五禁"政策的规定。

2011 年 12 月 16 日，县政府下发《关于沙区及治沙生态林承包治理经营实施意见》。文件中指出，坚持"谁经营、谁投入、谁管护、谁受益"的原则，采取个人、联户、企业承包经营的方式，利用 2 年时间，完成沙区及治沙生态林承包治理经营任务。未治理沙区承包治理经营期限为 70 年，治沙生态林区承包治理经营期限为 30～50 年。个人承包经营的面积一般不得超过1000 亩；企业承包经营的面积一般不得超过 5000 亩。2011 年 11 月承包工作启动。

2012 年，县政府制定《M 县全面推进集体林权制度综合配套改革工作方案》。总体目标：从 2012 年起，利用 5 年左右的时间，基本建立集体林地管护到位、财政支持林业发展有力、林业融资政策完善、林木采伐管理科学、林权交易规范有序、社会化服务体系健全，责、权、利相统一的集体林业可持续发展和林业产业快速增长的新机制体制。主要任务：在巩固扩大主体改革成果的基础上，推进"五项管理制度"（管护制度、采伐管理制度、林权流转制度、集体林业发展制度、林业投融资制度）；完善一个体系，即社会化服务体系，促进林业产业和林下经济发展。

2012 年 12 月，石羊河国家湿地公园通过原国家林业局专家评审开展试点，总面积 6174.9 公顷。

2015 年，M 县被国家发改委等 11 个部委列为生态保护与建设示范区。

2017 年 12 月，经原国家林业局评审，正式授牌"国家湿地公园"。

2017 年，中国绿化基金会"蚂蚁森林"公益造林项目正式落户 M 县。

2018 年，M 县编制了《M 县新时代防沙治沙十年规划》，对重点区域统一规划，集中治理，建立了"外围封禁、边缘治理、内部发展"的生态建设方针。

2018年3月，举行了"全民植树造林绿化倍增行动"启动仪式，坚持树随路走，绿随人居，统筹推进农田、道路、城镇、村庄、园区、社区和景区绿化，把造林与造景、绿化与美化、管护与增收结合，完成绿洲绿化2.43万亩。

2018年，被中国绿化基金会授予"生态范例奖"；被省住房建设厅评为"甘肃园林城市"。

2018年9月，中国绿化基金会在武威举办"一带一路"生态治理民间合作国际论坛。

2019年，中国绿公司年会碳中和林落户M县NH镇。

2019年，M县被全国绿化委员会授予"全国绿化模范县"；石羊河国家湿地公园被全国绿化委员会办公室授予国家"互联网＋全民义务植树"基地称号，成为甘肃省唯一入榜单位。

附录五：M县沙漠承包治理管理办法

第一条 为了鼓励和动员社会各界积极参与 M 县防沙治沙工作，推进防沙工作，推进防沙治沙和生态环境综合治理进程，促进经济和社会可持续发展，根据《中华人民共和国防沙治沙法》《甘肃省实施〈中华人民共和国防沙治沙法〉办法》等有关法律、法规，结合本县实际，制订本办法。

第二条 凡在本县行政区域内承包治理沙漠，从事防沙治沙和开发利用活动，必须遵守本办法。

第三条 本办法允许承包治理的沙漠，是指在全县防沙治沙规划中确定的预防保护区和治理利用区中的国有沙化土地。

第四条 为了加强沙漠承包治理工作，设立 M 县沙漠承包治理管理委员会，林业、农牧、水务、国土、环保等部门为成员单位，负责协调解决沙漠承包治理的用水、用地、环评、交通等问题。管理委员会下设办公室，办公室设在林业局。

第五条 沙漠承包治理要按本县防沙治沙规划有计划、分阶段实施，谁承包、谁受益、谁治理、谁开发。划定承包区域时要统筹考虑承包者的治理方案和治理区域的沙化程度，以达到最佳治理效果。

第六条 公益性治沙可采取投劳、捐资、合作等多种形式进行，也可承包治理，营利性治沙应当承包治理。

第七条 承包治理沙漠的单位、个人，应当向县林业局提出申请，由县林业局统一负责办理相关审批手续，并在 15 日内通知申请者，期间审批土地使用权、用水来源、用水指标所需时间除外，但最长审批时限不得超过 45日。对不符合条件的，要书面通知本人，并说明理由。对提交资料不齐全的，要一次性告知申请者。

第八条 申请承包治理沙漠的单位和个人，应当提交下列资料。

1. 单位证明或个人身份证并复印件；2. 承包治理申请；3. 承包治理所需资金证明；4. 承包治理方案；5. 承包治理用水申请（包括用水来源和用水指标）；6. 营利性的承包治沙应提交土地使用权申请。承包治理方案内容应当包括：治理范围界限，治理目标，治理期限，主要治理措施，治理完成后的土地用途和管护措施，其他需要载明的事项。

　　第九条　用水来源和用水指标由水务行政部门按相关规定审批。土地使用权由县林业局或国土局依照各自职权依法审核后，报县政府审批。沙漠承包治理申请经审核批准后，申请人要与县林业局签订承包治理协议，在县林业局划定承包范围界限后，按照治理方案进行治理。

　　第十条　公益性承包治沙主要采取承包方出资委托县林业局治理和承包方自己治理两种方式，其他方式的公益性治沙，县林业局要提供治沙地点、技术等服务，治理完成后，承包方可委托他人或县林业局管护所植林草。

　　第十一条　承包治理沙漠的单位或个人要按县林业局技术要求进行治理，并服从其管理。承包治理完成后，由县林业局负责验收，验收不合格的要继续治理。营利性承包治沙验收合格前不能进行其他开发活动。

　　第十二条　从事公益性治沙的，有关部门和单位要减免相关费用。治沙完成后，县林业局可根据情况树立生态牌或者生态壁对治理情况予以说明，治理成效显著的，治理者可对治理区域冠名。

　　第十三条　营利性承包治沙经验收合格后，享受土地使用权和林木所有权，土地使用权为 70 年。在遵循承包治理协议的基础上可以自主经营，开发利用，依法继承、转让和抵押，任何单位和个人不得侵犯其合法权益。

　　第十四条　营利性承包治沙经验收合格后，根据承包治理协议从事林果业、养殖业和旅游业等产业的，按照有关规定享受资金补助、财政贴息、税费减免等优惠政策。符合其他林业和生态补助、扶持政策的，从其规定。

　　第十五条　对不按照承包治理协议进行治理或经验收不合格又不按要求继续治理的，按照《中华人民共和国防沙治沙法》第四十一条的规定进行处罚。

　　第十六条　承包治理沙漠的单位和个人，从事与承包治理方案无关的活动或实施采伐、开垦、种植等破坏林木植被行为的，按相关法律、法规处理。

　　第十七条　县林业局要加强社会捐助资金、委托承包治理资金等资金的管理，做到专户、专款、专用。使用上述资金进行防沙治沙活动时应采取招投标方式进行。财政、审计部门要加强监管。

　　第十八条　本办法自发布之日起施行，有效期 5 年。

2010 年 5 月 14 日

附录六：M县人民政府关于沙区及治沙生态林承包治理经营的实施意见

为了全面贯彻落实市第三次党代会精神，积极稳妥地推进沙区及治沙生态林承包治理经营工作，根据《M县沙漠承包治理管理办法》（M政发〔2010〕11号），特制定本意见。

一、指导思想

坚持以科学发展观为指导，探索建立"国家有投入、科技作支撑、农民有收益"的生态建设长效机制，坚持保护与利用并重原则，稳定和完善个人承包经营未治理沙区及治沙生态林的主体地位，进一步明晰林地所有权和林木使用权，放活经营权、落实处置权、保障收益权，配套完善相关政策措施，调动社会各界参与沙漠治理与生态保护的积极性，促进生态、经济和社会协调发展。

二、目标任务及范围

（一）总体目标

利用2年时间，全面完成沙区及治沙生态林承包治理经营任务。通过治理经营、发展林下特禽养殖、种植中药材等方式，拓展新的增收致富渠道，充分调动全社会参与沙漠治理和生态保护的积极性，实现资源增长、农民增收、生态良好、林区和谐的目标。

（二）承包范围

县境内权属清楚、国家所有的未治理沙区及治沙生态林区。未治理沙区是指全县防沙治沙规划中要求治理的沙地、关井压田区。治沙生态林区是指通过多年治理后形成的以梭梭为主的灌木林地。

55245

三、承包办法

（一）承包主体

坚持"谁经营、谁投入、谁管护、谁受益"的原则，采取个人、联户、企业承包经营的方式，面向社会发包。在同等条件下，优先考虑邻近乡镇、村社的群众。

（二）承包期限

未治理沙区承包治理经营期限为 70 年，治沙生态林区承包治理经营期限为 30～50 年。

（三）承包程序

由林业部门依据规划方案，发布承包公告。承包者提出申请（法人单位需提交营业执照、验资报告和法人身份证明，个人需提交身份证明），并提交治理经营方案（包括治理经营方式、进度、措施、目标等内容），经林业主管部门公示确认后，按规定审批，并签订承包合同。单宗承包地申请人数较多时，由林业部门组织工程技术人员对申请人提交的治理经营方案进行综合评价，择优确定承包人。

（四）承包形式

1. 治沙生态林区

划分为重点保护区和治理保护区。西线一带属重点保护区，探索治理与发展的途径，稳步推进；东线、北线及绿洲内部沙地沙丘属治理保护区，鼓励发展、支持发展。治沙生态林区在维持原有林地、林木所有权不变的前提下，承包给个人、企业进行管护、经营。

2. 未治理沙区

绿洲外围未治理沙区，在维持现有林地所有权不变的前提下，承包给个人、企业进行治理、管护和经营。农区附近及绿洲内部沙丘沙滩、关井压田区，尊重历史，结合现实情况，承包给有能力的个人进行治理、管护和经营。

（五）承包面积

个人承包经营的面积一般不得超过 1000 亩；企业承包经营的面积一般不得超过 5000 亩。

四、承包人的权利和义务

（一）权利

1. 治沙生态林区，承包者享有林木经营权；承包期内，承包者在不破坏林草植被、保障林木良好生长的前提下，可在承包的治沙生态林区发展林下经济，经营活动的合法收入归承包者所有。

2. 未治理沙区，承包者依法享有林地、林木经营权；承包者按承包治理方案和项目要求治理，政府按有关规定检查验收。符合标准的，在国家有项目扶持政策的前提下，优先享受森林生态效益补偿基金项目、三北五期造林补助、退耕还林工程等有关优惠政策；发展后续产业等经营活动的合法收入归承包者所有。

3. 未治理沙区及治沙生态林承包不收林地、林木承包费用；投资阶段免征各种税收，林业部门提供技术指导；承包者在不改变林地用途的前提下，治理经营期间的林地、林木经营权可流转、转让、继承，但必须报林业主管部门备案。

4. 在治理、经营过程中，水权从现有生态水权中调剂，县上按发展区域及规模具体确定。

（二）义务

1. 承包者在承包经营期间，不得改变林地用途。

2. 承包治沙生态林的，必须确保区域内林木资源不萎缩、不退化，确保治沙生态林能够发挥最大的生态防护效益。

3. 承包未治理沙区的，必须在承包之日起两年内采取工程治沙、人工造林、人工模拟飞播等措施进行治理，承包治理期满 5 年后，植被覆盖度必须达到 30% 以上，否则县政府有权解除合同，收回承包治理经营权。

4. 承包经营者在承包期内必须严格执行相关法律法规，严格落实"五禁"政策，严格遵守合同约定的各项内容。对违反政策、不履行合同约定内容的，根据情况按有关规定处理，直至终止合同；造成生态植被破坏的，严肃追究承包者的相关法律责任。承包期间，凡遇重大项目需征占用林地的，由县政府按合同约定对由承包者投资形成的附着物进行补偿后解除合同，但对由国家投资形成的附着物不予补偿。

五、方法步骤

沙区及治沙生态林承包治理经营关系广大农民群众的切身利益，关系生态安全，关系林区长期发展和稳定。在实施承包过程中必须精心谋划、统筹安排，有步骤、分阶段地组织实施。

（一）前期准备（2011 年 12 月 1 日~12 月 20 日）

1. 建立机构。县集体林权制度改革领导小组为本次沙区及治沙生态林承包治理经营的领导小组，县集体林权制度改革领导小组办公室为本次沙区及治沙生态林承包治理经营的领导小组办公室，具体负责组织实施工作。

2. 调查规划。组织人员深入现场，摸清辖区内沙区及治沙生态林面积、权属、经营状况等，并结合实际制订科学合理、切实可行的规划方案。

3. 宣传培训。充分利用各种媒体，采取多种形式广泛宣传承包治理经营的重大意义和政策措施，做到家喻户晓。全县上下要统一思想，统一认识，全面落实承包治理经营的政策措施。要不断加强承包治理经营工作人员业务能力和方针政策的培训学习，提高指导、服务、组织等方面的工作能力。

（二）勘界承包（2011 年 12 月 21 日~2013 年 10 月 31 日）

坚持"由近及远、先易后难"的原则，有步骤、有计划地推进承包治理经营工作。2012 年完成老虎口治沙生态林区、青土湖沙区及绿洲内已治理沙区的承包治理经营工作。2013 年全面完成全县沙区及治沙生态林承包治理经营工作。

1. 勘界。由县政府负责抽调相关部门业务人员组成勘界确权组，对每宗承包治理经营的林地进行实地勘界，做到四至清楚、界限明确，并将勘界确权结果张榜公布。

2. 确定承包主体。对有意承包治理的个人、企业进行调查，确定承包主体范围。公布规划方案，通过报名审查，确定承包主体。

3. 签订合同。对经公示无异议的林地，由承包者提出申请，经审定符合承包条件的，签订承包合同。

4. 建档发证。林业部门负责对每宗承包合同进行审核、登记造册。经审核，林地林木尚未确权的，按权属性质报请县政府依法核发林权证，确定林地、林木权属；经审核，林地林木已确权颁证的，保持原有权属不变，以承包合同内容为准依法确定承包者的承包关系，维护双方的合法权益。林业部门要对承包过程中产生的文字、图片、影像资料和专题会议记录进行登记造册、立卷归档，健全完善档案管理制度，确保档案的完整、准确与安全。

（三）自查总结（2013 年 11 月 1 日~12 月 31 日）

承包工作结束后，林业部门要对工作环节、工作步骤、政策措施等方面认真进行检查，总结经验、不断完善提高，进一步巩固工作成果。

六、保障措施

（一）强化宣传，广泛发动

充分发挥各种宣传媒介的作用，采取报纸、电视、标语、网络等有效形式，广泛深入宣传沙区及治沙生态林承包治理经营的重大意义、政策、工作步骤，宣传各级党委、政府的决策部署，宣传好的做法、经验，大力营造良好的工作氛围，确保承包治理经营工作顺利进行。

（二）加强领导，落实责任

各有关乡镇、部门、单位要高度重视，统一思想，提高认识，把沙区及治沙生态林承包治理经营作为一件大事提上重要议事日程，精心组织、周密安排，靠实责任、扎实推进。

（三）明确职责，通力协作

县沙区及治沙生态林承包治理经营领导小组各成员单位要充分认识承包治理经营工作的重要性、紧迫性，各司其职，各负其责，密切配合，形成推动工作的强大合力，扎实做好沙区及治沙生态林承包治理经营的各项具体工作。

（四）严肃纪律，规范操作

沙区及治沙生态林承包治理经营是一次生产关系的大调整，经济利益的再分配，必须做到公开、公正、公平。各级领导干部要以身作则，不得随意简化程序，更不允许借承包之机，为本人或亲友牟取私利。在承包工作过程中，特别要加强对林木植被资源的保护和社会稳定的维护，不能因承包工作而引起新的社会矛盾或造成林木植被资源的二次破坏。对在承包工作中不认真履行领导职责、工作作风不实、措施落实不到位，造成乱砍滥伐林木、群体性上访等严重问题的，要追究相关领导的责任。

（五）强化考核，严格奖惩

沙区及治沙生态林承包治理经营工作纳入乡镇、部门年度目标责任书，进一步明确工作责任、时限要求和质量标准，实行动态考核并对各项工作完成情况强化督查，促进承包治理经营各项任务全面落实，有力地推进全县林业建设健康有序发展。

2011 年 12 月 16 日

附录七：治沙生态林承包经营合同

林承包字〔2017〕002 号

甲方（发包方）：M 县林业局

乙方（承包方）：M 县 YFCR 农民专业合作社

为维护甲乙双方的合法权益，明确双方在承包过程中的权益和义务，根据《M 县沙漠承包治理管理办法》（M 政发〔2010〕111 号）和《M 县人民政府关于沙区及治沙生态林承包治理经营的实施意见》（M 政发〔2011〕261 号）及相关法律法规的规定，经双方协商签订本合同。

一、承包范围

甲方将位于青土湖民左路 85 - 87 公里处 2600 亩治沙生态林发包给乙方进行经营。四至界限以附图坐标为准。

二、承包范围现状

2012 年秋季压沙；2013 春季造林；栽植树全部为梭梭；造林成活保存率达 90% 以上。目前沙丘基本固定，梭梭苗高 100cm 左右，长势良好。

三、承包期限

承包期限 30 年，自 2017 年 7 月 1 日起至 2047 年 6 月 30 日止。

四、甲乙双方的权利和义务

（一）甲方权利和义务

1. 甲方将青土湖 2600 亩治沙生态林无偿承包给乙方进行经营，用于梭梭接种肉苁蓉。

2. 甲方应维护乙方的林木承包经营权，除合同约定和特殊情况外，不得擅自变更、解除、终止承包合同。

3. 甲方有权对乙方的经营活动进行监督，有权制止乙方违反合同约定的经营行为。

4. 自承包之日起两年内，乙方必须按甲方批准的经营方案进行经营，否则甲方有权终止合同，收回乙方的承包经营权。

5. 在承包期内，根据社会公共利益和公益事业的需要，甲方需占用乙方承包的部分区域林地的，乙方无条件将所占用的林地无偿交还甲方；若需全部收回，根据乙方已使用的年限和产业活动的实际投入给予适当补偿后，予以收回。

（二）乙方权利和义务

1. 乙方依法享有林木经营权，乙方在承包经营期间，不得改变林地用途。

2. 乙方对承包林地、林木负有管护责任，长期性地做好林地的经营管理和林木的抚育管护工作，否则甲方有权解除合同，收回承包经营权。

3. 在承包期内，乙方在不破坏林草植被、保障林木良好生长的前提下，按照甲方批准的经营方案进行经营，发展林下经济，其经济活动的合法收入归乙方所有。

4. 乙方在不改变林地用途的前提下，承包期内林木经营权可继承，但必须报甲方备案。

5. 乙方必须严格执行相关法律法规，严格落实 M 县"五禁"政策规定，严格按照合同约定的内容进行经营管理。对违反政策、不履行合同约定内容的，甲方有权按有关规定和本合同约定的条款处理，直至终止合同；造成生态破坏严重的或重大生态破坏事故的，终止合同，并由当地司法机关按照有关法律法规追究乙方的相关法律责任。

6. 乙方承包治沙生态林是否达到治理目标及相关技术指标要求，以乙方提交的经甲方审查同意的承包经营方案为准，承包经营方案与本合同具有同等法律效力。

五、违约责任

双方应严守合同。如有违约，将依法追究违约方的责任。

六、其他

1. 甲乙双方不得擅自变更和解除合同，本合同执行中未尽事宜，必要时可作出补充规定，补充规定与本合同有同等效力。

2. 在履行合同中发生争议时，由双方协商解决；经协商不能解决的，通过法律途径解决。

3. 承包范围内的梭梭林所有权归甲方，不再向乙方颁发林权证。

本合同自签订之日起生效，一式两份。甲乙双方各持一份。本合同及合同中约定的治沙生态林不能作为贷款、偿还债务的抵押物和依据。

甲方（盖章）：　　　　　　　　　甲方负责人（签字）：

乙方（盖章）：　　　　　　　　　乙方负责人（签字）：

签订日期：2017 年 7 月 1 日

附录八：M 县人民政府关于印发《M 县水价改革实施方案》的通知

一、总体要求

（一）指导思想

全面贯彻落实习近平新时代中国特色社会主义思想和党的十九大精神，牢固树立创新、协调、绿色、开放、共享的新发展理念，深入实施国家节水行动，突出调水价、改体制、降定额、控总量、补短板、强监管等重点，充分发挥政府引导和市场调节作用，大力推动全社会节水，全面提升水资源利用效率，形成节水型生产生活方式，建立和完善与 M 县经济社会发展相适应的水价体系，为打造生态美、产业优、百姓富的美丽 M 县提供水资源支撑和保障。

（二）改革原则

整体推进、重点突破。全面调整农业供水、城市供水、农村饮水安全工程供水、再生水价格，建立有利于节约用水和产业结构调整的分类水价机制，重点推进农业用水分类水价、城乡供水分类水价改革。

政府引导、市场调节。加强政府对节约用水的规制和引导，保障各行业基本用水需求。充分发挥市场在水资源配置中的决定性作用，利用价格杠杆，增强全社会节水的内生动力。

结合实际、分类施策。结合本地水资源禀赋条件、产业结构特点、社会承受能力，在政策允许的范围内，制订符合实际的更灵活的水价政策，促进生态文明和绿色发展。

（三）改革目标

全面推进水价改革，建立健全反映全县水资源稀缺程度和供水成本、有利于促进节约用水、产业结构调整和生态补偿的水价体系。到 2019 年底，农业供水价格达到供水成本，完善农业用水分类、分档水价制度；农村饮水安全工程水价达到微利水平；城市供水价格调整至补偿成本并有合理盈利，全面推行城市居民生活用水阶梯式水价和非居民用水及特种行业用水超定额累进加价制度；制订再生水水价优惠政策，扩大再生水利用规模，健全和完善与 M 县经济发展相适应的、科学的、良性运行的水价形成机制。

二、改革内容

（一）农业灌溉供水价格改革

水资源费按相关政策规定标准执行。根据《WV 市水价改革方案》要求，地表水水价的核定以 2016～2018 三年的监审平均成本为依据，一次调整到供水成本，地下用水成本高于地表水水价，鼓励用水多用地表水，少用地下水。

1. 地表水计量水价。地表水实行成本计价、计量收费。地表水以斗口计量为准，依据地表水成本监审结果核定三年平均供水成本价为 0.266 元/立方米，地表水价格调整为 0.266 元/立方米。

2. 地下水计量水价。地下水用水由现行的分片计价实行同水同价。地下水用水成本由水管单位管理成本和用水户自筹费用形成的取水成本两部分构成。经核算，全县地下水平均管理成本核定为 0.201 元/立方米，用水户自筹平均取水成本为 0.141 元/立方米，两部分合计，全县地下水用水成本核定为 0.342 元/立方米，较地表水供水水价 0.266 元/立方米高出 0.076 元/立方米。地下水价格调整为 0.201 元/立方米，取水成本由用水户自筹解决。

3. 推行分类水价。建立有利于保基本、促节水、调结构的分类水价制度。在农业用水定额内，对实施连片规模种植、集中连片 100 亩以上应用滴灌、喷灌、微灌等高效节水灌溉技术的作物，实行优惠水价，地表水优惠 20%，地下水优惠 30%；在配水定额内，生态用水按调整后价格优惠 50%；对限制种植和传统方式种植的低水效作物或已配套高效节水灌溉设施但未运行的作物，实行上浮水价，地表水上浮 20%，地下水上浮 50%。

4. 完善分档水价。农业用水实行总量控制、定额管理，凡超定额（不同作物亩配水定额）用水，均实行分档超定额累进加价。超定额用水量累进额度和加价幅度分为 3 级：超定额 20%（含 20%）以下的，超额部分在调整后水价的基础上加价到 150%；超定额 20%（不含 20%）至 50%（含 50%）的，超额部分在调整后水价的基础上加价到 200%；超定额 50% 以上的，超额部分在调整后水价的基础上加价到 300%。因水权交易引起的水量增加，超过配水总量的部分，执行超定额累进加价，不超过水价的 3 倍。

5. 实施精准补贴。在完善水价形成机制的基础上，探索建立与节水成效、调价幅度、财力状况相匹配的农业用水精准补贴机制。补贴标准根据定额内用水成本与运行维护成本的差额情况确定执行，超出用水定额的部分不予补贴，总体上不增加农民负担。

6. 实施节水奖励。对农业用水户采取节水措施，实际用水量低于配水总量的，对节约的水量进行奖励。农业节水奖励标准为：节水量在配水水量10%（含10%）以内的，按调整后水价的50%乘以节水量进行奖励；节水量在配水水量10%（不含10%）至20%（含20%）的，按调整后水价乘以节水量进行奖励；节水量在配水水量20%（不含20%）以上的，按调整后水价的200%乘以节水量进行奖励。对于未发生实际灌溉，因种植面积缩减或者非节水因素引起的用水量下降，不予奖励。奖励资金主要从超定额累进加价收取的水费中解决，不足部分从水利工程公益性部分维修养护经费、农业灌溉工程运行管理费、农田水利工程维修养护补助经费、收缴的加价水费、调水费用补助等费用中统筹解决。

7. 完善计量设施。加快供水计量设施建设，按照因地制宜、经济实用的原则建设适宜的供水计量设施。地表水全部实行斗口计量供水，地下水实行井口计量供水。实现农业用水精准计量，按量计价。

8. 建立公示制度。供水单位和农业末级渠系管理者应采取公示栏、公示牌等多种便利方式定期将用户使用水量、水价、水费进行公示，接受用户监督。供水经营者和用水户必须严格执行政府制定的水价政策。在确定的农业水价和水资源费外，不得再收取任何形式费用。

（二）农村饮水工程供水价格

1. 农村饮水计量水价。根据《WV 市水价改革方案》要求，农村饮水工程供水主要是为了解决农村存在的饮用水安全问题，具有非营利的公益性特点，价格制订暂不考虑利润，非居民用水价格可合理盈利，特种行业用水价格可保持与非居民用水价格 1∶5 以上的差价制订水价，平均达到微利水平。由于农村饮水工程供水价格 2018 年 8 月已调整，加之非盈利的公益性特点，因此继续执行现行价格，居民生活用水 2.45 元/立方米，非居民用水 3.61 元/立方米，特种行业用水 18.15 元/立方米。

2. 阶梯式水价制度。农村饮水工程供水要全面实行用水定额管理制度，完善计量设施建设，逐步实行一户一表计量用水，执行阶梯式水价标准。农村居民生活用水量按 1.8 立方米每人每月核定，阶梯式水价分 3 级，第一级水量，人均 1.8 立方米/月以内（含 1.8 立方米），水价为 2.45 元/立方米；第二级水量，人均 1.8 立方米/月以上 2.7 立方米/月以内（含 2.7 立方米），按第一级水价的 1.5 倍计征；第三级水量，人均 2.7 立方米/月以上，按第一级水价的 2 倍计征。

3. 完善非居民和特种行业用水超定额累进加价。对非居民（含执行居民生活用水价格的非居民）用水和特种行业用水实行定额管理，超过用水定额部分实行累递加价制度。累进额度和加价幅度为：超定额 20%（含 20%）以下的，超出部分在现行水价基础上加价 50%；超定额 20%（不含 20%）至 40%（含 40%）的，超出部分在现行水价基础上加价 100%；超定额 40%（不含 40%）至 100%（含 100%）的，超出部分在现行水价的基础上加价 200%；超定额 100%（不含 100%）以上的，超出部分在现行水价基础上加价 300%。

（三）完善城市供水价格

水资源费按相关政策规定标准执行。城市供水分为居民生活用水、非居民用水以及特种行业用水三类。具体用水分类按照国家有关规定执行。除高耗能、高污染、产能过剩行业之外的工业用水、主营业务列入《西部地区鼓励类产业目录》的文化旅游企业用水，价格可按非居民用水价格 70% 的幅度实行优惠。

1. 城市供水分类计量价格。城市供水价格应遵循"补偿成本，合理收益，保障基本，节约用水，公开透明、公平负担"的原则，在严格成本监审的基础上，居民用水价格达到供水成本，非居民用水价格调整至补偿成本并合理盈利，拉大非居民用水与特种行业用水之间的价差，二者比价原则上不低于 1∶5。为达到补偿成本并合理盈利的目标，按现行的分类：居民生活用水继续执行现行价格 1.86 元/立方米；非居民用水由现行 3.46 元/立方米调整为 4.83 元/立方米，上涨 1.37 元/立方米，涨幅 39.6%；特种行业用水由现行 18 元/立方米调整为 24.15 元/立方米，上涨 6.15 元/立方米，涨幅 34.17%。

2. 严格居民阶梯式水价。在城区范围内实行一户一表计量用水的居民，均实行定额用水和阶梯式水价。居民生活用水以户口簿载明的人口为准，阶梯式水价分3级，级差为1：2.5：5。第一级水量，人均3立方米/月以内（含3立方米），按现行水价1.86元/立方米收费；第二级水量，人均3立方米/月以上4立方米/月以内（含4立方米），按现行水价1.86元/立方米的2.5倍收费；第三级水量，人均4立方米/月以上，按现行水价1.86元/立方米的5倍收费。

3. 完善非居民和特种行业用水超定额累进加价，对非居民（含执行居民生活用水价格的非居民）用水和特种行业用水实行定额管理，超过用水定额部分实行累进加价制度，累进额度和加价幅度为：超定额20%（含20%）以下的，超出部分在调整后水价基础上加价50%；超定额20%（不含20%）至40%（含40%）的，超出部分在调整后水价基础上加价100%；超定额40%（不含40%）至100%（含100%）的。超出部分在调整后水价的基础上加价200%；超定额100%（不含100%）以上的，超出部分在调整后水价基础上加价300%。

4. 实施公共设施用水计量收费。县城园林绿化、环卫、市政设施等公共设施用水，实行计量收费制度，计量水价按非居民用水价格执行。

5. 优惠城镇低保户水费。低保户凭民政部门发放的《城镇居民最低生活保障金领取证》，定额以内的用水价格按居民生活用水供水价格的80%计征，超定额用水同样执行正常居民用水政策。

（四）再生水用水价格

再生水用水价格以"补偿成本、合理收益"为原则，结合再生水水质、用途等情况，将价格定为0.5元/立方米。鼓励园林绿化、道路清扫、车辆冲洗、建筑施工、生态景观、消防等公共领域使用再生水。凡使用再生水的单位、个人可免收污水处理费，供水单位也可按年度与用水单位签订用水合同，合同内用水价格在政府制订的价格范围内协商确定，超合同用水量可以实行累退价格。

2019年10月9日

后 记

    本书是在我博士学位论文的基础上修改完成的。从选题、制订研究方案、修改直至成文，是在中国人民大学洪大用和陆益龙两位恩师的全力指导下得以完成的。洪老师工作十分繁忙，但只要有学术方面的问题，都能在第一时间返回修改意见，发给他的论文他都会逐字逐句地看，哪怕一个错别字和标点符号都会仔细地标注出来。洪老师对待学术非常严谨，我从洪老师那里学到的不仅仅是社会学知识和实践自觉的学术品格，更重要的是对待学习和工作的认真态度。修身洁行，方为人师！恩师对我的教诲和帮助使我终身获益，感激之情无以言表！陆益龙老师的人品和学品是我永远学习的榜样！在论文修改过程中提出的意见和建议对于论文的完善起到了非常重要的作用。相处虽短，涌泉终生！

    感谢美利坚大学肖晨阳教授数年来在师门例会的坚守，正是在每一周例会上的"逃避"与"面对"、"纠结"与"释然"中促成了这篇论文的完成，肖老师认真、严谨、负责的态度是我在今后的工作中要坚持的。在我气馁、迷茫的时候，您总能给我鼓励与正确的指引，让我不断成长，您的教诲是我一生珍贵的财富。

    感谢中国人民大学社会与人口学院的冯仕政老师、郭星华老师、奂平清老师、郝大海老师、黄家亮老师、李迎生老师、赵旭东老师、王水雄老师、朱斌老师、谢桂华老师、房莉杰老师、刘少杰老师等，有幸聆听您们的讲授和教诲，使我受益匪浅。

    感谢刘凌师姐、李阳师姐、孙颖师姐、钟兴菊师姐、龚文娟师姐、郭涵潇师姐；感谢何钧力师兄、杨峥威师兄、王飞师兄、范叶超师兄、马国栋师兄；感谢顾海娥师妹、刘幼迟师妹、樊丹迪师妹；感谢赵国栋、郝孟哲和2018级社会学博士班的所有同学；感谢王立业、郝世亮、刘红旭在我读博期间的一路陪伴、分享、分担和帮助，永远难忘我们在一起的这段刻骨铭心的人生经历；感谢社会与人口学院及其他学院的同学们，更要感谢同门师兄、师姐、师弟、师妹们的热心帮助和支持！

　　感谢在多次田野调查时 M 县相关部门工作人员提供的各种调查研究的方便，感谢 M 县 43 位受访对象的无私帮助和大力支持，让我得以收集到翔实的第一手资料。

　　M 县特殊的地理位置，使得生活在这片土地上的人们总是处在人、地、水三者相互矛盾的夹缝之中，而这一切，最终成为他们与命运抗争的伟大精神。正是凭借这种精神，M 县人不论在任何时候，任何情况下，都能克服一切困难，为自己安身立命打造出一片新天地。正如 M 县学者李玉寿所言："M 县人是沙漠里的骆驼，是戈壁上的红柳，他们具有顽强的性格，坚定的信念，坚不可摧的力量，只要天空中还有阳光，大地上还有河流，M 县人的精神大厦决不会垮塌，M 县人的生命之舟永远不会沉没。"当下，M 县人依然在实践和创造着如何与自然环境和谐相处之道，新一代的 M 县人靠智慧与能力在荒漠化治理这个世界难题之路上依然在创造着新的奇迹，谱写着更为壮丽的生命之歌。

　　吃苦耐劳如骆驼般的 M 县人和西北人，走到哪里都是压不垮的好汉，他们在平凡中显示伟大，在苦难中创造奇迹。他们被风沙击打得黝黑的面庞始终在我的脑海里珍藏，他们和自然相处的历史以及祖祖辈辈传承下来的防沙治沙精神激励着我将继续关注和书写在这片沙漠绿洲上生存的普通人的"中国故事"！他们都是以勤劳为本，以忠诚和顽强立命，在苦难中寻求新生，在绝望中创造生命奇迹。可以说，他们走过的是一条血泪模糊的路，是一条为生存而战的誓死不归的路……

　　荒漠化治理的社会学研究，还处于理论探索阶段，但有关荒漠化治理其他学科视角的研究，已有较多精深的理论和独到的见解。正是在参考、借鉴了这些优秀的研究成果的基础上，我才能在本书中形成现在的主要内容，这些学者及其成果在论文脚注和主要参考文献中已经列出，还有很多由于篇幅的限制而不能一一列出，在此也一并谢过，若有引用不当之处，也敬请谅解。

　　感谢我的家人！特别要感谢我的父亲母亲、岳父（未等到我完成学业，于 2021 年 5 月 30 日去世）岳母；老哥梁栋和嫂子陈桂芳；侄子梁刚和侄女梁敏，你们温暖的爱和无私的支持是我在焦虑不安的 1000 多个日日夜夜里完成学业以及完成本书的不竭动力和保证，祝你们平安、健康……我永远爱你们！

　　感谢我的爱人陈莉和我的儿子梁琛的全力支持，你们的关怀、鼓励、无怨无悔的支持是我一直向前的动力源泉。妻子也是一名高校教师，她贤惠、善良、直率，性格中有着河西走廊人的倔强、不屈不挠的坚韧，读博期间，儿子从三岁长到八岁，几年来她既要照顾重病的岳父、身体不好的岳母，操持家务，密切关注儿子的成长；又要完成教学、科研任务；疫情期间我被隔离在瑞南紫郡，她给我买菜、送饭……其中的艰辛和苦楚、温暖与感动我永远铭记于心！你们是我一生最宝贵的财富，我将永远珍惜！

感谢张晓红和李瑞强两位兄长，一路走来，你们给了我无微不至的关怀、帮助、支持和激励，感谢你们陪我闯过那些风风雨雨，感谢在我最无助的时候有你们的鼓励。同生共长一片天，兄弟情深永不忘！患难与共中结下的友谊必将常驻我们的心间。

M县荒漠化治理在中国社会结构转型进程中取得了有目共睹的显著成效，但广袤的石羊河流域治理绝非一蹴而就的事，尤其M县生态危机的阴影依旧笼罩在这片广阔的绿洲上空，建设与破坏的矛盾还有待继续解决；这一区域生态系统结构不稳、质量不高的问题依然突出，环境保护与经济发展协同双赢的路径及生态保护的良性机制依然在探索之中。因此，在今后很长的一段时间内，这一流域生态治理的任务还相当艰巨，M县绿洲保护工作还特别繁重。正如李玉寿在《飘逝的柳林》中所言：M县不仅是M县的，是甘肃的，也是中国的，更是世界的。重视M县的生态，就是重视人类的未来。

"路虽远，行则将至，事虽难，做则必成。"相信在中国大西北这片贫瘠的土地上辛劳耕耘人们的生产生活和生态环境在社会各界的共同努力下会变得越来越好！

谨以此记是为谢！

我将以此为新的起点，重新出发。

2024 年 1 月 10 日
甘肃兰州